"十二五"国家重点图书出版规划项目
材料科学研究与工程技术系列

# 金属材料工程实践教程

## Practice Tutorials of Metallic Materials Engineering

● 主　编　李学伟
● 副主编　王树成　周长海
● 主　审　王振廷



哈爾濱工業大學出版社

## 内容提要

本书选择了表面处理在生产实际中较有代表性的典型技术和常规热处理工艺技能训练作为教材的主要内容。全书共7章,内容包括:热喷涂实践技术,感应表面处理实践技术,微机控制生产实践技术,化学转化实践技术,化学镀实践技术,电刷镀实践技术,常用材料热处理工艺综合设计实践,并适当反映了近年来国内外各项技术的新成果、新发展。

本书注重技能实训,突出针对性、典型性、适用性,简要地介绍了相关表面工程技术的基础知识,以大量的图例作为说明,通过详细的讲解和丰富的实际案例,使读者轻松掌握其操作技能。本书结构清晰,内容翔实,实例丰富,图文并茂。便于教师指导学生边学边练,学以致用。

本书可作为普通高等院校材料类、机械类专业本科生教材,也可作为相关专业工程技术人员的参考书及培训用书。


**图书在版编目(CIP)数据**

金属材料工程实践教程/李学伟主编. —哈尔滨:哈尔滨工业大学出版社,2014.3

ISBN 978-7-5603-4491-1

Ⅰ.①金… Ⅱ.①李… Ⅲ.①金属材料-高等学校-教材 Ⅳ.①TG14

中国版本图书馆CIP数据核字(2013)第297016号

材料科学与工程
图书工作室

责任编辑　李广鑫
封面设计　卞秉利
出版发行　哈尔滨工业大学出版社
社　　址　哈尔滨市南岗区复华四道街10号　邮编150006
传　　真　0451-86414749
网　　址　http://hitpress.hit.edu.cn
印　　刷　哈尔滨市工大节能印刷厂
开　　本　787mm×1092mm　1/16　印张15　字数318千字
版　　次　2014年3月第1版　2014年3月第1次印刷
书　　号　ISBN 978-7-5603-4491-1
定　　价　30.00元


---

# 前　言

本书是“十二五”国家重点图书出版规划项目，材料科学研究与工程技术系列图书。本书立足普通高等院校金属材料工程专业学生学习和就业需要，兼顾相关专业培训和自学要求。在内容上，理论知识深入浅出，便于理解；工艺配方翔实具体，力争做到紧跟学科前沿；实际应用及操作，易于掌握。

全书共分7章，主要内容包括热喷涂实践技术，表面感应处理实践技术，微机控制生产实践技术，化学转化膜实践技术，化学镀实践技术，电刷镀实践技术，常用材料热处理工艺综合设计实践。在表面热处理技术中较详细地介绍了各种技术的原理、工艺、常见问题及解决措施、典型的实践训练；在热处理技术中介绍了常规热处理工艺方法、热处理设备和典型实践训练。全书注重工程应用，体现了科学性、先进性和实用性。

本书采用最新国家标准，结合表面处理和热处理技术最新成果，考虑目前专业教学的需求，教材内容和结构有自己的特色，是编者多年来技能培训实践的积累和教学经验的总结。本书是为普通高等院校材料类、机械类专业本科生及相关专业大专院校师生编写的教材，也可作为相关专业技术人员的参考书和培训使用。

本书由周长海（第1章、第6章）、孙俭峰（第2章）、于玉城（第3章）、王树成（第4章）、李学伟（第5章）、王淑花（第7章）等编写。本书由李学伟任主编，王树成、周长海任副主编，黑龙江科技大学王振廷教授任主审。

感谢黑龙江科技大学材料科学与工程学院在本书编写和出版的过程中给予的大力支持和帮助。

由于编著水平有限，书中难免有缺欠和不当之处，恳请读者批评和提出改进意见。

编　者

2013年8月

于黑龙江科技大学

# 目　录

**第 1 章　热喷涂实践技术** …… 1
1.1　概述 …… 1
1.1.1　热喷涂技术的概念 …… 1
1.1.2　热喷涂技术原理 …… 1
1.1.3　热喷涂涂层的结构 …… 2
1.1.4　热喷涂技术的应用 …… 4
1.1.5　热喷涂技术发展的主要方向 …… 8
1.2　热喷涂技术工艺方法 …… 11
1.2.1　热喷涂技术工艺方法分类 …… 11
1.2.2　热源概述 …… 11
1.2.3　热喷涂工艺 …… 14
1.3　热喷涂涂层材料 …… 22
1.3.1　热喷涂材料的要求 …… 22
1.3.2　热喷涂材料的分类 …… 23
1.3.3　热喷涂材料的应用原理 …… 24
1.4　涂层设计及制备 …… 30
1.4.1　涂层设计的基本原理 …… 30
1.4.2　粘结底层材料选择 …… 31
1.4.3　热喷涂工艺选择 …… 32
1.4.4　涂层结构设计 …… 33
1.4.5　涂层制备工艺优化设计 …… 35
1.4.6　表面预处理 …… 36
1.4.7　表面净化 …… 36
1.4.8　表面机械加工 …… 38
1.4.9　遮蔽处理 …… 39
1.4.10　表面粗化 …… 40
1.4.11　预热处理 …… 42
1.5　涂层性能检测试验方法 …… 42
1.6　安全防护 …… 53
1.6.1　设备安全防护 …… 53
1.6.2　人身安全防护 …… 56

1.7 常见问题分析和解决措施 …… 57
1.8 典型的热喷涂技术实践训练 …… 60
实训一 等离子体喷涂 $Al_2O_3$-$TiO_2$ 耐腐蚀涂层实践训练 …… 60
实训二 电弧喷涂铝防腐蚀涂层实践训练 …… 63
实训三 超音速火焰喷涂 WC-10Co-4Cr 涂层实践训练 …… 66
习题与思考题 …… 69
附录:安全操作 …… 70
**第 2 章 感应表面热处理实践技术** …… 72
2.1 概述 …… 72
2.1.1 感应加热工艺技术简介 …… 72
2.1.2 感应加热原理 …… 73
2.1.3 感应加热特点 …… 74
2.1.4 感应加热应用 …… 74
2.2 感应加热设备和感应器 …… 76
2.2.1 感应加热电源 …… 76
2.2.2 感应淬火机床 …… 77
2.2.3 电源的选择 …… 78
2.2.4 感应器 …… 79
2.3 常见问题分析和解决措施 …… 87
2.3.1 设备故障与处理 …… 87
2.3.2 感应淬火件常见缺陷及原因 …… 90
2.4 典型的高频感应加热实践训练 …… 90
实训一 高频感应钎焊 …… 90
实训二 高频感应表面淬火 …… 95
习题与思考题 …… 104
**第 3 章 微机控制渗碳实践技术** …… 105
3.1 概述 …… 105
3.1.1 渗碳目的、工艺特点和分类 …… 105
3.1.2 常用渗碳钢及其选择 …… 105
3.1.3 渗碳中的主要物理化学过程 …… 109
3.1.4 零件渗碳后的热处理 …… 109
3.1.5 微机控制渗碳工艺 …… 110
3.2 微机控制渗碳设备构造、原理及使用 …… 110
3.2.1 微机控制渗碳设备的构造 …… 110
3.2.2 微机控制渗碳设备工作原理 …… 111
3.2.3 微机控制渗碳设备的使用方法 …… 117
3.3 微机控制渗碳淬火工艺组织性能 …… 119

3.3.1 微机控制渗碳淬火工艺 …… 119
3.3.2 微机控制渗碳淬火组织和性能 …… 125
3.4 常见问题分析和解决措施 …… 127
3.5 典型的渗碳技术实践训练 …… 128
实训 20钢微机渗碳工艺设计及组织性能实践训练 …… 128
习题与思考题 …… 131
**第4章 化学转化膜实践技术** …… 132
4.1 概述 …… 132
4.1.1 化学转化膜概述 …… 132
4.1.2 化学转化膜技术的研究现状与发展趋势 …… 134
4.2 化学转化膜技术原理 …… 134
4.2.1 磷化处理原理 …… 134
4.2.2 氧化处理原理 …… 141
4.3 常见问题分析和解决措施 …… 143
4.3.1 磷化处理常见问题和解决措施 …… 143
4.3.2 钢铁常温发黑常见问题和解决措施 …… 144
4.4 化学转化膜处理液的配制及工艺检测 …… 145
4.4.1 磷化处理液的配制及工艺实践 …… 145
4.4.2 发黑液配制及工艺规范 …… 150
4.4.3 化学氧化处理液的配制及工艺规范 …… 152
4.5 典型化学转化膜技术实践训练 …… 153
实训 钢铁常温磷化实践训练 …… 153
习题与思考题 …… 155
**第5章 化学镀实践技术** …… 157
5.1 概述 …… 157
5.1.1 化学镀概述 …… 157
5.1.2 化学镀液的研究现状与发展趋势 …… 158
5.2 化学镀原理、镀液组成及工艺控制 …… 160
5.2.1 化学镀原理 …… 160
5.2.2 化学镀镍的机理和特点 …… 161
5.2.3 化学镀镍溶液的配方组成 …… 162
5.2.4 化学镀镍的工艺因素控制 …… 165
5.3 化学镀镍的配制及工艺实践 …… 167
5.3.1 化学镀镍液的配制与维护 …… 167
5.3.2 化学镀镍溶液稳定性测定 …… 168
5.3.3 钢件表面预处理 …… 169
5.3.4 化学镀镍配方和工艺 …… 169

5.3.5 镀层性能检测 …… 173
5.4 常见问题分析和解决措施 …… 177
5.4.1 不良镀层的退除 …… 177
5.4.2 废液处理(化学沉淀法) …… 178
5.5 典型化学镀镍工艺实践训练 …… 179
实训 钢和铜化学镀镍实践训练 …… 179
习题与思考题 …… 181
**第6章 电刷镀实践技术** …… 182
6.1 概述 …… 182
6.1.1 电刷镀技术概述 …… 182
6.1.2 电刷镀技术发展概述 …… 183
6.2 电刷镀原理、设备、镀液组成及工艺 …… 184
6.2.1 电刷镀原理 …… 184
6.2.2 电刷镀设备 …… 184
6.2.3 电刷镀溶液 …… 191
6.3 电刷镀工艺 …… 202
6.3.1 概述 …… 202
6.3.2 电刷镀的一般工艺过程 …… 203
6.4 常见问题分析和解决措施 …… 203
6.5 典型的电刷镀技术实践训练 …… 205
实训 电刷镀铜实践训练 …… 205
习题与思考题 …… 207
**第7章 常用材料热处理工艺综合设计实践** …… 208
7.1 概述 …… 208
7.1.1 热处理工艺概述 …… 208
7.1.2 常规热处理工艺方法 …… 212
7.2 常用热处理炉概述 …… 215
7.3 热处理常见问题分析和解决措施 …… 219
7.3.1 淬火开裂现象 …… 219
7.3.2 硬度和组织未达到要求 …… 220
7.4 典型热处理技术实践训练 …… 220
实训一 碳钢热处理工艺设计实践训练 …… 220
实训二 高速钢和淬火、回火的处理工艺设计实践训练 …… 224
习题与思考题 …… 227
**附录** …… 228
**参考文献** …… 230

# 第 1 章　热喷涂实践技术

## 1.1　概　　述

### 1.1.1　热喷涂技术的概念

为了保持经济的可持续发展，降低资源消耗，为使我国逐步构建成循环经济和节约型社会，“十二五”规划提出了关于我国循环经济的“4R”发展原则，即减量化、再利用、再循环和再制造。其中再制造是核心重点，而作为再制造领域中十分重要的技术热喷涂，被广泛应用于现代工业，并取得了显著的社会效益和经济效益。

热喷涂技术是利用热源将喷涂材料加热至熔化或半熔化状态，并以一定的速度喷射沉积到经过预处理的基体表面形成涂层的方法，使经过热喷涂的材料表面得到强化和改性，获得具有某种功能表面的应用性很强的材料表层复合技术。该种技术已成为表面工程领域表面改性最有效的技术之一。热喷涂技术涂层形成原理如图 1.1 所示。

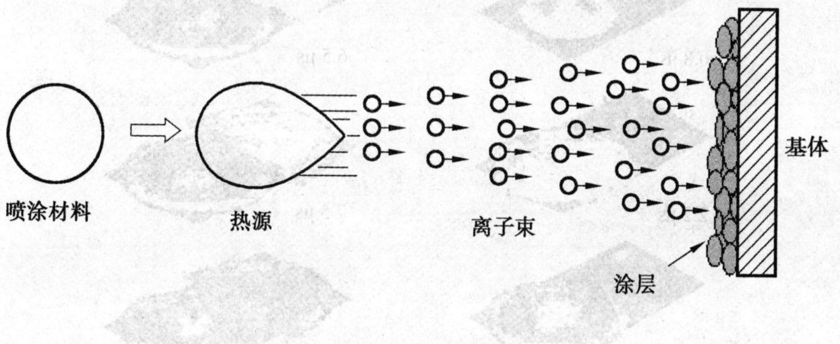


图 1.1　热喷涂技术涂层形成原理

### 1.1.2　热喷涂技术原理

热喷涂技术工艺方法很多，各有特点。无论何种工艺方法，喷涂过程中形成涂层的原理和涂层结构基本一致。热喷涂形成涂层的过程一般经历四个阶段：加热熔化阶段、熔滴雾化阶段、微粒飞行阶段和微粒碰撞沉积阶段。

**1. 加热熔化阶段**

用线（棒）材作为喷涂材料，其端部进入热源高温区，即被加热熔化并形成熔滴；粉末材料则是直接进入热源高温区，在行进过程中被加热至熔化或半熔化。

**2. 熔滴雾化阶段**

在外加压缩气流或热源自身射流的作用下,使线(棒)材熔化形成的熔滴脱离线(棒)材,并雾化成微细微粒加速向前喷射;对粉末材料而言,则没有雾化过程,而是直接在气流或热源射流作用下向前喷射。

**3. 微粒飞行阶段**

雾化或半熔化的微细粒子在外加压缩气流或热源自身射流的作用下向前喷射飞行,随着飞行距离的增加而减速。

**4. 微粒碰撞沉积阶段**

具有较高温度和速度的微细粒子以一定的动能冲击基体材料表面,产生强烈的碰撞,微粒的动能转化为热能并传递给基体材料,微粒在表面横向流动产生变形,由于热传递的作用,变形粒子迅速冷凝并伴随着体积收缩,呈扁平状牢固地粘结在基体材料表面上。随着喷涂粒子束不断地冲击碰撞基体表面,"碰撞—变形—冷凝收缩—填充"过程连续进行,颗粒与颗粒之间相互交错叠加地粘结在一起,最终沉积形成涂层,如图 1.2 所示。

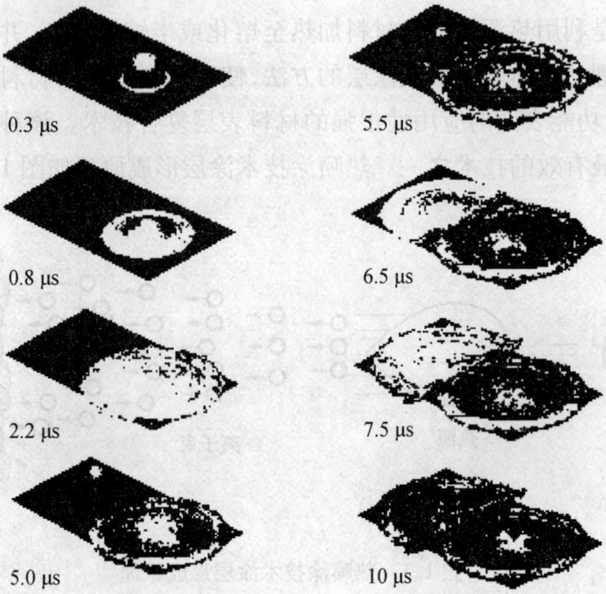


图 1.2 热喷涂涂层形成过程示意图

## 1.1.3 热喷涂涂层的结构

热喷涂涂层的结构与被喷涂材料的组织结构有明显差异,取决于工艺方法。涂层是由无数变形的扁平粒子相互交错呈波浪式堆积而成的层状结构,小薄片间存在着夹杂物、空隙、空洞等缺陷。首先,在喷涂过程中,熔化或半熔化状态粒子与喷涂工作气体及周围环境气氛进行化学反应,使得喷涂材料经喷涂后出现表面氧化物;其次,变形扁平粒子的相互叠加产生搭桥效应,不可避免地在涂层中出现小部分孔隙;第三,部分碰撞的微粒被反弹散失;第四,试样表面凹陷处存在的气体等都会导致涂层不可避免地存在着孔隙或空洞。图 1.3 为不同热喷涂工艺制备涂层的典型结构。

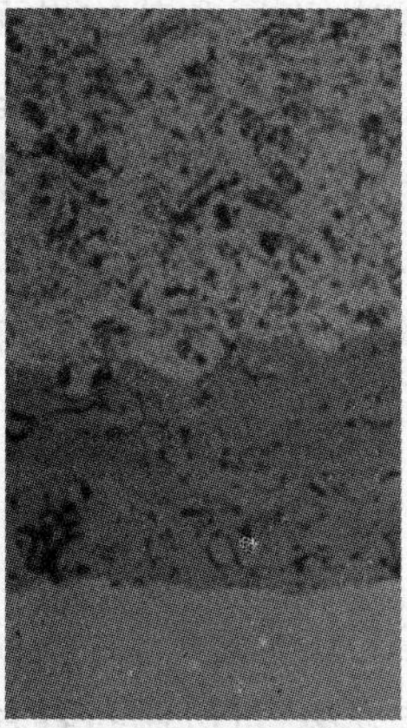

(a) 等离子喷涂

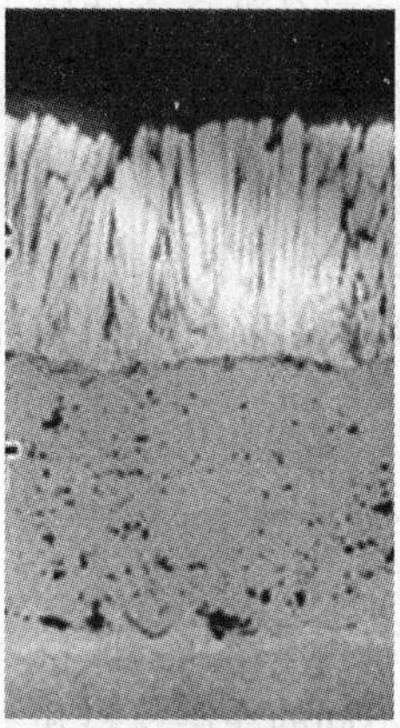

(b) EB-PVD 喷涂

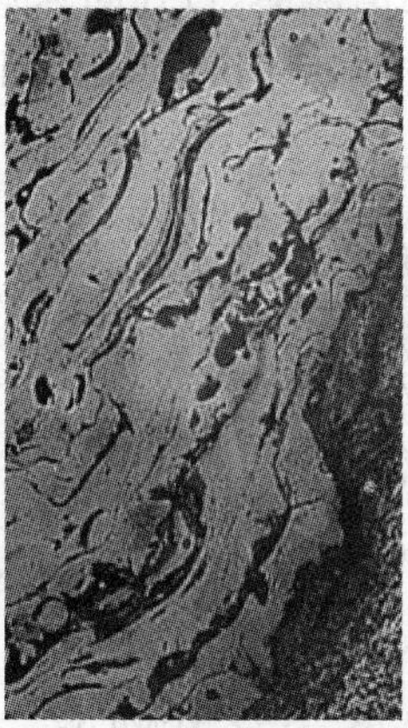

(c) 电弧喷涂

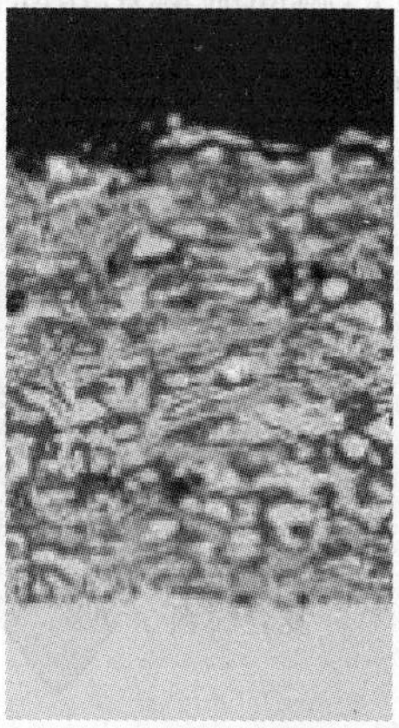

(d) 火焰喷涂

图 1.3　典型热喷涂涂层结构

涂层的结合包含涂层与基体表面的结合(就是通常所说的涂层结合强度)和形成涂层颗粒与颗粒之间的内聚力(即涂层自身结合强度)。一般来说,涂层自身结合强度高于涂层与基体的结合强度,但属于物理-化学结合。这种物理-化学结合包含以下几种方式:

**1. 机械结合**

熔融态的微粒撞击基体表面,随即铺展在凹凸不平的表面上,与微观起伏的表面相互嵌合,形成机械咬合。一般,涂层与基体表面的结合主要是机械结合。机械结合的强弱与基体表面的微观粗糙度密切相关,在一定的粗糙度下,涂层与基体具有良好的结合力。

**2. 物理结合**

在高速运动的熔融粒子撞击基体表面充分变形后,涂层原子或分子与基体表面原子之间的距离接近晶格的尺寸时,就形成了范德华力或次价键的结合,分子或原子附着于基体表面形成了涂层。

**3. 冶金结合**

冶金结合是当熔融的粒子高速撞击基体表面时，涂层和基体界面出现扩散和合金化的一种结合方式。涂层材料在基体表面的结晶过程，基本上不是对基体晶格的外延，大多数情况是由于涂层与基体的反应，在结合界面上产生金属间化合物或固溶体。当对涂层进行重熔时，涂层与基体的结合主要是冶金结合。

形成热喷涂涂层时，同一试件上可能同时并存上述三种结合方式，但一般以机械结合为主。

## 1.1.4 热喷涂技术的应用

热喷涂技术作为表面强化与防护最重要的工艺技术之一，在表面工程领域内占的比例越来越高。选用不同的涂层材料和不同的工艺方法，可以制备各种性能不同的功能涂层，如耐磨损、耐腐蚀、耐高温氧化和高温磨损、耐磨减摩、可控间隙封严、热障屏蔽、导电绝缘等，在国民经济各个领域十分活跃。热喷涂技术应用的领域如图 1.4 所示。

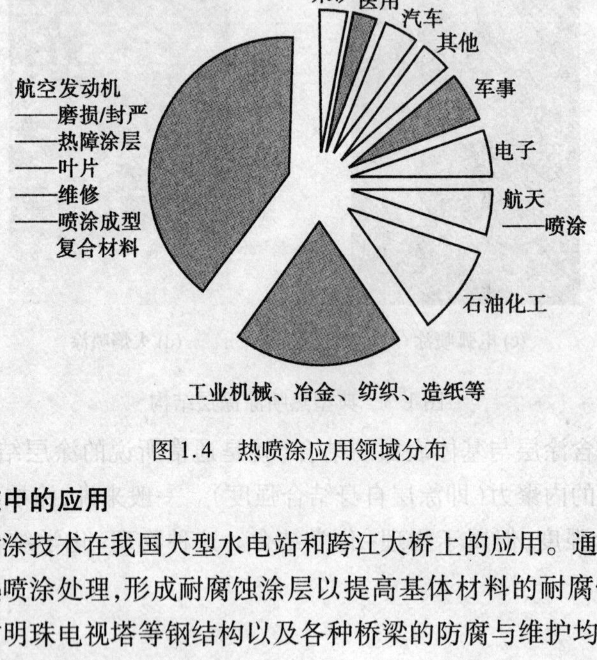


图 1.4 热喷涂应用领域分布

**1. 在水利系统中的应用**

图 1.5 为热喷涂技术在我国大型水电站和跨江大桥上的应用。通过对水电站闸门和桥墩支架表面的热喷涂处理，形成耐腐蚀涂层以提高基体材料的耐腐性。有关应用相当广泛，像龙塔、东方明珠电视塔等钢结构以及各种桥梁的防腐与维护均采用热喷涂技术。

**2. 在造纸业中的应用**

图 1.6 为造纸机械中两种辊筒的照片。图 1.6(a)为单烘缸圆筒表面热喷涂 Mo 涂层的照片。单烘缸是铸铁圆筒结构，使用环境为 1 MPa 高压超高温。在烘干过程中，辊筒表面会有残留碎片，需进行刮除，刮板刮除过程对筒表面产生磨损，从而影响烘干效果和产品质量，对整个工序产生重大影响。通过对单烘缸圆筒表面热喷涂 Mo 涂层后，大大提高了其耐磨性。图 1.6(b)为造纸机械中压光机辊筒表面热喷涂 WC-Co 涂层的照片。

(a) 三峡永久闸门喷锌

(b) 东海大桥桥墩支架喷铝

图 1.5 防腐蚀热喷涂涂层在水利系统中的应用

**3. 在食品机械中的应用**

图 1.7 为高分子热喷涂涂层在食品机械中的应用照片。通过对食品机械中的辊筒进行热喷涂高分子涂层代替了传统的刷漆，极大地提高了其对化学产物的抗蚀性和辊筒的使用寿命。

热喷涂高分子涂层用途广泛，当用在地板上，可以提高地板的耐滑性，若在高分子涂层中加入氧化铝粒子效果会更好。

**4. 在汽车工业中的应用**

汽车、机车动力等交通运输机械的内燃机关键零部件经受高温磨损、高温腐蚀等工况条件，这使热喷涂涂层得到了综合应用。图 1.8 为汽车内燃机部件采用热喷涂技术的零件：曲轴、发动机缸体、气门、同步器环、活塞、活塞环、喷油嘴、氧传感器、同步发电机盖等。其中，曲轴为电弧喷涂 1Cr13 或碳钢系列涂层来提高曲轴的耐磨性，同时涂层的储油作用增加其润滑性，显著提高使用寿命；缸套一般采用 HVOF 喷涂 $NiCr-Cr_3C_2$ 涂层，提高缸套的耐高温磨损性能；同步器环、活塞环采用火焰喷涂金属 Mo 涂层，提高其高温耐磨性。

**5. 在石化工业中的应用**

石油化工机械零部件在腐蚀环境条件下服役，承受着各种腐蚀介质和机械磨损的共

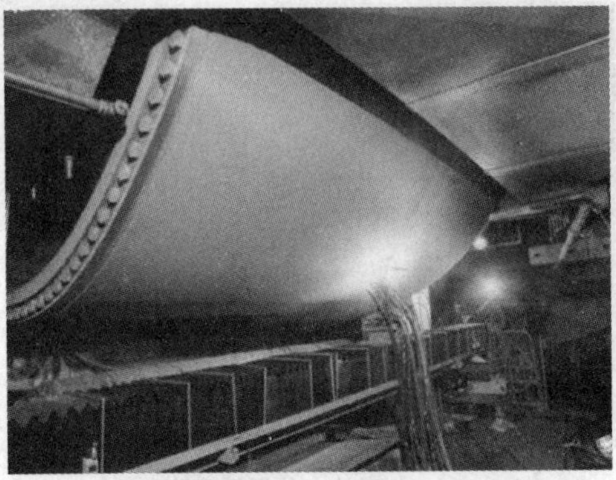

(a) 单烘缸圆筒表面热喷涂Mo涂层

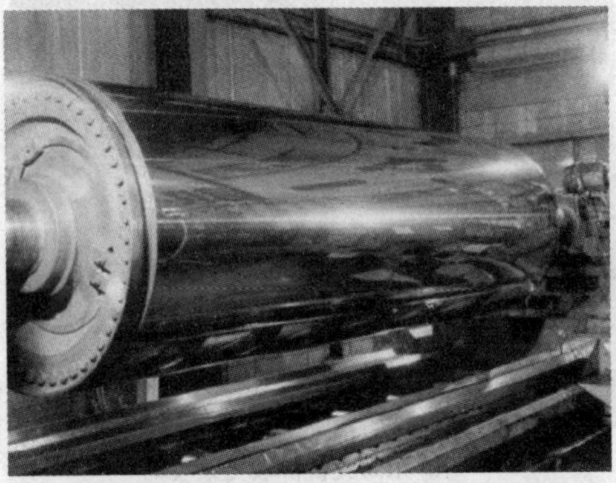

(b) 压光机辊筒表面热喷涂WC-Co涂层

图 1.6　耐磨耐腐蚀热喷涂涂层在造纸工业中的应用

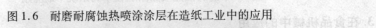

图 1.7　高分子热喷涂涂层在食品机械中的应用

同作用，加速了机械零部件表面的腐蚀磨损，因此对石油化工机械零部件的表面性能有着特殊的要求。例如，油田原油抽油泵的柱塞、泥浆泵的缸套、石油钻杆的接头都存在以磨粒磨损为主的破坏形式；石化冶炼中的各类泵柱塞、燃气轮机动力设备部件主要是以腐蚀磨损或高温燃气冲蚀为主的破坏形式；各类化工容器则是以化工介质腐蚀为主的腐蚀破坏。根据工况条件的不同，必须选用相应的涂层材料和涂层制备工艺技术，对各零部件进

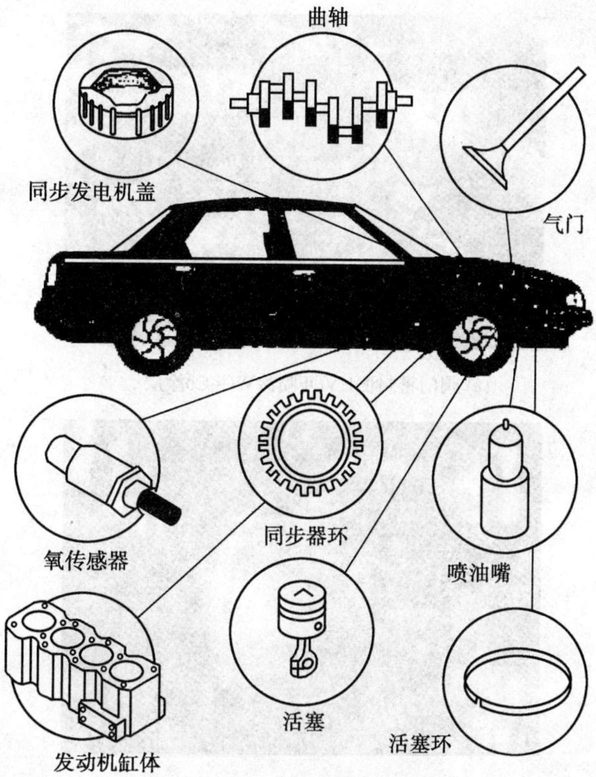


图 1.8　热喷涂涂层在汽车内燃机部件中的综合应用

行防腐蚀、耐腐蚀、耐冲蚀防护与修复。图 1.9 为石化工业中典型热喷涂的应用。

**6. 在冶金工业中的应用**

冶金机械设备的零部件工况条件比较复杂，大多是在重载、高温环境下服役。其主要破坏形式有高温磨损、高温氧化，而某些特殊工段的零部件，除要求表面耐磨性能外，同时还应具备一定的功能特性。采用热喷涂技术可制备耐高温、耐高温氧化、耐磨损、抗热震、抗熔融金属腐蚀、阻粘连等特殊功能涂层，达到提高功能、提高效率、节能、节材、延长零部件使用寿命的目的。图 1.10 为热喷涂技术在瓦楞辊、导辊上的应用。

**7. 在国防工业中的应用**

热喷涂技术在国防工业中主要用于提高航空发动机热效率的热障涂层、封严涂层、抗高温烧蚀涂层、耐磨损涂层。在发动机叶片、尾翼喷管上主要应用等离子喷涂 MCrAlY-$Y_2O_3/ZrO_2$ 双层涂层；而发动机机壳喷涂可磨耗密封涂层，飞机起落架通常采用 HVOF 喷涂 WC-Co 涂层提高耐磨耐蚀性。图 1.11 为等离子喷涂热障涂层的应用。

**8. 在生物工程领域的应用**

在不锈钢或钛合金基体上等离子喷涂生物功能羟基磷灰石涂层，有效地克服了金属型人工骨骼与生物组织的不兼容性和体液的腐蚀问题，且涂层的多孔性和一定的粗糙度有利于生物体组织向人工骨骼表面的生长和亲和，是理想的人工骨骼材料。图 1.12 为等

(a) 阀门密封面HVOF喷涂WC-Co涂层

(b) 反应器内等离子喷涂不锈钢涂层

图 1.9 热喷涂涂层在石化工业中的应用

离子喷涂羟基磷灰石在人工齿根和人工骨骼方面的应用。

## 1.1.5 热喷涂技术发展的主要方向

热喷涂技术经过近一个世纪的发展，从简单的工艺技术发展成为完整的工业体系，已成为先进制造技术的重要组成部分。在成长和发展过程中，由于专业和学科间的不断渗透、交叉、融合，技术日趋系统化集成化，已经发展成为集机械学、材料科学、热动力科学、高新技术和生物工程等为一体的新兴交叉学科，在制造业领域形成了完整的工业体系。热喷涂技术的核心是优质、高效、低消耗的表面改性，达到赋予基体材料表面特殊功能的目的。技术的发展主要是新技术的发现、材料的创新、涂层质量控制软件体系、涂层制备基础理论研究和检测技术等诸方面。

**1. 新的工艺技术和新的应用领域不断涌现**

涂层质量很大限度上依赖于喷射熔滴的速度，提高热喷涂射流和喷涂粒子的速度已成为当前国际热喷涂技术发展的新趋势，相继出现了爆炸喷涂、高速活性燃气火焰喷涂（HVAF）、高速电弧喷涂、活性电弧喷涂、高速等离子喷涂、三阴极内送粉等离子喷涂、溶液等离子喷涂（SPS）、冷气动力喷涂（CGDS）等新技术。这些技术的共同特点是大幅度提

(a) 瓦楞辊热喷涂Ni/Cr-CrC涂层

(b) 连续退火炉导辊热喷涂$Cr_3C_2$涂层

图 1.10 耐磨耐高温热喷涂在冶金工业中的应用

高了喷涂粒子的飞行速度，降低了涂层孔隙率，提高了涂层结合强度。

**2. 新型热喷涂材料的发展**

在氧化锆涂层上使用新成分和氧化锆复合，作为双层复合涂层；纳米涂层（纳米先驱溶液、纳米团聚体粉末）材料、功能复合涂层材料、生物功能涂层材料、金属间化合物涂层材料、微晶或非晶涂层材料等的制备，已成为人们日益关注的重点。

**3. 在线控制质量保证体系的建立**

涂层质量与喷涂工艺方法及工艺参数有十分紧密的关系，标准工艺参数的重现性和稳定性是保证涂层质量最基本的环节。工艺参数变化影响因素诸多，如热功率的大小、热温度的分布、喷涂粒子的分布状况、粒子速度的高低，均是影响涂层质量的重要因素。在线质量控制、检测喷涂热源温度场的分布、喷涂粒子的飞行速度及状态，都为优化并稳定涂层制备工艺参数，获得优质涂层提供了基本保障。

**4. 涂层制备基础理论和涂层性能检测方法的发展**

采用神经网络、试验设计和其他优化方法来确定热喷涂涂层制备工艺及参数与涂层性能之间的关系。研究建立喷涂粒子受热状况、运动形式与喷嘴出口处条件之间的数学

(a) 燃气轮机叶片等离子喷涂热障涂层

(b) 燃烧室等离子喷涂热障涂层

图 1.11 等离子喷涂热障涂层的应用

模型;涂层中残余应力形成模型;热喷涂过程中粒子流、等离子射流所形成的涂层模型和基体热通量模型。喷涂过程中各种参数之间模型建立,在理论上研究控制涂层质量的方法。

通过采用光学显微镜、电子显微镜、X 射线衍射、高速成像等检测技术,研究涂层的显微组织特性,分析喷涂参数对涂层结构和涂层性能的影响,预测涂层使用性能。

**5. 涂层使用寿命的评估和预测**

在国防高科技领域,高性能发动机的研制一直是研究的重点。而热障涂层的研究和应用是提高发动机热效率的有效途径之一,热障涂层寿命预测的研究是保障其使用安全和平稳运行的根本途径。为了使热障涂层制备技术与材料发展相适应,热障涂层寿命预测的发展包括以下几个方面:

①对目前寿命预测的完善,使其更准确更方便,以保障涂层使用的安全性与可靠性。

②发展新技术,尤其是无损检测技术,与热障涂层寿命检测和预测相结合,不但可以预测涂层的寿命,还可以在涂层使用过程中实时检测,避免涂层发生突发失效。

③开发可视化窗口软件,减少复杂的公式推导与计算,完善适于操作的工作界面。

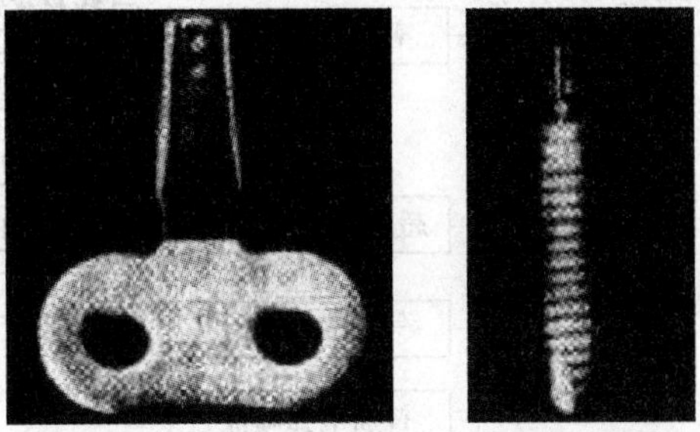

(a) 人工齿根

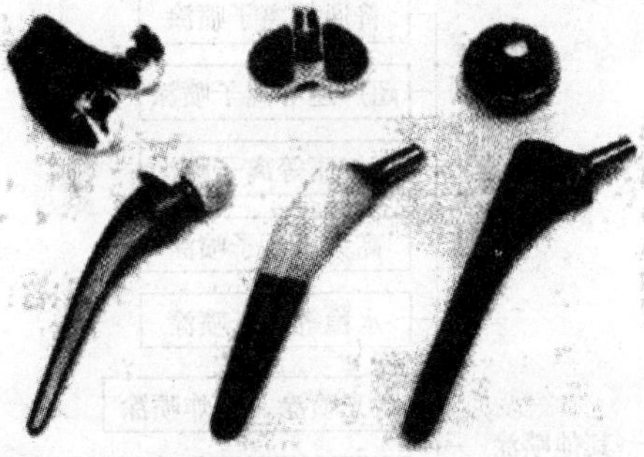

(b) 人工骨骼

图 1.12 生物功能羟基磷灰石热喷涂涂层在生物工程中的应用

## 1.2 热喷涂技术工艺方法

### 1.2.1 热喷涂技术工艺方法分类

热喷涂工艺方法随着技术的进步不断丰富与发展，通常按所选用的热源和选用的材料进行分类，其分类方法如图 1.13 所示。

### 1.2.2 热源概述

热喷涂技术的核心是对热喷涂材料进行加热，使之熔化或半熔化并加速沉积到经过预处理的工件表面形成涂层，因此热源的应用和控制对热喷涂过程至关重要。目前热喷涂采用的热源主要有气(液)体燃烧火焰、电弧和等离子弧等。

**1. 燃烧火焰**

(1)燃烧原理。

将燃料气体或液体与助燃气体按一定比例混合燃烧而产生热量。常用的燃料气体或液体有乙炔、丙烷、丙烯、天然气、煤油等。由于乙炔和氧气燃烧可产生较高的燃烧温度和

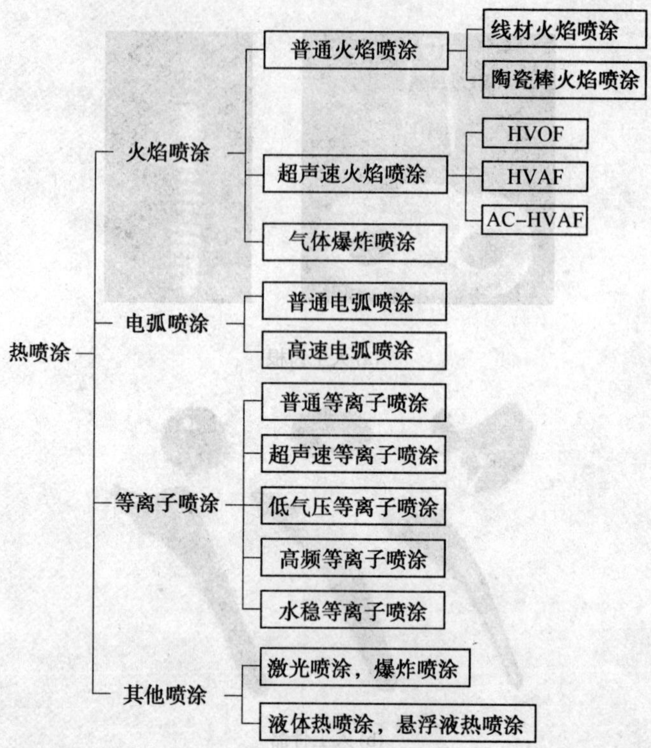


图1.13 热喷涂的分类

火焰速度，因此在火焰喷涂方法中氧-乙炔火焰最为常用，见表1.1。

**表1.1 几种气体的燃烧温度**

| 热　源 | 温度/ ℃ | 热　源 | 温度/ ℃ |
|---|---|---|---|
| 乙炔、氧气 | 3 100 | 丙烷、氧气 | 2 650 |
| 氢气、氧气 | 2 600 | 天然气、氧气 | 2 700 |

(2)火焰的形貌特点。

火焰由焰芯、内焰、外焰三部分组成。通过控制燃料气体与氧气的流量和比例，可改变燃烧火焰的性质和功率。火焰的性质分为中性焰、还原焰(碳化焰)和氧化焰三种。

①中性焰：中性焰是氧气-乙炔完全燃烧的状态。焰芯呈蓝白色圆锥形，有明显的轮廓。焰芯外面是淡白色的内焰。外焰由内到外的颜色从淡蓝逐渐变为橙黄。

②还原焰(碳化焰)：还原焰是乙炔与氧气的比例相对偏大的燃烧状态。焰芯较长，呈蓝白色，内焰呈淡蓝色，外焰呈橘红色。

③氧化焰：氧化焰是氧气与乙炔的比例相对偏大的燃烧状态。焰芯短而尖，呈青白色，内焰难以分辨，外焰呈蓝紫色。

**2. 电弧**

(1)电弧原理

在两电极之间的气体介质中,强烈而持久的放电现象称为电弧。电弧放电时,整个弧区产生强烈的光和热。图1.14为电弧产生原理示意图,将两块金属接触短路迅速拉开,便会在两电极之间产生电弧。接电源正极的电极称为阳极,接负极的电极称为阴极,阴阳极之间的电弧部分称为弧柱。一般,可以把电弧划分为三个区,即阴极压降区、弧柱区和阳极压降区。电弧电压和电弧电流的关系称为电弧特性。当弧长保持一定,调节回路电阻,改变电弧电流的大小,电弧电压几乎恒定。当电弧电流保持不变,改变弧长,则电弧电压随弧长增大而增大。

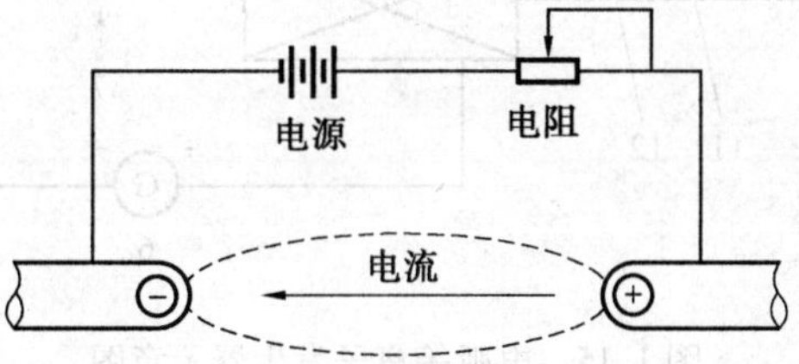


图1.14 电弧产生原理示意图

(2)喷涂用电弧

电弧的高温高热足以使作为电极的材料熔化。电弧喷涂就是用两根被喷涂的金属丝作自耗电极,当两金属丝短接而引燃电弧后,后续金属丝不断连续送进,补充熔化掉的部分,以维持电弧的稳定燃烧。为保持两金属丝端部之间电弧的稳定燃烧,一方面需外加气流使熔化的金属从端部脱离,另一方面需要在电弧电压、电弧电流、送丝速度之间建立平衡关系。

**3. 等离子弧**

(1)等离子体

等离子体是指气体部分或全部电离,形成正、负离子数量相等而整体呈中性的导电体,是继固态、液态、气态之后的物质第四态。作为物质的一种独立形态,它具有以下基本特点:

①导电性。由于气体原子被电离成正离子和负离子,气体中充满带电粒子,等离子体具有很强的导电性。

②电中性。虽然等离子体内部具有很多荷电粒子,但粒子所带的正电荷数与负电荷数量相等,整体而言是电中性体。

③与磁场可作用性。由于等离子体是由荷电粒子组成的导电体,因此可用磁场控制它的位置、形状和运动。如电弧的旋转、电弧的稳定等。

(2)等离子弧

用于喷涂的等离子电弧(简称等离子弧)一般都是利用等离子弧发生器产生的压缩电弧。图1.15为电弧等离子发生器示意图。阴极一般采用钨铈或钨钍合金材料,喷嘴阳极采用纯铜，压缩电弧的形成是热收缩效应、自磁压缩和机械压缩效应联合作用的结果。等离子弧具有能量集中、温度高（7 000～30 000 ℃）、燃烧稳定、气氛可控的特点。

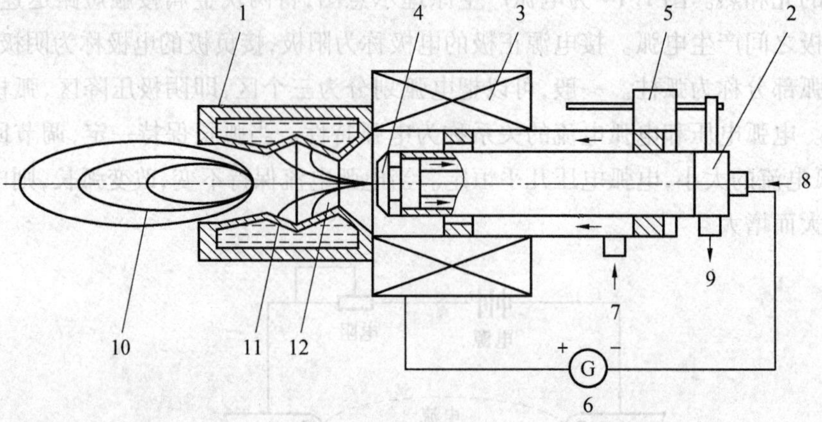


图 1.15 电弧等离子发生器示意图

1—阳极；2—阴极；3—线圈；4—可更换阴极头；5—直流电机；6—电源；7—压缩空气进口；8—进水口；9—出水口；10—等离子体；11—电弧；12—放电腔

（3）等离子弧的形式

下面是三种等离子弧的形式和作用：

①非转移型弧。如图 1.16(a)，喷嘴接电源正极，钨极接电源负极，电弧建立在钨极和喷嘴内表面之间，等离子焰流从喷嘴内喷出。非转移型弧可用于喷涂、切割等。

②转移型弧。如图 1.16(b)，工件接电源正极，钨极接电源负极，电弧建立在钨极与工件之间。转移型弧可用于金属切割、粉末喷焊等。

③联合型弧。如图 1.16(c)，喷嘴和工件接电源正极，钨极接电源负极，非转移型弧和转移型弧并存的等离子弧。联合型弧用于喷焊，亦可用于喷涂。

## 1.2.3 热喷涂工艺

### 1. 粉末火焰喷涂

粉末火焰喷涂是采用氧-乙炔火焰为热源，喷涂材料为粉末状。由于设备简单，喷涂粉末种类多，是目前应用最普遍的热喷涂工艺。

（1）喷涂原理

粉末火焰喷涂是借助粉末火焰喷枪进行的，图 1.17 为其喷涂原理示意图。喷枪通过虹吸气头分别引入氧气和乙炔，两者混合后在喷嘴出口处产生燃烧火焰。喷枪上装有粉斗或进粉口，利用气流产生的负压，抽吸粉斗中的粉末，使粉末随气流从喷嘴中心喷出进入火焰，被加热或软化，焰流推动熔粒以一定速度喷射到工件表面形成涂层。为了提高粒子的飞行速度，有的喷枪配有压缩空气喷嘴，借助压缩空气给粒子以附加的推力。

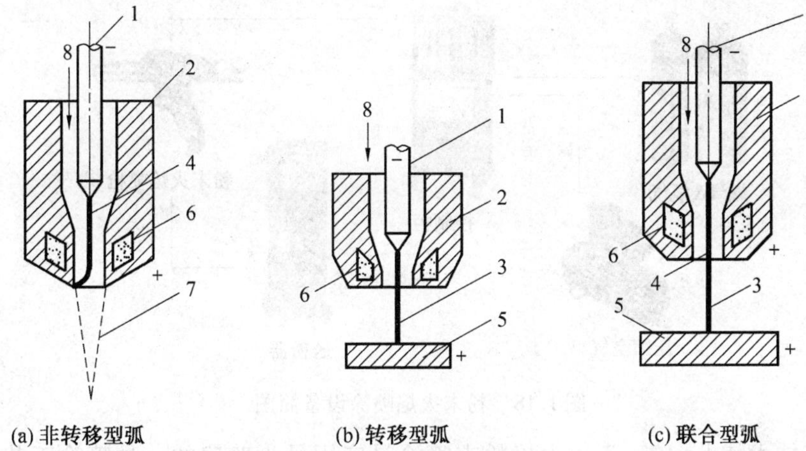


图 1.16 等离子弧的类型

1—钨极；2—喷嘴；3—转移弧；4—非转移弧；5—工件；6—冷却水；7—弧焰；8—离子气

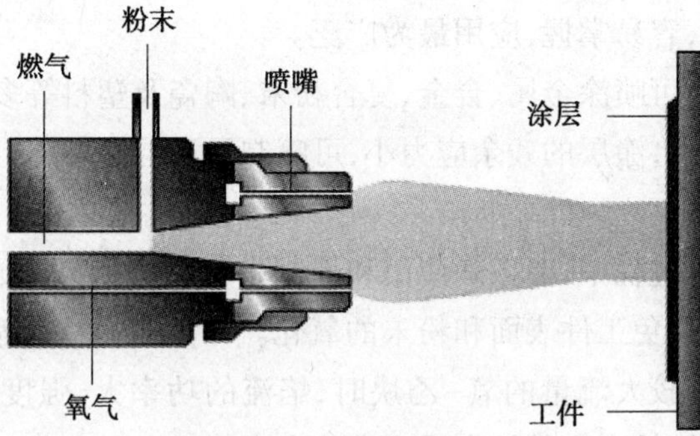


图 1.17 粉末火焰喷涂原理图

粉末在被加热的过程中，由表层向芯部熔化，熔融的表层会在表面张力的作用下趋于球状，不存在粉粒再被破碎的雾化过程，因此粉末颗粒的大小在一定程度上决定了涂层中变形颗粒的大小和表面粗糙度。粉末在被焰流加热和加速的过程中，由于粉末在焰流中所处的位置不同，造成其受热的程度不同，有的熔化或半熔化，有的只是软化或半软化。

(2)设备

粉末火焰喷涂设备是由氧气-乙炔供给系统、压缩空气供给系统、喷枪等组成，如图 1.18 所示。当喷枪不需要压缩空气时，则不需要压缩空气供给系统。在枪外送粉的情况下，需要增加送粉器。

(3)涂层和工艺技术特点

①涂层结构特性。氧-乙炔火焰粉末喷涂涂层，其组织亦为层状结构，涂层中含有氧化物、孔隙及少量变形不充分的颗粒。涂层与基材间属于机械结合。涂层孔隙率和结合强度受喷涂材料、喷涂工艺的影响比较大，孔隙率一般为 5% ~20%，结合强度为10 ~30 MPa。

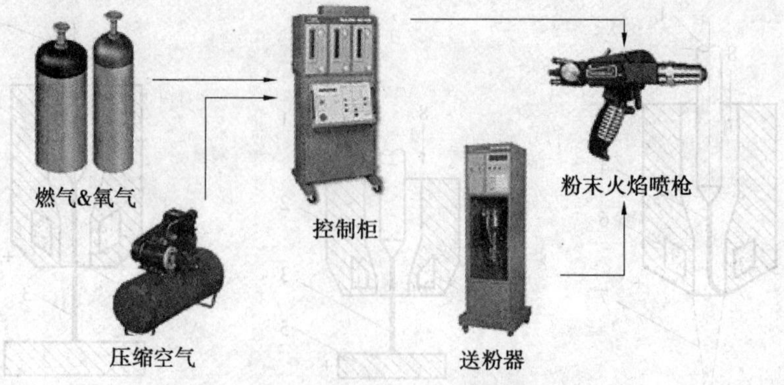


图 1.18 粉末火焰喷涂设备简图

②工艺技术特点。氧-乙炔火焰粉末喷涂是应用最为普遍的一种喷涂工艺，其工艺特点如下：

ⅰ.设备简单，操作方便，成本低，现场施工方便。

ⅱ.喷涂工艺简单，容易掌握，应用最为广泛。

ⅲ.喷涂材料广泛，可喷涂金属、合金、复合粉末、陶瓷及塑料等多种材料。

ⅳ.涂层孔隙率较大，涂层的残余应力小，可喷制厚涂层。

(4)主要工艺参数

①热源参数。加工过程中，要正确使用和控制火焰的性能，即预热和喷粉时，要使用中性焰或微碳化焰，以避免工件表面和粉末的氧化。一般粉末火焰喷涂大多依靠火焰来加速喷射粒子。当采用较大流量的氧-乙炔时，焰流的功率大、强度高，喷射粒子的飞行速度就高，所制备的涂层具有高的结合强度和致密度。

②喷涂距离。喷枪与工件喷涂面的距离一般控制在 150～200 mm，具体值应根据喷枪的型号、功率大小和火焰的挺直度及长短而定。最佳距离是将合金粉末在火焰中受热状态最好的、最明亮的部位对在工件表面上。

③基体温度。喷涂时应先对工件进行预热，钢质零件预热温度为 80～120 ℃。喷涂过程中，零件整体温度不应超过 250 ℃。

**2. 高速火焰喷涂**

高速火焰喷涂国内习惯上称为超声速火焰喷涂(HVOF)。高速火焰喷涂是 20 世纪 80 年代初期，由美国 Browning 公司最先研制成功的。高速火焰喷涂技术一经问世，就以其超高的焰流速度和相对较低的温度，在喷涂金属碳化物和金属合金等材料方面显现出了明显的优势，成为热喷涂的一项重要工艺方法。

(1)高速火焰喷涂原理

高速火焰喷涂是将助燃气体与燃烧气体在燃烧室中连续燃烧，燃烧的火焰在燃烧室内产生高压并通过与燃烧室出口连接的膨胀喷嘴产生高速焰流，喷涂材料送入高速射流中被加热、加速喷射到经预处理的基体表面上形成涂层的方法。可用乙炔、丙烷、丙烯、氢气等作为燃气,也可使用柴油或煤油等液体燃料。

图 1.19 为高速火焰喷涂原理示意图,煤油、氧气通过小孔进入燃烧室后混合,在燃烧室内稳定、均一地燃烧。由监测器来监控燃烧室的压力,以确保稳定燃烧,喷涂粉末的速度与燃烧室内压力成正比。燃烧室的出口设计使高速气流急剧扩展加速,形成超声速区和低压区。粉末在低压区域沿径向多点注入,粉末均一混合,在气流中加速喷出。高速火焰喷涂焰流速度高达 1 500 ~ 2 000 m/s,粒子流速度高达 400 ~ 650 m/s。

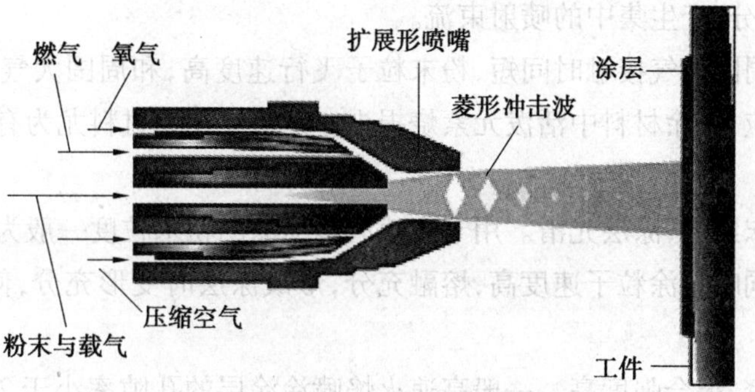


图 1.19 高速火焰喷涂原理示意图

(2)设备构成

高速火焰喷涂设备一般由喷涂枪、送粉器、控制系统、喷枪冷却系统、气体供应系统五部分构成,其示意图如图 1.20 所示。

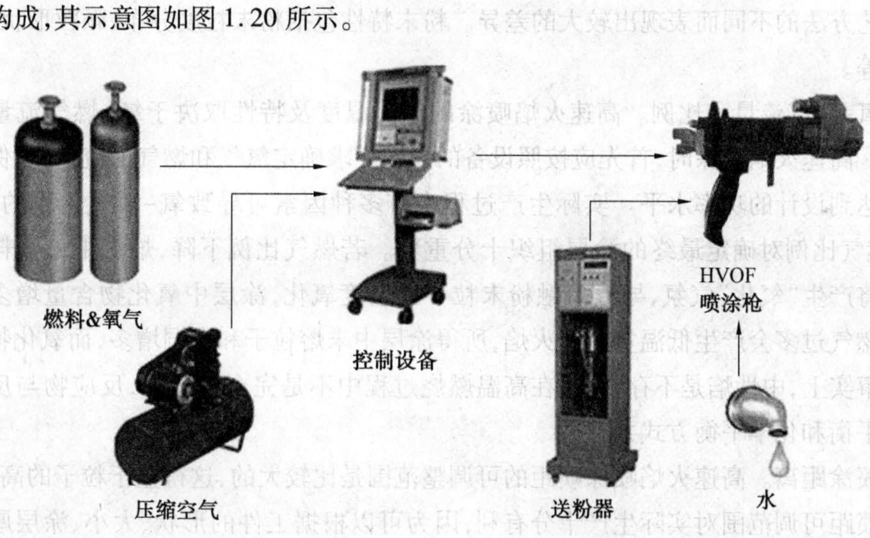


图 1.20 高速火焰喷涂设备示意图

目前,我国使用的高速火焰喷涂设备绝大部分是进口的,使用最多的型号为 Sulzer Metco 公司的 DJ-2700 和 Praxair 公司的 JP-5000。JP-5000 是原 Hobart Tafa 公司研制成功的,后该公司并入了 Praxair 公司。这两种设备在国外的应用也最为广泛,代表了当今世界高速火焰喷涂技术的发展水平。

(3)涂层和工艺特点

高速火焰喷涂工艺因其鲜明的特点,即超高的焰流速度和相对较低的温度,使其涂层性能和喷涂工艺具有许多特点:

①火焰及喷涂粒子速度高。火焰速度达到 1 800 m/s 以上,粒子速度达 400 ~ 650 m/s。

②粉粒受热均匀。喷涂粉粒沿轴向或径向注入燃烧室,使粉末在火焰中停留时间相对较长,熔融充分,产生集中的喷射束流。

③粉粒与周围大气接触时间短,粉末粒子飞行速度高,和周围大气接触时间短,很少与大气发生反应,喷涂材料中活泼元素烧损少。这对碳化物材料尤为有利,可避免分解和脱碳。

④喷涂粉末细微,涂层光滑。用于高速火焰喷涂的粉末粒度一般为 10 ~ 45 μm,属于细粒度粉末。同时喷涂粒子速度高,熔融充分,形成涂层时变形充分,使得涂层表面粗糙度小。

⑤涂层致密,结合强度高。一般高速火焰喷涂涂层的孔隙率小于 2%,结合强度大于 70 MPa。

(4)主要工艺参数

①粉末特性。目前粉末供应商提供了品种繁多的碳化物粉末,而粉末特性往往因其制粉工艺方法的不同而表现出较大的差异。粉末特性包括粉末粒度分布、颗粒形状、表面粗糙度等。

②氧-燃气流量和比例。高速火焰喷涂的焰流温度及特性取决于氧-燃气流量和混合比例。高速火焰喷涂时,首先应按照设备的规定要求确定氧气和燃气的流量,以保证喷枪焰流达到设计的功率水平。实际生产过程中有多种因素可导致氧-燃气比例的波动,而氧-燃气比例对确定最终的涂层组织十分重要。若燃气比例下降,焰流中未消耗尽的氧分子将产生“氧化”气氛,导致熔融粉末粒子的过度氧化,涂层中氧化物含量增多。混合气中燃气过多会产生低温贫氧的火焰,所得涂层中未熔粒子和孔洞增多,而氧化物含量降低。事实上,中性焰是不存在的,在高温燃烧过程中不是完全可逆的,反应物与反应产物以热平衡和化学平衡方式共存。

③喷涂距离。高速火焰喷涂喷距的可调整范围是比较大的,这得益于粒子的高速度。较大的喷距可调范围对实际生产十分有利,因为可以根据工件的形状、大小、涂层厚度等要求选择适宜的喷距,以得到综合性能最好的涂层。

④送粉量。对任何热喷涂工艺来说,送粉量都是影响涂层性能的一个重要参数。某种粉末在某一具体的喷涂工艺条件下,都对应有适宜的送粉量范围。

若送粉量过小,可产生的不利影响有:

ⅰ.被喷涂粉末过熔,粉末烧损,烟雾大,易污染涂层。

ⅱ.每一遍喷涂不能完全覆盖其扫过的路径,造成涂层孔隙率增大。

ⅲ.延长了喷涂时间,易造成工件过热使涂层开裂和生产成本的增大。

若送粉量过大,可产生的不利影响有:

ⅰ.粉末熔化不充分,涂层结合强度降低,孔隙率增大。

ⅱ.涂层应力增大,导致涂层开裂。

ⅲ.粉末沉积率下降,生产成本提高。

**3. 电弧喷涂**

电弧喷涂是利用电弧作热源来熔化金属,用压缩空气把熔化的金属雾化,并对雾化的金属液滴加速使之喷向工件形成涂层的技术。电弧喷涂现已成为钢结构大面积长效表面防护的重要手段之一。

(1)喷涂原理

图1.21为电弧喷涂原理示意图,送丝系统通过丝轮将两根金属丝连续、均匀地送入喷枪的两个导电嘴(分别接直流电源的正负极),在金属丝端部短接的瞬间,产生电弧。电弧使金属丝熔化,在电弧点的后方由喷嘴喷射出的高速空气流使熔化的金属雾化成颗粒,并在高速气流的加速下喷射到工件的表面,形成涂层。

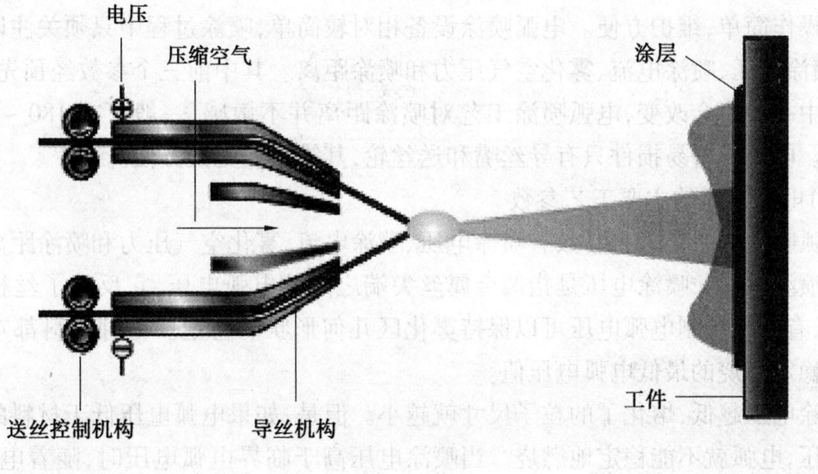


图1.21　电弧喷涂原理示意图

(2)电弧喷涂设备

电弧喷涂设备主要由电弧喷枪、喷涂电源、控制柜、送丝系统等构成,如图1.22所示。目前大多数设备都将控制箱与喷涂电源合并在一起。

(3)电弧喷涂技术特点

①生产效率高。电弧喷涂的生产效率与电弧电流成正比,当喷涂电流为300 A时,喷涂不锈钢丝可达14 kg/h,喷涂铝丝为8 kg/h,相当于火焰喷丝枪生产效率的3~4倍。

②涂层结合强度高。电弧喷涂时,电弧温度高达4 800 ℃,使得熔融粒子温度高,变形量大,可获得较高的结合强度及涂层自身强度。

③元素烧损较为严重。由于电弧喷涂温度高,由电能转化的热能除了熔化送进的丝材外,仍有大量过剩,过剩的热能导致丝材在喷涂过程中过热,发生氧化和蒸发,形成烟尘

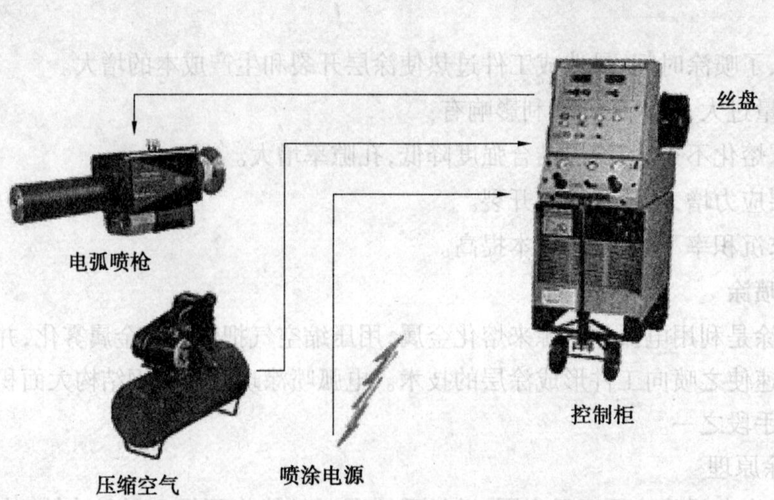


图 1.22　电弧喷涂设备简图

而损失掉。

④能源利用率高。电弧喷涂时,电弧直接作用于金属丝的端部用来熔化金属,能源利用率可达 90%,是各种喷涂方法中能源利用率最高的。

⑤操作简单,维护方便。电弧喷涂设备相对较简单,喷涂过程中只须关注四个主要参数,即喷涂电压、喷涂电流、雾化空气压力和喷涂距离。其中前三个参数经预先设置后,喷涂过程中一般不会改变,电弧喷涂工艺对喷涂距离并不敏感,一般可在 180 ~ 240 mm 之间变动。电弧设备易损件只有导丝嘴和送丝轮,其维护和更换方便。

(4)电弧喷涂的主要工艺参数

电弧喷涂的主要工艺参数有喷涂电压、喷涂电流、雾化空气压力和喷涂距离。

①喷涂电压。喷涂电压是指两金属丝尖端之间的电弧电压,它反映了丝材尖端间隙的大小,有效地控制电弧电压可以保持雾化区几何形状的稳定。每种材料都对应自己维持电弧稳定燃烧的最低电弧电压值。

喷涂电压越低,熔化了的粒子尺寸就越小。但是,如果电弧电压低于材料的临界最低电弧电压,电弧就不能稳定地燃烧。当喷涂电压高于临界电弧电压时,随着电压的提高,丝材尖端的间距、喷涂射流角度和喷涂粒子的颗粒尺寸范围都随之增大,同时被喷涂材料的元素烧损程度也增大,尤其是那些容易与氧化合的元素,其烧损更为严重。随着喷涂电压的提高,沉积效率逐步降低。

在保证电弧稳定燃烧的前提下,应选择尽可能低的喷涂电压值。

②喷涂电流。用于电弧喷涂的电源应具有平特性或略带上升的外特性,喷涂过程中,电弧电压保持不变,工作电流随送丝速度的增大而增大。一般来讲,增大喷涂时的工作电流,一方面可以提高生产效率,另一方面也可以提高涂层质量。但工作电流的增大也带来副作用,即材料烧损程度增大,沉积率下降。

③雾化空气压力和流量。雾化空气压力和流量在很大程度上决定了喷涂粒子的雾化程度和飞行速度,即雾化空气压力和流量越大,粒子雾化越充分,所得到的涂层也越致密。但过分追求更细的雾化,将导致不良后果,即喷涂粒子氧化程度增大。随着雾化空气压力

和流量的增大，一方面气流中氧含量增多，另一方面喷涂粒子的相对表面积急剧增加，二者综合作用，导致涂层氧化加剧。

④喷涂距离。电弧喷枪喷嘴出口处，雾化气体的流速最大，而熔滴的速度最低，随着喷涂距离的增加，喷涂粒子被逐渐加速，雾化气流速逐渐降低。一般喷涂粒子在 60 ~ 200 mm的喷涂距离内有较高的飞行速度和温度，容易得到高质量的涂层。

**4. 大气等离子喷涂**

(1)原理

大气等离子喷涂简称等离子喷涂，喷涂原理如图 1.23 所示。等离子喷涂通过等离子喷枪来实现，喷枪的喷嘴(阳极)和电极(阴极)分别接电源的正、负极，喷嘴和电极之间通入工作气体，借助高频火花引燃电弧。电弧将气体加热并使之电离，产生等离子弧，气体热膨胀由喷嘴喷出高速等离子射流。送粉气将粉末从喷嘴内(内送粉)或外(外送粉)送入等离子射流中，被加热到熔融或半熔融状态，并被等离子射流加速，以一定速度喷射到经预处理的基体表面形成涂层。常用的等离子气体有氩气、氢气、氦气、氮气或它们的混合气。

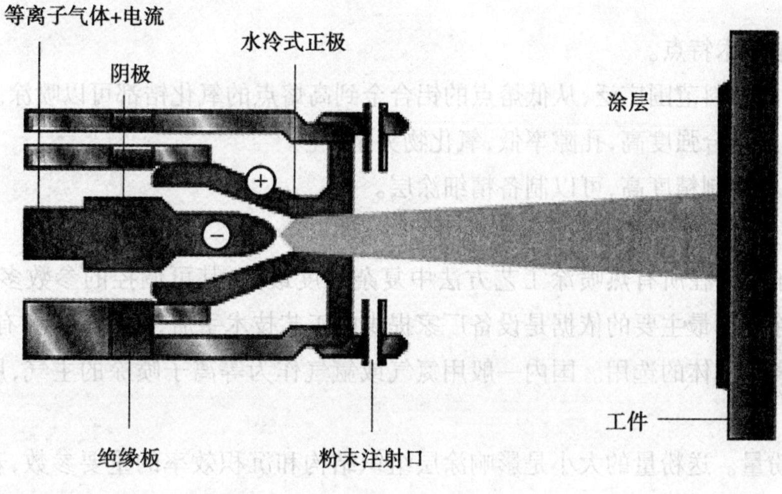


图 1.23　大气等离子喷涂原理示意图

(2)设备

我国目前使用的等离子喷涂设备分为进口和国产两类，进口设备主要源自国外两大公司的产品，一是 Sulzer Metco 公司，如 Metco 7M 和 Sulzer Metco 9M 等；二是 Praxair 公司，代表产品有 3620、4500 和 5500 等。国产设备主要是仿制品，大多是仿制 Metco 7M 和 Sulzer Metco 9M。等离子喷涂设备由喷枪、整流电源、控制系统、热交换系统、送粉器、水电转接箱六部分构成，如图 1.24 所示。辅助设备包括压缩气体供给系统、工作用气(氩、氢、氮)供给系统等。

(3)涂层和工艺技术特点

①涂层结构特性。等离子喷涂涂层组织细密，氧化物含量和孔隙率较低，如氧化铬涂

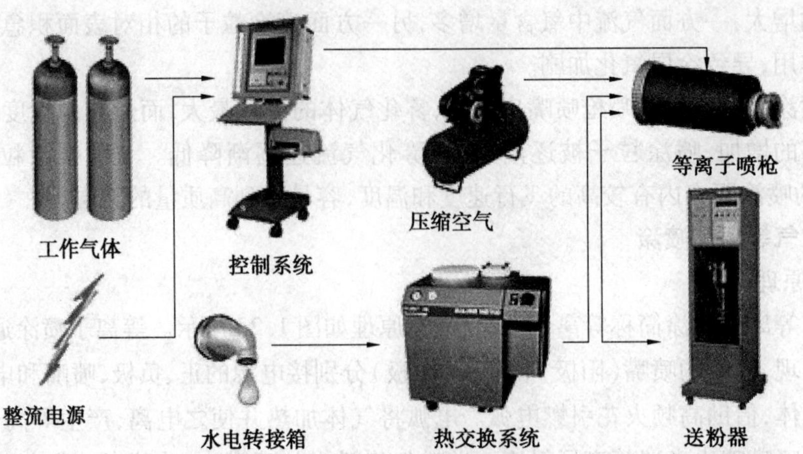


图 1.24 等离子设备示意图

层孔隙率可控制到3%以下。涂层与基体间的结合以及涂层粒子间的结合形式除以机械结合为主外，还可以产生微区冶金结合和物理结合，涂层结合强度较高，最高可达 50 MPa。

②工艺技术特点。

ⅰ.喷涂材料范围广泛，从低熔点的铝合金到高熔点的氧化锆都可以喷涂。

ⅱ.涂层结合强度高，孔隙率低，氧化物夹杂少。

ⅲ.设备控制精度高，可以制备精细涂层。

(4)主要工艺参数

等离子喷涂在所有热喷涂工艺方法中复杂程度最高，其可调控的参数多达十几个。等离子喷涂操作最主要的依据是设备厂家提供的工艺技术手册，主要的参数有：

①等离子气体的选用。国内一般用氮气或氩气作为等离子喷涂的主气，用氢气作为辅助气体。

②送粉量。送粉量的大小是影响涂层组织结构和沉积效率的重要参数，若送粉量过大，不仅降低粉末沉积效率，还会增加涂层中孔洞和未熔粒子数量，导致涂层质量下降。若送粉量过小，除增大喷涂成本外，还可能造成零件过热、涂层开裂等不良后果。

## 1.3 热喷涂涂层材料

### 1.3.1 热喷涂材料的要求

原则上，只要在一定温度以下不升华、不分解的固体材料均可以用于喷涂，所以被广泛应用于喷涂的材料既包括金属、陶瓷，也包括塑料聚合物及其复合材料。但热喷涂材料在热喷涂过程中承受高温，且在空气中飞行，随后以高速撞击工件表面产生变形，淬冷后

形成叠层,涂层在冷却收缩时会产生应力,因此热喷涂材料除了满足使用性能的要求外,还应满足喷涂工艺性能的要求。归纳如下:

①具有良好的使用性能。所选用的热喷涂材料必须满足零部件表面工况要求,如具有耐磨、耐蚀、耐高温、抗氧化、导电、绝缘等使用性能。

②具有良好的化学稳定性和热稳定性。热喷涂材料在喷涂过程中承受高温,应具有化学稳定性和热稳定性,即在高温下不挥发、不升华、不发生有害的化学反应和晶型转变,以保持原材料的优良性能。

③涂层材料和基体应有相近的热膨胀系数,以防在涂层形成过程中的急冷造成与基体的热膨胀系数相差过大,收缩不均匀,形成很大的热应力,使涂层从基体上剥离或龟裂。

④涂层材料在熔融或半熔融状态下应和基体有较好的润湿性,以保证涂层与基体有良好的结合性能。

⑤涂层是粉末时,其形状、粒度分布、表面状态应符合要求,且要有好的流动性才能获得好的均匀涂层;当涂层材料是棒材或丝材时,应有较好的成形能力,且具有一定的强度,径值也应均匀准确,表面清洁无污染。

## 1.3.2 热喷涂材料的分类

热喷涂材料分类方法很多,具体如下:

**1. 按材料性质分**

按材料性质可分为金属与合金、氧化物陶瓷、金属陶瓷复合材料和有机高分子材料等。

**2. 按使用性能和目的分**

按使用性能和目的可分为防腐材料、耐磨材料、耐高温热障材料、减磨材料以及其他功能材料。

**3. 按材料形态分**

按材料形态可分为粉末、线材和棒材三大类,见表1.2、表1.3。

**表1.2 热喷涂线材和棒材分类**

| 类别 | 分类 | 品种 |
|---|---|---|
| 金属线材 | 有色金属 | ①纯金属:Zn、Al、Cu、Ni、Mo<br>②合金:Zn-Al、Pb-Sn、Cu合金、巴氏合金、Ni合金 |
| | 普通钢及低合金钢 | 碳钢、低合金钢 |
| | 高合金钢 | 不锈钢、耐热钢 |
| 棒材 | 陶瓷棒材 | $Al_2O_3$、$TiO_2$、$Cr_2O_3$、$ZrO_2$、$Al_2O_3+MgO$、$Al_2O_3+SiO_2$ |
| 复合线材 | 金属包金属 | 铝包镍、镍包合金 |
| | 金属包陶瓷 | 金属包碳化物、金属包氧化物 |
| | 塑料包覆 | 塑料包金属、塑料包陶瓷 |

表 1.3 热喷涂粉末材料分类

| 分 类 | 品 种 |
|---|---|
| 纯金属 | Sn、Pb、Zn、Al、Cu、Ni、W、Mo、Ti 等 |
| 合 金 | ①Ni 基合金：Ni-Cr、Ni-Cu<br>②Co 基合金：CoCrW<br>③MCrAlY 合金：NiCrAlY、CoCrAlY、FeCrAlY<br>④不锈钢<br>⑤铁合金<br>⑥铜合金<br>⑦铝合金<br>⑧巴氏合金<br>⑨Triballoy 合金 |
| 自熔性合金 | ①Ni 基自熔性合金：NiCrBSi、NiBSi<br>②Co 基自熔性合金：CoCrWB、CoCrWBNi<br>③Fe 基自熔性合金：FeNiCrBSi<br>④Cu 基自熔性合金 |
| 金属氧化物 | ①Al 系：$Al_2O_3$、$Al_2O_3 \cdot SiO_2$、$Al_2O_3 \cdot MgO$<br>②Ti 系：$TiO_2$<br>③Zr 系：$ZrO_2$、$ZrO_2 \cdot SiO_2$、$CaO-ZrO_2$、$MgO-ZrO_2$<br>④Cr 系：$Cr_2O_3$ |
| 金属碳化物及硼化物 | ①WC、$W_2C$<br>②TiC<br>③$Cr_3C_2$、$Cr_{23}C_6$<br>④$B_4C$、SiC |
| 包覆粉 | Ni 包 Al、Ni 包金属及合金、Ni 包陶瓷 |
| 团聚料 | 金属+合金、WC 或 WC-Co+金属及合金、氧化物+金属及合金、氧化物+氧化物 |
| 熔炼粉及烧结粉 | 碳化物+自熔性合金、WC-Co |
| 塑 料 | ①热塑性粉末：聚乙烯、尼龙、聚苯硫醚<br>②热固性粉末：环氧树脂 |

实际应用中，还包括钎焊材料和辅助材料。钎焊材料主要包括经过热喷涂工艺后还需进行随后的扩散热处理的涂层材料；辅助材料主要包括喷砂处理用材料、遮蔽材料和封孔材料。

## 1.3.3 热喷涂材料的应用原理

热喷涂材料作为涂层的原始材料，在很大限度上决定了涂层的性能。只有对涂层材料有比较系统、全面的认识，才能优选出合适的材料种类，满足喷涂工艺和涂层的使用要求。热喷涂材料的选择是一个连续而复杂的过程，它应从初始涂层设计阶段开始，直到涂层使用性能的考核结束为止。涂层设计工作者必须具有各种涂层材料的材料科学基础知识和对使用工况条件的深刻了解，才能实现最佳的涂层材料选择和涂层设计。

**1. 打底涂层（过渡层）材料应用原理**

热喷涂的实际操作过程中，在基体材料和工作层之间往往不能形成良好的结合。为了增加结合强度和保护基体，需要在工件表面喷涂一层形成微冶金结合的、材料的膨胀系数与工件和表面涂层材料相近的打底涂层（过渡层）。

打底涂层材料应具有下述一个或多个特性：

(1)“自粘结”效应

在热喷涂火焰高温热源的作用下，涂层材料不同组分能发生放热化学反应，使涂层与基体形成微冶金结合。最典型和应用最广的“自粘结”打底涂层材料是镍铝复合粉末。

涂层与基体的结合强度主要取决于基体与喷射微粒之间的接触温度、微粒的熔融状态以及在喷射过程中施加于微粒的冲击力。而在工艺制度中，所能考虑的主要因素就是提高接触温度。打底涂层材料的放热特性就是基于这个前提而设计的。

一般说来，接触温度又取决于形成涂层瞬间的基体温度、微粒温度及二者的热物理性质。在热喷涂过程中，金属基体不可能预热到很高的温度，原则上不超过 100 ~200 ℃，否则其表面将氧化严重，阻碍涂层与基体材料的结合。依靠热源提高微粒的温度，其效果不明显，因为微粒飞行到基体的时间不过千分之几秒，受热时间太短。因此，借助于微粒本身产生化学反应来贡献热量，是最行之有效的途径。

自粘结型打底涂层材料有两种：一种是高熔点金属，如钨、钼等，它们在熔化状态下具有很高的热含量（钨为 29.4 kJ/mol，钼为 21 kJ/mol）；另一种是具有放热特性的复合粉末材料，如 Ni-Al 粉等。它们在热喷涂过程中发生 Ni、Al 间的放热反应，这种放热反应可在粉末微粒到达基体表面之后仍然持续 0.003 ~0.005 s，从而使涂层与基体之间产生很强的微冶金结合。

已知有 100 多对元素在它们的相互反应中放出大量的热，其中较理想的是 Al 与 Co、Cr、Mo、W、Nb、Ti 之中的一种或多种。而最常用的是 Al 和 Ni 或 Mo 等元素之间的放热反应，如 Ni-Al 粉末、Ni-Mo-Al 粉末。

(2)“粗化”效应

粘结底层的表面比喷砂粗化处理的基体表面更不规则，因而工作涂层能与之形成更强的机械嵌合。当粉末粒子以熔融或半熔融状态喷射到基体表面时，会产生大量的扁平状蝶形微粒的重复堆积，形成层状结构。由于微粒的骤然冷却、凝结和收缩的结果，会产生宏观应力。而粗糙不平的基体表面的主要作用是抑制和控制这种收缩应力。粗糙度增加了涂层结合的表面面积，并使收缩应力局限于局部，从而可增大结合强度。因此，在选择底层粉末时，粉末的平均粒度可略大于工作面层粉末的平均粒度。

(3)"屏蔽"效应

打底涂层具有比基体材料更好的抗氧化能力和耐蚀性能,在工作涂层与基体之间起屏蔽作用,能将热喷涂涂层固有孔隙引起的基体氧化或腐蚀程度降至最低。

(4)"缓冲"效应

打底涂层的热膨胀系数介于基体材料和工作涂层之间,且在机械及热负荷下具有足够的韧性,能对因基体与工作涂层热膨胀系数不同而产生的应力起"缓冲"作用。

在选择打底层材料时,自粘结型材料为首选。自粘结型材料可以在室温下与光洁基体表面形成结合。对于大多数基体来说,镍包铝是最好的打底材料,它的粘结性能好,结合强度高,涂层致密。需要指出的是,镍包铝不适合用作铜合金材料的过渡层。有些材料本身并非自粘结性的,但可改善涂层系统的粘结性能。例如镍铬合金,它不是自粘结材料,要求表面喷砂处理后才能得到必要的结合强度,但是这种材料作为底层是很有用的,特别适用于热障涂层系统作为打底涂层。传统的打底层材料的适用温度如下:

①镍包铝(80Ni-20Al):≤650 ℃。

②铝包镍(95Ni-5Al):≤650 ℃。

③镍铬合金、镍铬铝(95NiCr-5Al):≤980 ℃。

④镍铬铝钴氧化钇(32Ni-21Cr-8Al-38Co):≤850 ℃。

**2. 耐磨涂层材料应用原理**

耐磨损是涂层的一项重要的工程性质。磨损是十分复杂的,磨损工况中各因素均影响涂层的耐磨性,例如磨料的硬度、粒度、温度、速度及运动方向;工况的干、湿状态,湿态工况中的酸、碱性及浓度,工况中零件所承受的载荷等。因此,要获得良好的耐磨性,必须了解磨损工况,掌握磨损类型及其主要机制。

(1)磨损类型

磨损是相互接触并作相对运动的物体由于机械、物理和化学作用,造成物体表面材料的位移和分离,使表面形状、尺寸、组织及性能发生变化的过程。

①磨料磨损。磨料磨损是指硬的磨粒或硬的突出物在与摩擦表面相互运动过程中,使材料表面损耗的一种现象或过程。

②粘着磨损。相对运动物体的真实接触面积上发生固相粘着,使材料从一个表面转移到另一个表面的现象,也称咬合磨损。

③冲蚀磨损。流体或固体以松散的小颗粒按一定的速度和角度对材料表面进行冲击所造成的磨损。

④腐蚀磨损。两物体表面产生摩擦时,工作环境中的介质如液体、气体或润滑剂等,与材料表面起化学反应或电化学反应,形成腐蚀产物,这些产物往往粘附不牢,在摩擦过程中剥落下来,其后新的表面又继续与介质发生反应。这种腐蚀和磨损的反复过程称为腐蚀磨损。

⑤疲劳磨损。当两个接触体相对滚动或滑动时,在接触区形成的循环应力超过材料

疲劳强度的情况下，在表面层将引发裂纹并逐步扩展，最后使裂纹以上的材料断裂剥落下来的磨损过程称疲劳磨损。

⑥微动磨损。两个配合面之间以微小振幅的相对振动引起的表面损伤。

生产实践中遇到的磨损，往往是几种磨损类型同时存在且相互影响，但是总有一种磨损类型及磨损机制起主导作用。因此在分析工件的磨损及耐磨涂层材料选择时，首先要搞清楚具体的工况条件及起主要作用的磨损类型和磨损机制。

(2)耐磨涂层材料的性能要求

耐磨涂层用于一些具有相对运动的磨损零件上，抵抗磨料磨损、粘着磨损、冲蚀磨损等，主要材料有碳化钨、碳化铬、氧化铝/氧化钛等。例如，钴包碳化钨用在温度不超过540 ℃的非腐蚀环境中，抵抗磨料磨损和小角度冲蚀磨损，如挤压模、排气扇和燃气轮机叶片上。氧化铝/氧化钛陶瓷涂层可用于温度不超过550 ℃的酸、碱环境中，抵抗粘着磨损，如纺织纤维导轮上。耐磨涂层一般采用等离子喷涂、超声速火焰喷涂和氧-乙炔喷焊工艺制备。

(3)常用耐磨涂层材料

采用耐磨涂层的目的就是使涂层硬度高于工件硬度，即涂层的显微硬度与磨料的显微硬度的比值大于0.8。常见耐磨涂层材料的选择可以借助1986年全国热喷涂协作组编译的《METCO涂层指南》。

**3. 耐蚀涂层材料应用原理**

热喷涂涂层的耐腐蚀原理是：

①利用牺牲阳极原理，将被保护金属与电位更负的活泼金属相耦接，由于两者电极电位不同，可以构成原电池，所产生的电流便是起阴极保护作用的阴极电流。

②将比基材更耐腐蚀的材料喷涂在基材表面，以达到保护基材的目的。

室温下，钢铁材料耐大气条件酸、碱、盐的腐蚀，应用的就是牺牲阳极原理，常用的牺牲阳极材料主要有Zn、Al、Zn-Al和Zn-Al-Mg合金，通常采用电弧线材喷涂的方法制备。Zn、Al、Zn-Al和Zn-Al-Mg合金涂层对钢铁进行长效的防护，不仅是阴极保护作用，涂层本身也具有良好的抗腐蚀性能。另外，涂层中金属微粒表面形成的致密氧化膜也起到了防腐蚀的作用。

对于阳极性金属涂层，由于涂层孔隙和局部破损是不可避免的。腐蚀介质将渗透到基体表面，造成基材腐蚀；另外，虽然利用牺牲阳极作用保护了钢铁基材，但同时涂层本身也是要有损耗的。因此，选择适当的封孔剂涂覆在涂层表面上，并渗透到涂层的孔隙中，将涂层的孔隙封闭，阻止腐蚀介质的渗透，使涂层与基材之间不能构成腐蚀电池，不仅基材不受腐蚀，同时也保护了阳极性金属涂层。

耐蚀涂层材料选择的一般原则可归纳如下：

①单相结构的涂层材料比多相结构的涂层材料一般具有更好的耐介质腐蚀能力。

②涂层材料的腐蚀产物膜包括氧化膜，应致密无孔，韧性好，附着牢固，能将腐蚀介质

与涂层、基体有效地隔离，起到腐蚀屏障作用。

③对于钢铁基体材料，在存在电解质的条件下，涂层材料应具有比铁更低的电极电位，从而能对铁基体起有效的牺牲阳极的保护作用。

④除了喷焊层外，喷涂层均具有一定的气孔率，这会降低涂层的耐蚀性、抗高温氧化能力和电绝缘性能。这类情况下，必须对喷涂层进行适当的封孔处理。

**4. 抗高温涂层材料的应用原理**

金属高温结构材料既要具备足够的力学性能和适宜的加工制造性能，又需具有优良的化学稳定性。高温下使用最广泛的高温合金，在腐蚀性气体环境中发生严重的氧化和热腐蚀，成为其限制应用的主要因素。解决的途径有：一是调整合金成分和组织结构，以提高其自身的抗高温氧化与热腐蚀的能力，这方面取得了一些进展，但因为改善合金抗高温腐蚀性能的合金元素添加量受限制，当添加量稍多会显著降低合金的力学性能，反之亦然，这种矛盾尚未解决；另一途径就是在高温合金表面施加防护涂层，它既能提高合金抗高温氧化与热腐蚀性能，又可保持合金的力学性能在许可的范围之内，这一方面取得了令人满意的进展，在工程中得到了广泛的应用。

抗高温涂层材料一般同时具备抗高温氧化、抗高温腐蚀及抗高温磨损性能。抗高温氧化涂层一般用于高于 550 ℃的氧化腐蚀环境中，目前常用的材料有 Fe 基、Co 基、Ni 基合金。一些氧化物陶瓷同样可用于高温氧化环境中，这类涂层主要采用常压或低压等离子体喷涂，涂层的致密度至关重要。合金涂层除了抗高湿氧化、腐蚀，主要用于功能陶瓷涂层的中间结合层外，同样用于磨损零件的修复，如燃气轮机的导向叶片、阀座、活塞杆、密封室、轴承、轴套等。在选择抗高温涂层材料时，应把应用工况条件-基体-涂层三者作为一个整体考虑，才能获得综合性能良好的结果。

(1)耐高温涂层材料选择的基本原则

①具有足够高的熔点。涂层材料的熔点越高，可以使用的最高温度越高。

②高温化学稳定性好。材料本身在高温下不会发生分解、升华或有害材料微观结构转变性能。

③具有要求的热疲劳性。在冷、热交替的热疲劳条件下，基体材料和涂层材料的热膨胀系数、热导率等热物理性能应当匹配。如果相差过大应采取梯度涂层设计进行过渡，否则将出现涂层的剥落失效。在高温热循环过程中，基体材料或涂层材料内部发生相变，如果相变引起了体积变化，会产生体积变化应力导致涂层开裂或剥离。例如，二氧化锆晶体在高温会发生 7% 体积变化的相变。因此作为耐高温涂层中使用的材料应该进行稳定化处理。

④抗高温氧化合金应含有氧亲和力大的合金元素。与氧亲和力大的元素有铬、铝、硅、钛、钇等，它们与氧结合生成非常致密且化学性能稳定的氧化物。并且，所生成的氧化物的体积大于金属原子的体积，因而能够有效地将金属基体包覆起来，防止进一步氧化。金属氧化物的分解压越低，金属元素对氧的亲和力越大，金属氧化物膜越稳定。

⑤对高温合金的显微组织有一定要求。高温合金一般选用具有面心立方晶格的金属母相,并能被高熔点难熔金属元素的原子固溶强化,或者合金元素间发生反应,形成与母相具有共格结构的相,对母相产生析出强化作用,或者能形成高熔点的金属间化合物,对金属母相起晶界强化和弥散强化作用。

(2)M-Cr-Al-Y 型高温涂层材料

Talboom 最先于 1970 年报导用电子束物理气相沉积法(EB-PVD),在钴基导向叶片上制备抗热腐蚀的 Co-Cr-Al-Y 型涂层,研究了铬质量分数在 20% ~40% 和铝质量分数在 12% ~20% 及钇在 0.5 范围的涂层热腐蚀性能,确定 Co-25Cr-14Al-0.5Y 为抗热腐蚀最佳涂层。

对 M-Cr-Al-X(M 为 Ni、Co 或 NiCo;X 为对氧反应活性元素如 Y、Hf、Ta、Si、RE 等)体系涂层的抗氧化、热腐蚀及塑性研究表明,镍基 Ni-Cr-Al-Y 型涂层具有优良的高温抗氧化性能,钴基 Co-Cr-Al-Y 型涂层则更具高温抗热腐蚀性能。

(3)常见的抗高温涂层材料

常见的抗高温涂层材料有:

METCO:45C、45VF、70C、81、81VF、430;

PRAXAIR: NiCr-$Cr_3C_2$(1375VM 等),CoCrAlTaY+ $Al_2O_3$(LCO-17);

其他:NiAlW+红宝石,堆焊高温合金(北矿院 GH-01)。

**5. 热障涂层材料的应用原则**

热障涂层一般用于 1 000 ℃以上的高温环境中,以降低传入基体材料的热量,提高基材的使用温度。热障涂层材料目前应用最多的是氧化钇或氧化镁稳定的氧化锆。热喷涂制备方法一般采用常压等离子体喷涂。涂层中存在一定的孔隙度,以降低涂层的热导率,减少涂层中应力。热障涂层主要用于发动机燃烧室、热端部件、排气通道、气缸活塞柱头、喷嘴、冶金炉等。

由于纯 $ZrO_2$ 的相转变会带来体积变化,所以需要对 $ZrO_2$ 高温相进行稳定化。最早用于制备 TBCs 的陶瓷材料为 22% MgO 完全稳定的 $ZrO_2$。在 1 400 ℃下涂层平衡组织为 t 相或 m 相。在热循环过程中,MgO 会从固溶体中析出,使涂层的热导率提高,降低了涂层的性能。经过进一步研究,改进为 $Y_2O_3$ 稳定的 $ZrO_2$ 涂层材料,成为现今广泛研究和普遍采用的重要 TBCs 材料。它具有低热导、高热膨胀系数、1 200 ℃下相稳定、抗腐蚀等综合性能。

$Y_2O_3$ 的含量对 $ZrO_2$ 热导率影响不大,但对于陶瓷层的热膨胀系数影响非常大。当 $Y_2O_3$<6% 时,在热循环过程中会发生伴有体积变化的 t-m 转变,导致涂层剥落,当 $Y_2O_3$ 在 7% ~8% 时涂层组织有良好的稳定性。

由于陶瓷材料的脆性大,与基体材料热膨胀系数不匹配等原因,通常在陶瓷基体间加入一粘结层以改善陶瓷与合金基体间的物理相容性,即一般的双层结构系统。其外层为厚度约 0.25 mm 的陶瓷层,下层为厚度约 0.1 mm 的金属结合层。金属结合层起到抗氧化腐蚀和使陶瓷层与基体紧密结合的作用。目前,结合层材料普遍采用 MCrAlY 合金,可显著提高涂层的抗氧化能力;陶瓷层则为 7% $Y_2O_3$ 部分稳定的 $ZrO_2$(YPSZ),这种热障涂层系统具有良好的抗氧化隔热作用,结构简单,耐热性好。

# 1.4 涂层设计及制备

## 1.4.1 涂层设计的基本原理

采用热喷涂技术不仅能提高机器设备的耐磨损性、耐腐蚀性、耐侵蚀性、热稳定性和化学稳定性,而且能赋予普通材料特殊的功能,诸如高温超导涂层、生物涂层、金刚石涂层、固体氧燃料电池(SOFC)电极催化涂层等。因此,热喷涂技术必然会越来越引起人们的重视,并在各个工业领域获得越来越广泛的应用。但是,实际零部件因其材质、形状、大小及其应用环境、服役条件等存在很大差别,要想成功采用热喷涂涂层来解决所面临的技术问题,必须遵循特定的过程。

**1. 热喷涂的关键过程**

最重要的有以下五个关键过程:

①准确分析问题所在,明确涂层性能要求。

②合理进行涂层设计,包括正确选择喷涂材料、设备、工艺,以及遵循严格的涂层质量评价体系等。

③优化涂层制备工艺。

④严格控制涂层质量。

⑤进行涂层技术的经济可行性分析。

涂层设计起着承上启下的作用,是采用热喷涂技术成功解决实际问题的基础,是所有环节中最重要的环节之一。在进行涂层设计时,要考虑涂层所涉及的各个环节,具有明显的系统特性。因此,为了获得满足使用性能要求的涂层,在进行喷涂前,必须进行周密、合理的涂层设计。

**2. 热喷涂设计的主要内容**

热喷涂涂层设计的主要内容包括:

①根据零部件表面的工况条件,或对已经发生表面失效的零部件的分析结果,确定零件表面涂层或表面涂层体系的技术要求,包括结合强度、硬度、厚度、孔隙、耐磨性、耐蚀性、耐热性或其他性能等。

②运用所掌握的热喷涂技术基础知识(包括喷涂材料、喷涂工艺、涂层性能等),进行经济技术可行性分析,以满足性能要求为基础,考虑涂层经济性,进而选择恰当的喷涂材料、设备及工艺方法。

③编制合理的涂层制备工艺规范。

④提出严格的涂层质量检测与控制标准、零件包装运输条件等。现在,更为严格的要求甚至包括对喷涂原材料生产厂商提出全面质量管理要求。

所有上述内容构成一个完整的热喷涂涂层设计的全过程。

需要特别指出的是,热喷涂涂层的性能虽然主要取决于喷涂材料的性能,但也明显受到所选定的喷涂设备和喷涂工艺的影响。同一种喷涂材料,当采用不同的喷涂设备、不同的喷涂工艺参数进行喷涂时,所得涂层的性能会存在很大差别。此外,涉及制备涂层的其他各个环节都会决定最终的涂层性能,如表面预处理、冷却措施、涂层加工等。因此,只有对制备涂层的各个过程进行全面的质量控制,才可能获得满足性能要求的、质量稳定的涂层。

### 1.4.2 粘结底层材料选择

当需要在金属基体上喷涂陶瓷涂层工作层时,由于陶瓷涂层材料在化学键、晶体结构和热物理性能等方面与金属材料存在相当大的差别,需先在金属基体上喷涂一层合金粘结底层,提高表面陶瓷涂层与基体金属之间结合强度的同时,还可以缓解两者之间热物理性能的差别。在基体尺寸形状或结构难于进行喷砂或粗化处理时,也需采用粘结底层。此外,工作层虽然为金属,但其热物理性能与基体金属相差较大,或两者的润湿性很差时,也推荐采用粘结底层。

**1. 常用粘结底层材料的性能要求**

作为粘结底层喷涂材料应具有以下四方面的性能特点:

(1)与基体表面结合强度高

特别是具有“自粘结”效应的 Ni-Al 型复合粉末,在热喷涂过程中,Ni 与 Al 能发生化学反应,生成金属间化合物,并释放出大量热量,甚至这一反应过程能够持续到粉末碰撞到基体表面时仍在进行。该效应十分有利于变形粒子与基体表面形成微区冶金结合,从而提高粘结底层与基体之间的结合强度。

(2)具有抗氧化、耐腐蚀能力

特别是作为陶瓷涂层的粘结底层,当在高温下工作时,环境中的氧气和腐蚀介质能够通过陶瓷涂层的孔隙侵入到粘结底层,这就要求粘结底层在高温下能形成致密的氧化物保护膜,以保护基体金属不被氧化,并避免环境介质的腐蚀。

(3)涂层表面具有合适的粗糙度

这不仅能为喷涂工作层提供良好的粗化表面,有利于提高工作层与粘结底层之间的结合强度,而且对工作层表面的粗糙度也有直接影响。

(4)具有合适的热物理性能

热膨胀系数、热导率等最好介于基体材料和工作层之间,以减小两者之间的热膨胀不匹配性,降低涂层内的热应力和体积应力,有利于提高涂层的使用寿命。

**2. 粘结底层材料选择方法**

在进行涂层设计时,针对粘结底层的选择,主要考虑以下两方面因素的影响:

(1)粘结底层与基体材料的相容性

当基材为普通碳钢、合金钢、不锈钢、镍铬合金、铝、镁、钛、铌等材料时,可选用具有"自粘结"效应的喷涂粉末作为粘结底层材料,涂层十分致密,孔隙率低,能显著提高表面工作层与基体之间的结合强度。但要注意,该类粘结底层在酸性、碱性和中性盐的电解液中不耐腐蚀,不适合在该类液态化学腐蚀条件下用作粘结底层。

当基材为铜及铜合金时,应优先选用铝青铜作粘结底层。由于在热喷涂过程中 Cu 和 Al 之间也会发生放热反应,生成金属间化合物,因此,铝青铜在铜及铜合金表面具有一定的自粘结性,有利于提高涂层与基体之间的结合强度,且该涂层具有良好的抗热冲击性和抗氧化性。

当基材为塑料及聚合物类基体时,为避免基材表面被高温粒子烧焦而出现"焦化",从而影响工作层与塑料基体之间的结合,常常选择低熔点金属(如 Zn、Al 等),或塑料加不锈钢复合粉末作为粘结底层材料。塑料加不锈钢复合粉末是由塑料粉末和不锈钢粉末复合而成的粉末,主要用作塑料类基体上喷涂高熔点金属、陶瓷或金属陶瓷涂层时的粘结底层材料。其中的塑料组分质软,且流平性好,使涂层与基体塑料有良好的粘结强度,并使塑料基体的受热减至最小;而不锈钢组分则具有良好的耐化学腐蚀性能,可形成镶嵌在塑料涂层中的硬质颗粒,有利于形成粗糙表面,为喷涂工作层提供比较理想的"锚固"结构;此外,不锈钢组分还有利于把喷涂焰流的热量散开,从而避免塑料基体产生局部过热或焦化,对提高粘结底层与基体的结合强度有利。

当基材为石墨基体时,为防止石墨和钨在高温下发生反应生成碳化钨,引起石墨脆化,可喷涂钼作为粘结底层。此外,钼涂层与钢基体之间也能形成自粘结结合。

钼被作为一种具有自粘结效应的粘结底层而广泛使用。这是因为钼在 400 ℃下会迅速发生氧化,生成具有挥发性的 $MoO_3$,产生急剧升华,裸露出的钼熔滴对大多数金属及其合金的干净平滑表面有极好的润湿铺展性能,从而形成自粘结效应。除金属外,它还能够粘结在陶瓷、玻璃等非金属表面,但在铜及铜合金、镀铬表面、氮化表面和硅铁表面等除外。

(2)粘结底层与工况条件

由于涂层涉及的工况环境很多,也很复杂。作为整个涂层的一部分,粘结底层的选用也必须满足工况使用要求。

## 1.4.3 热喷涂工艺选择

**1. 以涂层性能为出发点的选择原则**

(1)涂层性能要求不高,使用环境无特殊要求,且喷涂材料熔点低于 2 500 ℃时,可选择设备简单、成本较低的氧-乙炔火焰喷涂工艺。如一般工件尺寸修复和常规表面防护等。

(2)涂层性能要求较高、工况条件较恶劣的贵重或关键零部件,可选用等离子喷涂工艺。相对于氧-乙炔火焰喷涂来讲,等离子喷涂的焰流温度高,熔化充分,具有非氧化性,涂层结合强度高,孔隙率低。

(3)涂层要求具有高结合强度、极低孔隙率时,对金属或金属陶瓷涂层,可选用高速火焰(HVOF)喷涂工艺;对氧化物陶瓷涂层,可选用高速等离子喷涂工艺。如果喷涂易氧化的金属或金属陶瓷,则必须选用可控气氛或低压等离子喷涂工艺,如 Ti、$B_4C$ 等涂层。

**2. 以喷涂材料类型为出发点的选择原则**

(1)喷涂金属或合金材料,可优先选择电弧喷涂工艺。

(2)喷涂陶瓷材料,特别是氧化物陶瓷材料或熔点超过 3 000 ℃的碳化物、氮化物陶瓷材料时,应选择等离子喷涂工艺。

(3)喷涂碳化物涂层,特别是 WC-Co、$Cr_3C_2$-NiCr 类碳化物涂层,可选用高速火焰喷涂工艺,涂层可获得良好的综合性能。

(4)喷涂生物涂层时,宜选用可控气氛或低压等离子喷涂工艺。

**3. 以涂层经济性为出发点的选择原则**

在喷涂原材料成本差别不大的条件下,在所有热喷涂工艺中,电弧喷涂的相对工艺成本最低,且该工艺具有喷涂效率高、涂层与基体结合强度较高、适合现场施工等特点,应尽可能选用电弧喷涂工艺。

**4. 以现场施工为出发点的选择原则**

以现场施工为出发点进行工艺选择时,应首选电弧喷涂,其次是火焰喷涂,便携式 HVOF 及小功率等离子喷涂设备也可在现场进行喷涂施工。目前,还有人将等离子喷涂设备安装在可以移动的机动车上,形成可移动的喷涂车间,从而完成远距离现场喷涂作业。

### 1.4.4 涂层结构设计

在实际使用中,因零件形状、大小、材质、使用环境及服役条件等千差万别,要获得最佳的涂层使用性能,必须将热喷涂技术所涉及的各个环节综合在一起进行优化处理,特别是要注意将喷涂材料与各种热喷涂工艺的特点结合起来,内容涉及所选择的喷涂材料、涂层厚度、相应的喷涂设备和工艺参数等,涂层结构设计是否合理一般要通过生产检验或现场试验才能确定。在热喷涂应用技术中,所涉及的涂层结构大体可分为以下四种。

**1. 单层结构**

单层结构涂层是指只需要在经过预处理的零件表面喷涂单一成分涂层,即可满足使用性能要求的涂层结构模式。在实际应用中所占比例较大,是最常用的热喷涂涂层结构之一,可为基体提供防腐、耐磨、抗高温氧化、导电、尺寸修复、延长使用寿命等功能。所有的热喷涂工艺,包括普通火焰喷涂、喷焊、电弧喷涂、HVOF、爆炸喷涂、等离子喷涂等,均可获得具有特定性能的单层结构涂层。

**2. 双层结构**

双层结构涂层是指采用两种喷涂材料,在经过预处理的零件表面分两次喷涂形成的涂层结构，每层具有不同的功能。通常与基体相邻的涂层称为粘结底层，其主要作用是提高基体与涂层之间的结合强度；外层或表面层称为工作层或面层，其主要作用是满足零件所要求的性能。这种结构涂层在实际应用中所占的比例也较大，也是最常用的热喷涂涂层结构之一。两种涂层可采用同一种热喷涂工艺方法来完成，如采用单一工艺方法，如普通火焰、爆炸喷涂或等离子喷涂来分别喷涂两种涂层；也可采用不同的热喷涂方法来完成，如可采用电弧喷涂粘结底层，再采用等离子喷涂表面工作层；或先采用高速火焰喷涂粘结底层，再采用等离子喷涂表面工作层，该组合是目前飞机发动机用热障涂层制备的典型工艺。

**3. 多层结构**

多层结构是指涂层层数达三层或三层以上的涂层结构，在实际应用中并不常用，只在特殊工况条件下才采用。有的多层结构通过采用多种成分涂层来满足一种性能要求，例如，为了开发出能够满足柴油发动机用的长寿命厚热障涂层，Robert 等采用了热膨胀系数非常接近的三层结合底层来降低涂层热应力，其多层结构如图 1.25 所示。由于基体材料、NiCrAlY、FeCrAlY、FeCoCrAlY 和 $ZrO_2-Y_2O_3$ 之间膨胀系数属于逐渐变化，从而可以大幅度减小 $ZrO_2-Y_2O_3$ 涂层与基体之间的热膨胀不匹配性，以达到减小热应力、延长使用寿命的目的。

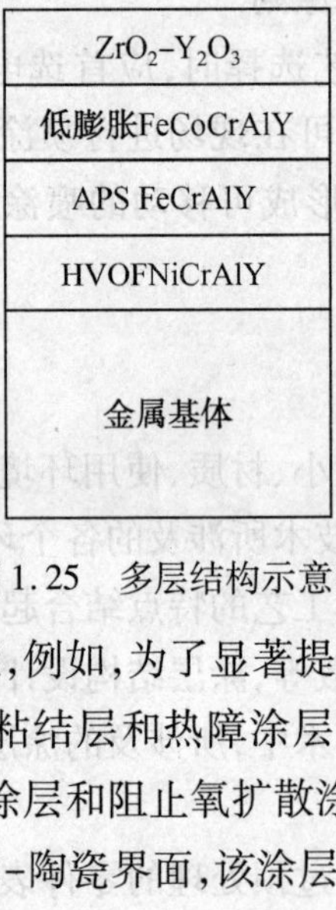


图 1.25 多层结构示意图

有的多层结构则具有多种功能，例如，为了显著提高汽轮机用热障涂层的使用寿命和工作可靠性，Leed 等人提出在金属粘结层和热障涂层之间增加阻止氧扩散涂层，并在金属粘结层和阻止氧扩散涂层、隔热涂层和阻止氧扩散涂层之间增加梯度过渡层，以阻碍氧扩散到金属粘结层形成脆性的金属-陶瓷界面，该涂层结构如图 1.26 所示。

**4. 梯度结构**

在热障涂层中，由于粘结层金属和氧化锆陶瓷的热膨胀系数差异较大，这种差异将导致涂层内应力过大，并且在热循环条件下常发生陶瓷涂层的早期破坏。为了减小内应力，提高涂层与基体的结合强度，材料科学家开始在常规热障涂层中引入功能梯度材料制备技术。

日本学者新野正之、平井敏雄和渡边龙三首先提出了 FGM 功能梯度结构（FGM）的

图 1.26 多功能涂层结构示意图

概念。与此同时,中国学者袁润章等也提出了 FGM 的概念,并率先在国内开展了这方面的研究。FGM 的设计思想是针对两种或两种以上性质不同的材料,通过连续改变其组成、组织、结构与孔隙等要素,使其内部界面消失,得到性能呈连续平稳变化的新型非均质复合材料。借助功能梯度材料的概念,使热障涂层结构梯度化,相应地,热膨胀系数将沿涂层厚度方向逐渐变化,从而缓和涂层制备过程中和热循环使用过程中产生的热应力。功能梯度材料的典型结构如图 1.27 所示。

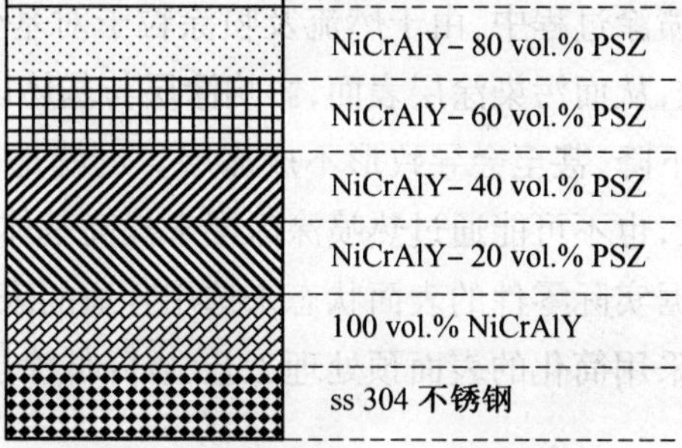


图 1.27 功能梯度涂层材料典型结构

## 1.4.5 涂层制备工艺优化设计

在涂层制备过程中所涉及的环节包括以下内容:

(1)基体材料性质

基体材料性质包括其力学和热学性能、抗氧化能力、零件大小及形状和表面预处理等。

(2)喷涂材料性质

喷涂材料性质包括成分、相稳定性、粉末形态、熔点、粒度分布、流动性和密度等。

(3)制备工艺参数

制备工艺参数包括工艺方法(APS、IPS、VPS 和 RF 等)、喷枪类型、喷嘴设计、电流、气氛、送粉位置、送粉率、喷涂距离、喷枪移动速度、基体预热与冷却等。

(4)涂层性能检测

涂层性能检测包括涂层成分与结构、结合强度、热力学性能、厚度、残余应力及涂层孔隙率等。

上述提及的每一个环节都会对涂层质量产生重要影响。为了获得既满足性能要求,质量又稳定的涂层,必须对影响涂层性能的关键因素进行优化设计,了解其影响规律,找到影响涂层质量稳定性的主要因素,加以严格控制。

### 1.4.6 表面预处理

由于热喷涂涂层与基体的结合主要以物理及机械镶嵌结合为主,涂层与基体的结合质量与基体表面的清洁程度和粗糙度直接相关,因此,表面预处理就成了整个热喷涂作业中非常重要的一个环节。严格遵守表面制备中所采取的工艺规程,是确保热喷涂涂层获得成功应用的前提。为了获得良好的涂层质量,必须采用正确的表面制备方法。进行表面制备时需要考虑的重要因素有两个:一是基体材料;二是喷涂材料。

对于承受高应力的机器零件,喷涂前必须采用无损探伤方法进行仔细检查,以确保基体金属内没有缺陷存在。如果零件中存在结构缺陷,则在制备的涂层中也会产生类似缺陷,从而严重影响涂层质量。特别是当工作介质中的气体、液体等渗入缺陷中时,如果在喷涂前不将缺陷消除,在喷涂过程中,由于燃流及喷涂粒子对基体的加热作用,会引起渗入的液体向涂层表面扩散,从而污染涂层表面,影响涂层与基体以及涂层内部变形粒子之间的结合,导致涂层质量下降,甚至会导致形不成涂层。也就是说,不能奢望采用热喷涂来修复基体中存在的裂纹,也不可能通过热喷涂涂层来提高基体的强度。

在生产实际中,应根据实际零件的表面状态来选用合适的表面预处理工艺,在保证涂层质量的前提下,尽可能采用简化的表面预处理工艺,以降低涂层成本。

### 1.4.7 表面净化

表面净化是实施热喷涂前基体表面制备的第一步,主要用于除去所有喷涂表面的污垢,包括氧化皮、油渍、油脂和油漆等。喷涂过程的热不能除去这些污垢,这些污垢会严重影响涂层与基体的粘结。将这些污垢去除之后,清洁表面要一直保持,所有的喷涂表面都应小心保护。当待喷零件搬运时,要使用清洁工具,以免沾染灰尘和手印,从而导致表面发生二次污染。

**1. 表面除油**

采用机械和化学的方法可除去待喷涂工件表面的油渍。

(1)蒸汽除油

通常采用蒸汽法清除零件表面的有机污垢,这是一种经济而有效的方法。工件应烘烤 15 ~30 min,以除去缝隙中以及表面孔隙中的油污。像砂型铸件或灰口铸铁之类的多孔材料，烘烤时间应更长一些。在蒸汽除油或清洗过程中，如果处理的物件太大，可将物件浸泡于热洗涤剂或无油溶剂中，由专人进行清洗。工件表面的残余物要用机械方法除净。

(2)有机溶剂除油

利用有机溶剂对两类油脂的物理溶解作用除油。常用的有机溶剂包括煤油、汽油、苯类、酮类，某些氯化烷烃、烯烃等。有机溶剂除油速度比较快，对金属无腐蚀(特例除外)，但多数情况下除油不彻底，当附着在零件上的有机溶剂挥发后，其中溶解的油仍将残留在零件上。所以，进行有机溶剂除油后，必须再采用化学除油或电化学除油进行补充除油处理，才能彻底除净残留在工件上的少量油脂。

(3)电化学除油

将挂在阴极或阳极上的金属零件浸在碱性电解液中，并通入直流电，使油脂与工件分离的工艺过程称为电化学除油。电化学除油速度远远超过化学除油，而且除油彻底，效果良好。

(4)超声除油

超声波是频率在 16 kHz 以上的高频声波，向除油液中发射超声波可以加速除油过程，这种工艺方法称为超声除油。将超声波用于化学除油、电化学除油、有机溶剂除油及酸洗等，都能大大地提高效率。对形状复杂，有细孔、盲孔和除油要求高的制品，除油更有效。

(5)擦拭除油

用毛刷或抹布沾上石灰浆、氧化镁、去污剂、洗衣粉或金属除油剂，在零件表面擦拭叫作擦拭除油。擦拭除油不需要除油设备，操作灵活性大，不需要外加能源，成本低，可对任何零件进行除油。其缺点是手工操作，效率低，劳动条件差，故目前主要用于体积大、批量小、形状复杂，用其他方法很难处理的零件除油。

**2. 浸蚀**

酸浸或稀酸浸蚀是一种比较强烈的表面净化过程，主要用于除去零件表面的油污、锈蚀物和氧化膜等。常用浸蚀液大多是各类酸的混合物，包括硫酸、盐酸、硝酸、磷酸、铬酐和氢氟酸。

**3. 擦刷**

当只需进行局部清洗时，可采用手工金属丝刷或电动金属丝刷来完成，主要借助金属丝刷的划痕作用来达到清洁表面的效果。当需要清除零件表面的氧化皮、锈蚀物、油漆层、焊渣、焊接飞溅物等污染物时，需要的切削力较大，常选用刚性大的钢丝刷，并进行干式擦刷；当需要清除零件表面的浮灰时，所需要的切削力较小，可选用刚性小的黄铜丝、猪棕或纤维丝刷，可干刷，也可湿刷。湿刷时，若只需去除浮灰，可用自来水作为介质；如要除油，则应采用能去除油的清洁剂。

**4. 烘烤**

许多机器零件往往是用多孔材料制造的，例如砂型铸件，这类零件往往容易吸附大量的油脂并渗入组织内部，采用清洗法不易清理干净，喷涂之前应将这些油脂去除。特别是经过荧光渗透检查的焊接组件，尤其要经过烘烤处理。对于修复件来讲，多数工况条件下都采用油润滑，其疲劳裂纹中都会有油渗入，进行喷涂修复时，其表面净化处理尤为重要。

### 1.4.8 表面机械加工

表面机械加工是另外一种表面预处理方法，通常是由车削或磨削来完成。采用车削加工可使涂层与基体之间的结合面积增加30%左右，并且能提高涂层的抗剪切能力。表面经过车削或磨削后，还必须采用喷砂粗化或其他粗化方法进行表面处理，以进一步提高涂层与基体之间的结合强度。在热喷涂技术中，经常采用的表面机械加工方法有下切、开槽和平面布钉或切缝三种。

**1. 下切**

下切是用车削或磨削的加工方法将零件表面适当去除，一方面可以去除表面疲劳层，同时也为实施热喷涂涂层提供了空间的一种操作方法。在机械零件需要修复时，通常采用下切法。为了使精加工涂层获得均匀的厚度，或者为了去除加工硬化的表层、化学污染层、氧化物及先前遗留的热喷涂层，往往也采用下切。由于下切会减少工件的横截面积，因而会影响到工件的抗拉强度和抗疲劳强度。

**2. 开槽**

开槽是一种在基体上切出保持一定间距的一条条沟槽的表面机械加工方法，如图1.28所示。对于平板试件还可以采用边缘开槽，如图1.29 所示。

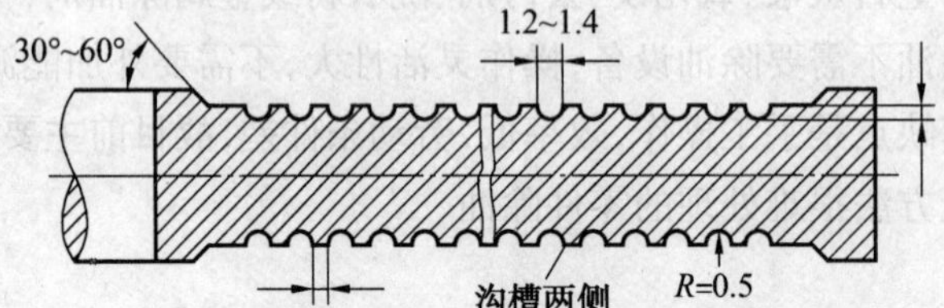


图 1.28 车沟槽示意图

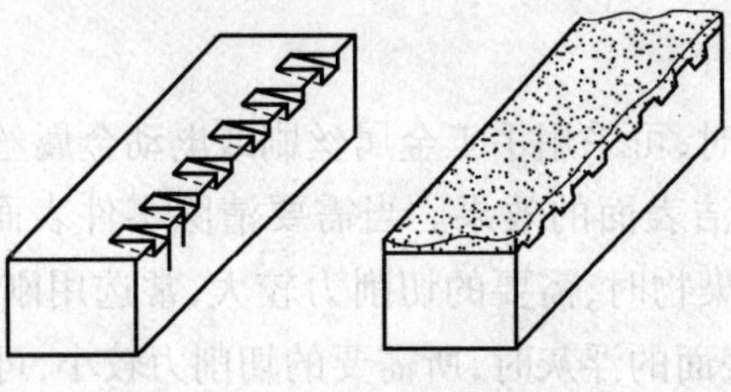

图 1.29 平面边缘开槽示意图

开槽(或车螺纹)主要为了达到以下目的：

①减少收缩应力。

②增大涂层与基体的接触面积。

③使涂层生成起伏叠层,以限制内应力。

当涂层遭受冷热循环时,在冷却过程中,因涂层与基体之间存在热物性的差异,会在界面上及涂层内部产生应力。该应力在涂层内不断累积,会导致涂层与基体发生剥离。这种应力随着涂层厚度的增加而增大,对于硬质金属或陶瓷涂层来讲,这种现象更为严重。由于开槽能使应力分散成很多小的分量,从而有效地减少内应力,对提高结合强度有利。

由于热喷涂涂层是由很多碰撞后的变形粒子组成的,很像一层有直线纹理的木料,与涂层垂直方向的强度要比其平行方向的强度低。由于变形粒子会随着大的凹槽上下起伏,从而改善了涂层的结合强度,减弱了涂层产生分裂的倾向。

当存在下列情况之一时,应考虑实施开槽处理:

①厚度超过1.27 mm的所有涂层,任何部位有一条棱边的地方。

②涂层的收缩性很高,而其厚度又超过0.76 mm,任何部位有一条棱边的地方。

③没有棱边的涂层,例如,工作条件苛刻,或由于涂层厚、材料收缩大,因而在圆柱体表面上进行连续喷涂时存在开裂危险的涂层。

**3. 平面布钉或切缝**

在平面上喷涂的硬金属涂层会出现特殊的问题。如果基体属于较硬的金属,喷砂所能剥蚀的深度将会减小,导致涂层的结合强度下降。另外,硬金属涂层通常较厚,不像铝或锌等一些软金属涂层那样薄,因此,在冷却过程中涂层产生的总收缩量会大得多。此时,通常要对平面进行布钉处理。布钉过程包括钻孔与攻螺纹,孔距约为25 mm,孔内插入没有镀层的平头螺钉,其材质应与基体成分相符。螺钉直径为3~6 mm,固定之后,对表面和螺钉都要进行喷砂处理。

### 1.4.9 遮蔽处理

为了避免表面粗化过程中对非粗化表面的影响,以及在喷涂过程中保护非喷涂表面,便于喷涂后对非喷涂表面进行清理,特别是对各种自粘结粉末来讲,在非粗化表面上也能形成涂层且不容易清理掉,因此,在喷砂粗化和喷涂前均需进行遮蔽处理。根据遮蔽保护的目的不同,可将其分为粗化遮蔽保护和喷涂遮蔽保护两种。

只有硅树脂和特氟隆(聚四氟乙烯)既可作为粗化处理前的遮蔽保护,也可作为喷涂前的遮蔽保护。但是,在热喷涂过程中,要特别注意使零件表面保持在较低温度,尤其是采用硅树脂和特氟隆进行遮蔽保护时,更要谨慎控制基体表面温度,以防遮蔽物产生过热,甚至燃烧,从而污染涂层。适于粗化前遮蔽保护的材料主要有织物、橡胶和塑料;适于喷涂前遮蔽保护的材料主要是金属或玻璃丝遮蔽胶带,如美科遮蔽胶带和圣戈班遮蔽胶带,这些遮蔽胶带可以阻挡喷涂粒子在非粗化表面形成涂层,并且在喷涂完成后可以轻易去除。

在喷涂前对非喷涂表面进行遮蔽处理时,还可采用以下方法完成遮蔽保护:

①采用保护罩，根据零件特点对非喷涂部位预先做好保护罩，在粗化和喷涂前使用。

②在非喷涂部位捆扎薄铜皮或薄铁皮。

③在喷涂表面附近刷涂涂层防粘材料，该法对形状复杂或不规则表面尤为适用。

④采用木塞、石墨棒或其他耐热非金属材料堵塞喷涂表面的键槽、油孔或螺纹孔。堵塞块要高出基体表面约 1.5 mm，以利于喷涂完毕后进行清除。

### 1.4.10 表面粗化

在热喷涂过程中，处于熔融或半熔融状态的加热粒子碰撞到基体表面后，经变形形成薄片，当它们冷却或硬化时，必然粘附到工件表面。经过粗化处理的表面，有助于涂层的机械结合。

**1. 粗化目的**

由于存在下述原因，对喷涂零件表面进行粗化处理，可使涂层与涂层以及涂层与基体之间的结合得到强化：

①使表面处于压应力状态。

②使变形粒子之间形成相互镶嵌的叠层（或层次）结构。

③增大结合面积。

④净化表面。

**2. 喷砂粗化**

喷砂粗化是最主要、最常用的粗化工艺方法，非常适合于大面积、大批量零件的表面粗化预处理，也是去除烘烤积垢及表面氧化皮或其他氧化物的有效方法。具体过程是，使含有砂粒的压缩空气流经过一特制喷嘴直接将砂粒喷向基体表面。基体表面由于受到以一定速度和角度飞行砂粒的冲刷作用而使其得到净化、粗化和活化。完成该工序时，要采用专门的设备进行操作。所用设备要和其他表面制备设备分开，以防喷砂材料受到污染，同时，要严格选择磨料砂粒的类型及其粒度大小。

(1)砂粒选择

砂粒的选择必须经过试验，要考虑的因素如下：

①基体材料及其硬度。

②工件喷砂部位的结构和零件壁厚。

③工件大小。

④良好结合所要求的涂层厚度及表面粗糙度。

⑤工作环境要求。

⑥生产率要求。

⑦砂粒粗细。

⑧喷砂压力。

⑨喷嘴尺寸。

⑩使用寿命。

(2)砂粒的类型及尺寸

喷砂粗化效果取决于砂粒的类型及尺寸大小。锋利、坚硬及有棱角的砂粒可提供最好的粗化效果,球形或圆形砂粒的粗化效果较差,不建议使用。所有的砂粒都应保持清洁、干燥,不应含油、长石或其他杂物等。

砂粒种类的选择主要与基体硬度高低有关。带有尖锐棱角的难熔金属氧化物,如氧化铝,可用于马氏体类钢的硬质基体,若用于镁及其合金、铝及其合金等软基体,颗粒可能被镶嵌在基体表面,喷砂后需采用纯压缩空气喷吹处理,以除去任何可能被镶嵌的砂粒。对于硬度低于 40 ~45 HRC 的大多数基体,最好采用激冷铁砂,它在碰撞时会变钝但不会破碎。激冷铁砂通常比氧化铝更容易给基体造成较大的应力,因此为避免工件发生变形,对薄壁件基体进行喷砂粗化时,不建议采用激冷铁砂。碳化硅砂粒嵌入基体的倾向性更大,同时比氧化铝更容易发生破碎。

由于工件表面粗化后的粗糙度大小与喷砂颗粒大小直接相关,因此,砂粒是按不同粒度分布供应的。要求单位时间内处理较大基体表面时,可选用较小颗粒的砂粒。粒径较大的砂粒可更迅速地从基体表面除掉不需要的物质,并获得较粗糙的表面。对于各种金属基体,推荐采用粒度号为 1 ~60 的砂粒,而对于大多数塑料基体,则应选用 60 ~100 号砂粒。对于薄涂层,特别是用于薄基体,则应选用粒度较细的砂粒(粒度号为 25 ~120);对于厚涂层(大于 0.25 mm),为了获得最好的结合强度,则应选用粒度较粗的砂粒(粒度号为 18 ~25),以便产生较粗糙的表面。

(3)喷砂程序

除磨料类型和尺寸之外,其他重要的工艺变量有空气压力、喷嘴孔径、设备类型和基体材质。凡是有可能被喷砂造成损伤的或已喷涂层的所有基体表面,都必须遮蔽保护。粘附在基体表面的尘埃或磨料,在喷涂之前要用压缩空气吹掉。

喷砂用空气压力的大小取决于基体材质、要求的表面粗糙度、砂粒的流动性、重量及粒度,以及所用喷嘴和喷砂设备的类型,一般为 340 ~880 kPa。

对于铝、铜合金,青铜及塑料一类的基体,宜采用低风压及软而细的砂粒,以减少砂粒嵌入的可能。高风压气体会产生压应力,导致薄件基体的变形,也容易使砂粒迅速破碎。

对压力式喷砂设备,应采用下列喷嘴压力:

①采用氧化铝、碳化硅、燧石或炉渣,最小风压力为 345 kPa,最大为 414 kPa。

②对砂石、金刚砂或激冷铁砂,最小为 517 kPa。

这些压力值不是风机罐的压力,而是用压力探头在喷嘴处测定的压力。

采用虹吸式(吸入式)喷砂,最大的喷嘴压力应为:

①采用氧化铝、碳化硅、燧石或炉渣,为 517 kPa。

②对砂石、金刚砂或激冷铁砂,为 621 kPa。

喷砂束流与基体表面的喷射角为 75° ~90°,喷砂要从一端移动到另一端进行。

### 1.4.11 预热处理

预热处理是表面预处理工序的最后一道工序，一般在喷涂前进行，以使工件表面获得具有一定温度又新鲜的基体表面，这对提高涂层与基体的结合强度非常有利。

**1. 预热的主要作用**

预热的主要作用是：

①驱除工件表面的湿气和冷凝物（如水蒸气等）。

②提高基体温度，减小涂层与基体间的温差，从而减小两者间热胀冷缩的差别，从而减少热应力，有效防止涂层剥落或产生裂纹。

③有利于表面产生“热活化”，可增加喷涂粒子与基体间的接触温度，对促进基体表面和涂层之间的物理化学作用有利，同时可提高粉末的沉积率。

④可降低喷涂粒子的冷却速度，不仅有利于喷涂微粒的变形，而且可减小微粒的收缩应力，从而减少涂层的应力积累。

上述作用均有利于提高涂层与基体之间的结合强度，实践证明，恰当的预热处理不仅对提高结合强度有利，而且能明显提高涂层工作寿命。

**2. 预热方法**

预热方法一般有两种，即炉内预热和喷枪焰流预热。但采用喷枪焰流预热时要注意焰流不能太靠近工件表面，避免工件表面产生骤热现象，也不应产生加热不均匀现象，这两种情况均会导致表面出现过度氧化或引起较大的热应力，出现这种现象，不仅不会提高涂层结合强度，而且会降低涂层与基体之间的结合强度。

**3. 预热注意事项**

由于预热不当可能会引起工件发生氧化和变形，实施时要特别注意控制预热温度和预热方式。对于不同的基体材料，要选择不同的预热温度和预热方式。对于普通钢材，预热温度一般控制在 80 ~ 120 ℃；对于铝基材，最好采用间接预热的方法（即从背面或侧面预热，而不能直接在喷涂面预热，也不推荐烘箱预热），预热温度一般控制在 65 ~ 95 ℃，如果不能或不方便采用间接预热，可以不进行预热，并且在喷涂期间，基材温度要保持在 200 ℃以下；对于镁及其合金基材，由于表面氧化太快，则不应进行预热处理，因为预热会在喷涂表面产生氧化物薄膜，这种氧化物薄膜的存在会严重影响涂层与基体的结合强度。

喷涂部位不同，预热温度和预热方式也应有所差别。喷涂内孔时，其预热温度应高于喷涂外圆时的预热温度。

## 1.5 涂层性能检测试验方法

热喷涂工艺方法种类繁多，所制备的涂层性能各异。根据零部件使用工况条件的不同，涂层所要求的性能不同，由于涂层的特殊性，涂层性能的检测与整体材料性能的检测存在一定的差异。以下重点介绍涂层基本性能要求的检测方法,基本都是涂层物理性能检测。

**1. 涂层显微结构分析**

涂层显微结构分析是借助光学显微镜、电子显微镜等观察技术手段,观察、辨认和分析涂层材料的微观组织状态、组织结构和分布情况。其目的为:一方面是常规检验,根据现有的知识,判断或确定涂层材料的性能和涂层制备过程中是否完善,如有缺陷时,借以发现产生缺陷的原因;另一方面则是更深入地了解涂层材料微观组织结构和涂层性能之间的内在联系,以及涂层微观组织结构形成与涂层制备工艺技术之间的规律和关系,为发展新的涂层材料和新的涂层制备工艺提供依据。

随着光学技术和电子技术的发展,涂层材料组织结构分析方法近年来发展很快,检测分析方法很多,通常借助光学显微镜和电子显微镜来观察和分析涂层结构。

金相试样从喷涂零件或喷涂试样上取样时,应保证被检测的试样截面组织因切取操作而不产生任何变化。否则,就会得出错误的结果,导致错误的结论。为了达到这一目的,应尽可能采用水冷砂轮切片机或线切割等方法取样。然后根据金相观察试样要求,对试样进行镶嵌、磨制、抛光、腐蚀,制取金相试样。通过光学显微镜和电子显微镜来观察和分析涂层结构。

**2. 硬度检测**

硬度是材料在外力条件下抵抗塑性变形、划痕、磨损或切割等的能力。实际上是弹性模量、屈服强度、变形强化率等一系列物理性能在不同程度上组合成的一种复合力学性能。由于试验方法和所根据的原理不同,有宏观硬度和显微硬度。表示方法有布氏硬度(HB)、洛氏硬度(HRA、HRB、HRC)、肖氏硬度(HS)和维氏硬度(HV)等。

涂层的硬度是涂层非常重要的力学性能指标,关系涂层的耐磨性、强度及涂层使用寿命等多种功能。组成涂层的涂层材料大多是多合金或高合金材料和复合材料,涂层组织中存在着化合物相和硬质点弥散相,所以涂层硬度的检测有宏观硬度和显微硬度之分。

涂层的宏观硬度是指用一般的布氏硬度或洛氏硬度计,以涂层表面整体大范围(宏观)压痕为测定对象,所测得的平均硬度值。由于涂层材料不同于基体材料,涂层中存在的气孔、氧化物等缺陷,对所测得的宏观硬度值会产生一定的影响。涂层的显微硬度是指用显微硬度计,以涂层中微粒为测定物件,所测得的硬度值反映的是涂层颗粒的硬度。

涂层的宏观硬度与显微硬度在本质上是不同的。涂层的宏观硬度反映的是涂层表面的平均硬度,而涂层的显微硬度反映的是涂层中颗粒的硬度。

涂层的宏观硬度与显微硬度在数值上也是不同的。如构成高碳钢涂层的微粒的硬度值若按显微硬度计换算,为 67 HRC,而涂层的宏观硬度(平均硬度)值是 38 ~40 HRC。此外,在测定刻痕硬度时,夹杂在涂层之间的化合物微粒可能给出更高的数值。

一般来说,对于厚度小于几十微米的薄涂层,为消除基体材料对涂层硬度的影响和涂层厚度压痕尺寸的限制(涂层太薄,则易将基体材料的硬度反映到测定结果中来),可选用检测显微硬度。反之对于厚涂层(厚度大于几十微米),则可选用检测宏观硬度。

**3. 结合强度检测**

涂层结合强度包括涂层颗粒之间的内聚强度(涂层自身结合强度)和涂层与基体材料之间的结合强度(附着力),一般来说涂层自身结合强度大于涂层与基体的结合强度。通常情况下只检测涂层与基体之间的结合强度,简称为结合强度。结合强度是指涂层与基体之间单位面积涂层从基体材料结合面上剥落下来所需要的力。它是检测涂层性能非常重要的指标之一。若结合强度过小,轻则会引起涂层寿命降低,产生早期失效,重则造成涂层局部起皮、剥落无法使用。

涂层结合强度的检测方法可分两类:一类是定性检测,多为生产现场检查用,如栅格试验、弯曲试验、冲击试验和杯突试验等;另一类是定量检测,有抗拉强度试验、剪切强度试验等破坏性检测方法和超声波无损检测方法。

涂层结合强度定性检测试验的特点是简单易行,可迅速得知涂层结合力基本状况,但准确度不够,而定量检测试验虽然较复杂,但试验数据准确,可反映涂层真实的结合强度。

(1)栅格试验

栅格试验通常用于大面积长效防护喷锌、喷铝和塑料涂层。使用硬质钢针或刀片在被测试样表面交错地将涂层划成一定间距的并行线或方格。由于划痕时使涂层在受力情况下与基体产生作用力,若作用力大于与基体的结合力,涂层将从基体上剥落。以划格后涂层是否起皮或剥落来定性判断涂层与基体结合力的大小。

(2)涂层弯曲试验

涂层弯曲试验是指在弯曲试验机上,将具有一定长度和一定涂层厚度的圆柱形试样,在试样正中间施加一定的力,使试样产生相应的挠度(一般定为试样长度的0.1%),并以一定的频率交变施压,以涂层产生裂纹的次数来评价涂层结合强度的性能。涂层弯曲试验通常用于陶瓷涂层结合强度的评价。

(3)涂层杯突试验

涂层杯突试验类似于弯曲试验,是检测涂层随基体变形的能力,以涂层变形后发生开裂或剥离的情况来评价涂层结合力的方法。

①埃里克森杯突试验。采用一种适当的液压装置,将直径为20 mm的球形冲头以0.2~6 mm/s的速度压入试样要求的深度。结合强度差的涂层只要经过几毫米的变形就会产生起皮或剥落。当涂层结合强度大时,即使冲头穿透基体金属,涂层也不会起皮。

②罗曼诺夫试验。由普通压力机组成的试验装置,配有一套用来冲压凸缘帽的可调式模具。凸缘直径为63.5 mm,帽的直径为38 mm,深度可在0~12.7 mm之间调整,一般将试样试验到凸缘帽破裂时为止。

(4)涂层抗拉强度试验

涂层抗拉强度是指涂层单位面积承受法向方向拉伸应力的极限能力,反应涂层颗粒之间内聚力或涂层与基体之间的结合强度,主要包括涂层抗拉强度试验和涂层结合强度试验。涂层结合强度测试又可分为抗拉结合强度和涂层剪切强度。

**4. 厚度检测**

涂层厚度的检测包括局部厚度的检测和平均厚度的检测。检测方法有非破坏性检测(无损检测)和破坏性检测两种方法。热喷涂层无损检测方法主要有磁性法、涡流法、测量法等;破坏性检测法主要有金相显微镜法。

(1)磁性法

磁性法工作原理是以探头对磁性基体磁通量或互感电流为基准,利用其表面的非磁性涂层的厚度不同,对探头磁通量或互感电流的线性变化值来测定涂层厚度。该方法适用于磁性基体上非磁性涂层厚度的检测。磁性测厚仪目前已有多种类型,如 CH-1 型、DHC-1 型、QCC-A 型等。由于该方法简便易行,故采用较多,大多数现场试验使用此方法。

根据被测工件涂层有效面积的大小,采用不同测量点数进行测量。对有效面积小于 1 $cm^2$的涂层工件作 3 点测量;对有效面积大于 1 $cm^2$ 的涂层工件,一般选择基准面内 3 ~ 5 点测量;对有效面积大于 1 $m^2$ 的涂层工件,在选择基准面内作 9 点 10 次测量,其中第 1 次测量点与第 10 次重合。

(2)涡流法

涡流法工作原理是将内置高频电流线圈探头置于涂层上,在被测涂层内产生高频磁场,由此在金属内部产生涡流,涡流产生的磁场又反作用于探头内线圈,使其阻抗发生变化。随基体表面涂层厚度的变化,探头与基体金属表面的间距改变,反作用于探头线圈阻抗发生相应的变化。由此,测出探头线圈的阻抗值可以间接地反映出涂层的厚度。该方法适应于非磁性金属基体材料上非导电涂层的厚度测量,同样也适用于磁性基体材料上的各种非磁性涂层。国产涡流测厚仪有 JWH-1、JWH-3、7504 等型号。

(3)测量法

借助于游标卡尺、千分尺等量具直接测量涂层厚度。测量法主要用于机械零件的制造预保护涂层和废旧零件的再制造涂层中。将机械零件的公称尺寸下测到预留涂层厚度的尺寸,在此基础上制备涂层,并留有相应的加工余量,经过车削、磨削后,使涂层残留量保持在涂层设计所需要的厚度。

(4)金相显微镜法

该方法适用于一般涂层的测厚,其特点是准确度高,判别直观。将待测涂层试样制成涂层断面试样,然后用带有目镜的金相显微镜观察涂层横断面的放大图像,直接测量出涂层局部厚度的平均值。所制备供测量用涂层厚度的试样应进行切割、边缘保护、镶嵌(于一般金相制样镶嵌相同)、研磨、抛光、浸渍(目的是为使试样断面的涂层和基体材料的剖面清晰地裸露出各自的色泽和表面特征,便于测量),然后水洗吹干即可进行测量。

(5)涂层厚度评价方法

一般情况下,热喷涂涂层的厚度确定为在被测有效表面上测得的最小涂层厚度。对于不同用途的涂层，可根据用户要求报告平均厚度、最小厚度或最大厚度。

**5. 孔隙率检测**

检测涂层孔隙率的方法很多，有浮力法、显微镜法、铁试剂法、涂膏法、直接称量法、滤纸法、浸渍法和电解显相法等，下面分别介绍。

(1)浮力法

用浮力法检测涂层孔隙率的方法是，将涂层从试样基体上剥离下来，并在其表面涂上一层凡士林，用细金属丝吊起来。分别测出被测涂层在空气中和水中的不同质量，然后用下式计算孔隙率

$$A=\left(1-\frac{W_Z\rho_Z}{(W-W')/\rho_Z-W_C/\rho_C-W_V/\rho_V}\right)\times 100\% \tag{1.1}$$

式中 $\rho_Z$—— 涂层材料相对密度，$g/cm^3$；

$\rho_C$—— 金属丝相对密度，$g/cm^3$；

$\rho_V$—— 凡士林相对密度，$g/cm^3$；

$W_Z$—— 涂层在空气中的质量，g；

$W_C$—— 金属丝在水中的质量，g；

$W_V$—— 涂层表面凡士林的质量，g；

$W'$—— 涂层、金属丝、凡士林在水中的总质量，g；

$W$—— 涂层、金属丝、凡士林在空气中的总质量，g。

(2)显微镜法

显微镜法检测涂层孔隙率的方法是，用一定倍率的金相显微镜直接观测涂层表面孔隙，或者对涂层按顺序取平行截面观察其孔隙率，或者通过扫描电镜直接观察涂层截面(或表面)孔隙率。

(3)铁试剂法

铁试剂法检测涂层孔隙率是目前生产中常用的一种方法。该方法适用于测定钢铁基体上各种不与氯化钠和铁氰化钾溶液发生化学作用的热喷涂涂层，如铝、锡、铅、铜等有色金属涂层，塑料涂层和陶瓷涂层上的贯穿性孔隙率。

试验原理是基体金属被腐蚀产生离子，离子透过孔隙由指示剂在滤纸上产生特征显色作用及在待测涂层表面刷上试验液后贴上滤纸，试验液沿涂层孔隙抵达基体表面并引起腐蚀产生离子，基体金属离子沿孔隙并在试验液中指示剂作用下在滤纸上留下斑点。根据斑点多少，即可计算出涂层孔隙率。

(4)涂膏法

除与铁试剂法适用范围相同外，还适用于曲面形状试样。其原理与铁试剂法相同，但要将铁试剂法中的滤纸改为膏状物代替。具体过程是：将含有试液的膏状物均匀涂敷在经过清洁和干燥处理的试样表面。膏状物中的试液渗入涂层孔隙，与基体金属作用，生成具有特征颜色的斑点，对膏体上有色斑点数目进行计数，即可得到涂层孔隙率。

**6. 涂层耐腐蚀性能检测**

腐蚀是材料与其共处的环境之间的化学或电化学反应造成的材料及性能破坏。腐蚀与材料及该材料共处的环境有关，所以材料腐蚀发生于各种各样的环境条件下。这些环境不仅包含材料附近的气体气氛或具有实际成分的液体介质，还包含着温度的高低及其变化和特殊流动条件，这说明腐蚀是特定环境条件下的一种材料行为。涂层的耐腐蚀性是该涂层材料抵御材料腐蚀行为的能力，达到保护的基体材料减少腐蚀或延缓腐蚀的目的，是涂层性能十分重要的指标之一。根据涂层使用环境的不同，要求耐腐蚀性能试验方法不同。常用的试验方法有大气暴露腐蚀试验、盐雾试验、浸泡腐蚀试验等。

(1)大气暴露腐蚀试验

涂层大气暴露腐蚀试验主要是针对大面积喷锌、喷铝或锌铝合金长效防护复合涂层。我国有广袤的国土面积，数千公里海岸线，大气环境千差万别，各地区的大气腐蚀性和腐蚀作用非常不一样。乡村环境大气的腐蚀性远低于城市、工业、海洋大气。城市和工业大气中，会有含硫燃料燃烧产物，使大气中含有大量的二氧化硫，当气体二氧化硫溶解于露水时，pH 值降低，而提供腐蚀过程及支持的电解质；海洋环境中海水蒸发产生的氯化物，以固体或细小溶液滴的形式存在，是造成大气腐蚀的主要原因。

进行大气暴露腐蚀试验是为了获得各种大气环境下涂层的耐腐蚀性能数据，为评价在给定的试验条件和大气环境下试验结果之间的关系。腐蚀的速度取决于大气暴露腐蚀环境试验的环境和大气变量之间的关系，十分复杂，以致现场暴露试验结果不能完全准确地预测使用性能，但可对涂层的使用性能提供指南。

(2)盐雾试验

盐雾试验是用来评价金属或涂层耐蚀性能的一种方法。由于影响金属和涂层腐蚀因素很多，单一的耐盐雾腐蚀性能不能代表抗其他介质的腐蚀性能，只是评价金属或涂层有无耐蚀性能的一种方法，检测试验结果与实际使用性能的相关性及试验的重现性。至今，盐雾试验仍被广泛使用。

盐雾试验包括：中性盐雾(NSS)试验、乙酸盐雾试验(AASS)和铜加速盐雾(CASS)试验。各种盐雾试验主要用于评价涂层厚度的均匀性和孔隙率，它们被认为是最有用的加速试验室腐蚀试验，特别是用于评价不同批(生产质量控制)或不同试样(用于开发新涂层)。中性盐雾试验适用于金属及其合金、金属涂层、有机覆盖层等，乙酸盐雾试验和铜加速盐雾试验适用于铜+镍+铬或镍+铬装饰性涂层。本节仅讨论中性盐雾试验。

①试验设备。试验设备包括盐雾箱、加热系统、喷雾装置、盐雾收集器。盐雾箱外观如图 1.30 所示。使用不同溶液试验之前，必须彻底清洗盐雾箱。放入试样之前，设备应空运行 24 h 以上，测量收集液的 pH 值，保证整个喷雾期的 pH 值在规定范围内。

ⅰ. 盐雾箱的容积不得小于 $0.2\ m^3$，最好是不小于 $0.4\ m^3$，箱顶部要避免试验时聚集的溶液滴在试样上。

ⅱ. 加热系统必须保持箱内温度为(35±2) ℃。

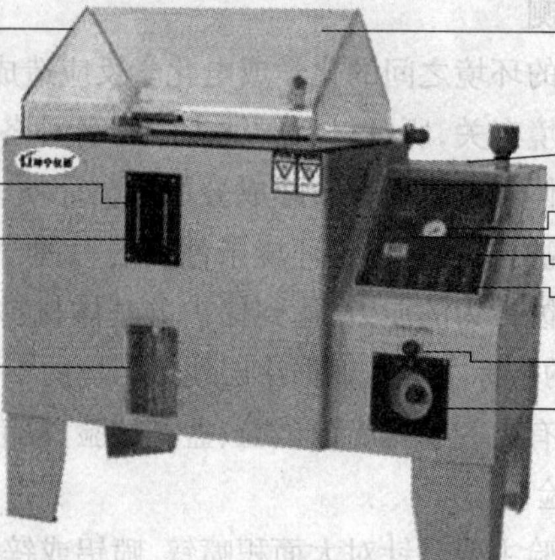


图 1.30　盐雾箱外观图

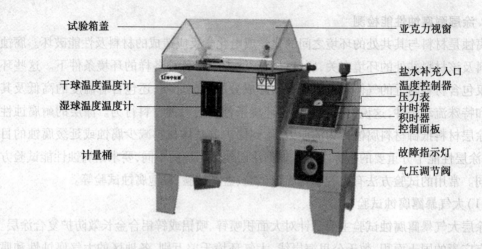

ⅲ. 喷雾装置包括喷雾气源、喷雾系统和盐水槽。压缩空气应通过过滤器,除油净化,温度高于盐雾箱内试验温度,压力控制在 70 ~ 170 kPa 范围内;喷雾系统由喷雾器、盐水槽和挡板组成,喷雾器可用一个或多个,可调式挡板能防止盐雾直接喷射到试样上,喷雾器和挡板的位置应考虑对盐雾均匀分布的影响。

ⅳ. 盐雾收集器至少配置 2 个,1 个靠近喷嘴,1 个远离喷嘴。收集器用玻璃等惰性材料制成漏斗形状,直径 10 cm,收集面积约为 80 $cm^2$,漏斗管插入带有刻度的容器中,要求收集的是盐雾而非从试样或其他部位滴下的液体。

②评价盐雾试验的方法。为检验试验设备或不同试验室内同类设备的试验结果的重现性,对设备进行以下规定验证:

ⅰ. 试样。采用 4 块冷轧钢板,其表面符合 GB5213 中 A 级精度的 1 组的要求。试样尺寸为 50 mm×50 mm,厚度为(1±0.2) mm,表面粗糙度 $Ra=(1.3\pm0.4)$ μm。试样直接从冷轧钢板或钢带上截取后,用碳氢化合物蒸汽脱脂、清洁软刷、超声波装置或其他方法清洗。清洗后,用新溶剂漂洗试样,干燥,称重,精确到 1 mg,再用可剥性塑料膜保护试样背面。

ⅱ. 试样的放置。将试样放置盐雾箱内四角,未保护的一面朝上并与垂直方向成(20±5)°的角度,试样上边缘与盐雾收集器顶端处于同一水平线上。

ⅲ. 测定质量损失。运行一段时间后,除去背后的保护膜,用腐蚀剂浸泡试样除去腐蚀产物,然后在室温下用水清洗试样,再用丙酮清洗,干燥后称重,试样精确到 1 mg,计算质量损失。

③试验条件。

ⅰ. 试验温度。

ⅱ. 相对湿度。

ⅲ. 盐雾沉降速度。

ⅳ. 溶液浓度。

ⅴ. 喷嘴压力。

ⅵ. 试验周期。

④试样及试样放置。试样的类型、数量、形状和尺寸可根据被试验材料或产品相关标准选择，若无标准，可各方协商决定。试样放置按以下原则进行：

ⅰ. 试样在箱内应将试验面（涂层）向上，让盐雾自由沉降在待试面上，被试表面不得直接接受盐雾的喷射。

ⅱ. 试样原则上应放平。在盐雾箱中被试表面与垂直方向成15°~30°角，并尽可能成20°角。

ⅲ. 试样在箱内不得与箱体直接接触，也不可相互接触。

ⅳ. 试样支架可用玻璃、塑料等材料制造。悬挂试样的材料不可用金属，应使用人造纤维、棉纤维或其他绝缘材料。

⑤试验后处理。试验结束后取出试样，为减少腐蚀产物的脱落，试样在清洗前放在室内自然干燥0.5~1 h，然后用温度不高于40 ℃的清洁流动水轻轻清洗，以除去试样表面的盐雾溶液，立即用吹风机吹干。

⑥试验结果的评价。试验结果的评价标准，通常依据被试验的材料或产品标准，对试验结果一般考虑以下几方面：

ⅰ. 试验后的外观。

ⅱ. 除去腐蚀产物后的外观。

ⅲ. 腐蚀缺陷如点蚀、裂纹、气泡等的分布和数量，可按照GB6461、GB12335、GB/T 9798所规定的方法进行评定。

ⅳ. 开始出现腐蚀的时间。

ⅴ. 质量的变化。

ⅵ. 显微镜观察。

ⅶ. 力学性能的变化。

⑦试验报告。试验报告必须写明采用的评价标准和得到的试验结果。如有必要，应有每个试样的试验结果、每组相同试样的平均试验结果或试样照片。

(3)浸泡腐蚀试验

浸泡腐蚀试验也称全浸腐蚀试验。涂层及其制品是在全浸没于各种腐蚀性介质的条件下服役，为了试验这种服役环境下涂层的使用性能，实验方法规定了金属覆盖层在各种腐蚀性液体介质中的全浸试验方法，以评定金属覆盖层的全浸腐蚀试验性能。

①试验装置。试验装置包括试验容器、加热器及试样支撑系统，必须满足相应的技术条件。

②试样。试样的形状和尺寸由试验目的、材料性质和使用容器而定。原则上尽量采用表面积与质量之比大的、边缘面积与总面积之比小的试样。推荐试样规格为：平板状试样50 mm×25 mm×(2~3) mm或30 mm×15 mm×(1.5~3) mm；圆柱形试样$\phi$38 mm×

(2～3) mm或 $\phi$30 mm×(2～3) mm。试样数量不小于 3 个。

③试验条件。需要控制的因素包括溶液组分及其浓度、pH 值、温度、体积以及环境是否通风等。

ⅰ. 试验溶液的来源和成分根据试验需要而定,一般有天然和人工两种。

天然溶液有海水、工业废水和直接取自生产过程中的介质。使用这类溶液时,需测定其成分,并且不能忽略次要成分。

人工制剂,在人工配制溶液时,使用蒸馏水获取离子水和符合国家标准中的分析纯及分析纯以上级别的试剂。如果使用其他低级别的试剂,须在报告中说明。

ⅱ. 溶液浓度用 mol/L 表示,实验温度控制在±1 ℃以内。

ⅲ. 试验溶液的用量应与试样表面积成一定比例。考虑腐蚀速率的大小,腐蚀速率小于 1 mm/a,溶液用量大于等于 20 mL/cm$^2$;腐蚀速率大于 1 mm/a,溶液用量大于等于 40 mL/cm$^2$。

④试验结果及评价。将试验后的试样清洗并称重,仔细观察其外观,若有局部腐蚀时,则按有关试验方法进行评价。若为均匀腐蚀,则以所试验的全部平行试样的腐蚀速率的平均值作为实验结果的主要评价。当某个平行试样的腐蚀速率与平均值的相对偏差超过±10% 时,应取新的试样重新试验。若仍然达不到要求,则应给出两次试验的平均值和每个试样的腐蚀速率。腐蚀速率按下式计算

$$R = \frac{8.76 \times 10^4 \times (W - W_t)}{STD} \tag{1.2}$$

式中 $R$—— 腐蚀速率,mm/a;

$W$—— 浸渍前试样质量,g;

$W_t$—— 浸渍后试样质量,g;

$S$—— 试样总面积,cm$^2$;

$T$—— 试验时间,h;

$D$—— 涂层材料密度,g/cm$^3$。

**7. 涂层耐磨性检测**

磨损是相互接触的物体在相对运动中表层材料不断损伤的过程,是伴随摩擦而产生的必然结果。磨损问题引起人们极大的重视,是由于磨损造成的损失十分惊人。根据统计,机械零件的失效主要有磨损、断裂和腐蚀等三种方式,而磨损失效占 60% ～80%。因而研究磨损机理和提高耐磨性的措施,将有效地节约材料和能源,提高机械零件的使用性能和寿命,意义十分重大。涂层的耐磨性试验的目的是考察实际工况条件下它们的特征与变化,揭示各种因素对耐磨性的影响。通过试验评价涂层性能,从而确定符合使用条件的最优设计参数,为涂层的使用提供依据。磨损主要分为磨粒磨损、摩擦磨损、冲蚀磨损和疲劳磨损等。

(1)磨粒磨损试验

外界硬颗粒或两摩擦副对磨表面上的硬突起物和粗糙峰在摩擦过程中引起表面材料脱落的现象,称为磨粒磨损。磨粒磨损有三种形式:

①磨粒沿一个固体表面相对运动产生的磨损称为二体磨粒磨损。

②在一对摩擦副中,硬表面的粗糙峰对软表面起着磨粒作用,这也是一种二体磨损,通常为低应力磨粒磨损。

③外界磨粒移动于两摩擦表面之间,类似于研磨作用,称为三体磨粒磨损。通常三体磨损的磨粒与金属表面产生极高的接触应力,往往超过磨粒的压缩强度。这种压应力使韧性金属的摩擦表面产生塑性变形或疲劳,而脆性金属表面则发生脆裂或剥落。

磨粒磨损试验一般分为两种:一种是橡胶轮磨粒磨损试验,另一种是销盘式磨粒磨损试验。

ⅰ.橡胶轮磨粒磨损试验。试验原理如图 1.31 所示。

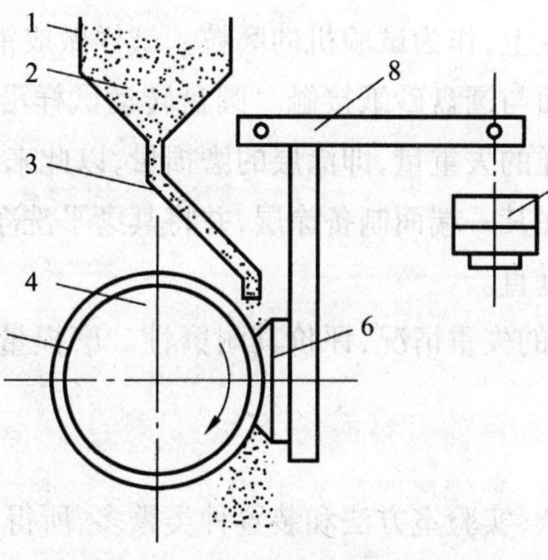


图 1.31 橡胶轮磨粒磨损试验简图

1—漏斗;2—磨粒;3—下料口;4—磨轮;5—橡胶轮缘;
6—试样;7—砝码;8—杠杆

磨粒通过下料管以固定的速度落到旋转着的磨轮与方块形试样之间,磨轮的边缘为规定硬度的橡胶轮。试样借助杠杆系统,以一定的压力压在旋转的磨轮上。试样的表面涂层与橡胶轮接触。橡胶的转动方向应与磨粒流动的方向一致。在磨粒旋转的过程中,磨粒对试样产生低应力磨粒磨损。经过一定的行程后,测定试样的失重量,并以此评定涂层的耐磨性能。

磨损试样:典型方块试样,尺寸为 50 mm×75 mm×10 mm,在其表面制备涂层后,用平面磨床将涂层磨平,磨削方向应平行于试样的长度方向,涂层应留有足够的厚度,表面应无任何附着物或缺陷。

耐磨性评价:根据涂层的失重量情况评价其耐磨性。磨损量的测量方法有称量法、测长法、表面轮廓法等。

ⅱ. 销盘式磨粒磨损试验。试验原理如图 1.32 所示。

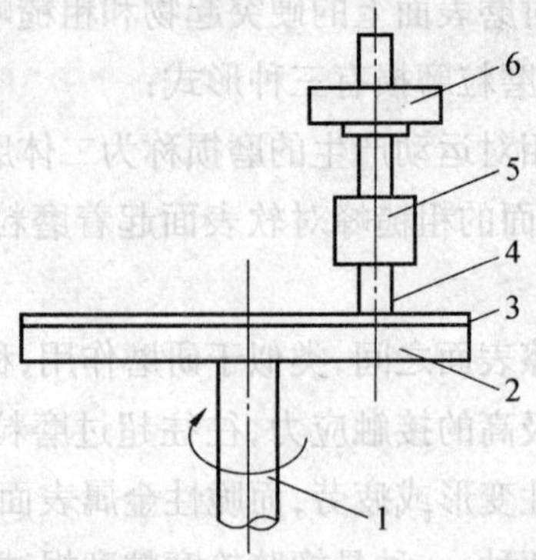


图 1.32　销盘式磨粒磨损试验简图

1—垂直轴;2—金属圆盘;3—纱布(纸);
4—试样;5—夹具;6—载入砝码

将砂纸或纱布装在圆盘上,作为试验机的磨粒。试样做成销钉式,用一定的载荷压在圆盘砂纸上。试样涂层表面与圆盘砂纸接触。圆盘转动试样沿圆盘的径向作直线运动。经一定摩擦行程后测定试样的失重量,即涂层的磨损量,以此来评价涂层的耐磨性。

试样:为圆柱形试样,在其一端面制备涂层,并将其磨平洗净,使其表面无任何缺陷和附着物。试样端面与轴线垂直。

耐磨性评价:根据涂层的失重情况,评价其耐磨性。磨损量的测量方法有称量法、测长法、表面轮廓法等。

(2)摩擦磨损试验

摩擦磨损现象十分复杂,实验室方法和装置种类繁多,所得的试验数据具有很强的条件性,往往难以比较,所以人们提出摩擦磨损试验的标准化问题,以便统一试验规范和方法。目前使用最多的是通用摩擦磨损试验机,主要用来评定在不同速度、载荷和温度条件下各种材料的摩擦磨损性能。

①试验原理。环形试样(在外环面的环槽上制备涂层)和块状试样与配副件(材料一般为 GCr15 或铸铁,或者与工况条件一致的材料)组成摩擦副。组成摩擦副的配对如图 1.33 所示,共有四种两类,即环对环,块对环。试验过程中,可选用干摩擦,也可采用润滑摩擦。摩擦速度可自由选取。经一定时间试验后,测定试样的失重量。最后根据试验设备、设备工具、试验条件和试验结果,评价涂层的耐磨性能。

②试验设备。图 1.34 为 MM200 磨损试验机,是最常用的涂层磨损试验设备。

**8. 热震试验**

热震试验亦称为热冲击试验,用以检验耐高温氧化和高温腐蚀剂隔热性能的热障涂层耐急冷急热的能力。目前没有相应的统一标准,通常选用预定的加热方法,将涂层试样加热到设定的温度,保温一定时间,再冷却到室温,目测检查涂层有无裂纹、剥落或翘起等

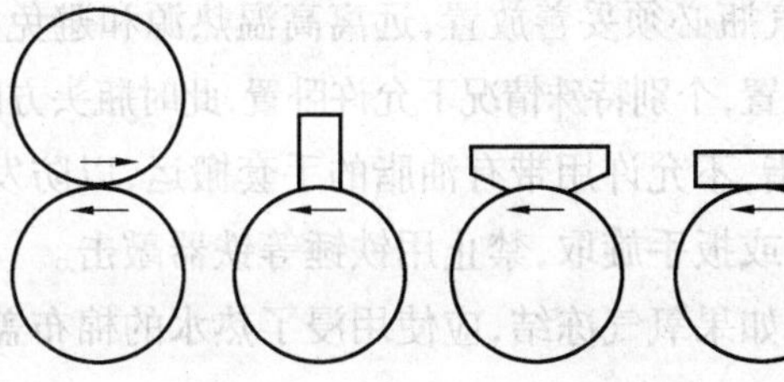

图 1.33 摩擦磨损试验的几种配对接触和运动形式

图 1.34 MM200 型磨损试验机

现象。以涂层第一次出现裂纹或剥落时的热震次数作为评价涂层的耐热震性能的依据。

试样加热的方法有电炉加热、天然气-氧气喷枪加热、火焰喷枪加热和等离子焰加热等。冷却方式有空气冷却、强制吹风冷却和水冷却等。设置不同的温度、保温时间和冷却速度,可进行不同的热震试验。

**9. 热腐蚀测试**

热腐蚀是金属材料在高温含硫的燃气工作条件下与沉积在其表面的盐发生反应而引起的高温腐蚀形态。依据沉积盐所处的状态,热腐蚀分为高温热腐蚀和低温热腐蚀。高温热腐蚀是指温度超过了沉积盐的熔点,沉积盐处于熔融状态。低温热腐蚀是指温度低于沉积盐熔点,沉积盐处于固态,但腐蚀过程中形成低熔点共晶体,导致材料加速腐蚀。涂层的热腐蚀测试与传统金属材料热腐蚀测试相同。

# 1.6 安全防护

## 1.6.1 设备安全防护

**1. 气体的安全使用**

(1)氧气瓶的安全使用

氧气瓶是高压容器,使用时必须严格遵守下列规章:

①室内或室外使用氧气瓶必须妥善放置，远离高温热源和避免太阳光的直接照射。

②氧气瓶一般应直立放置，个别特殊情况下允许卧置，此时瓶头方向应略高于瓶底方向。

③氧气瓶严禁沾染油脂，不允许用带有油脂的手套搬运，以防发生事故。

④取瓶帽时，只能用手或扳手旋取，禁止用铁锤等铁器敲击。

⑤冬季使用氧气瓶时，如果氧气冻结，应使用浸了热水的棉布盖上使其解冻。严禁采用明火直接加热。

⑥氧气瓶在输送过程中应该避免相互碰撞，不能与可燃气体、油料及其他易燃物一起运输。

⑦不应将氧气瓶中的氧气全部用完，应至少保持0.05 MPa的压强。

(2)乙炔瓶的使用

乙炔是易燃、易爆危险气体，气瓶内的最高压强为1.5 MPa。当与空气混合时，会发生自爆，所以必须谨慎，严格遵守乙炔气瓶使用要求。

①乙炔瓶不应遭受剧烈的振动和撞击，否则瓶内多孔性填充料下沉而形成空洞，影响乙炔储存。

②乙炔瓶的放置应远离高温热源区，同时与助燃气分离放置，并保持正确直立。卧放时会使丙酮随乙炔通过减压器而流入乙炔输送管，这是非常危险的。

③乙炔瓶表面温度不允许超过40 ℃，温度过高时会降低丙酮对乙炔的溶解度，使瓶内压强急剧增高。

④严禁减压器连接时泄漏，否则泄漏的乙炔与空气的混合气体一触明火就会产生爆炸事故。

⑤不能将乙炔瓶内的乙炔全部用完，应至少保持0.1 MPa的压强，并关紧气瓶阀，防止漏气。

⑥乙炔瓶应单独放置，并要求通风条件良好，电器照明设备和开关必须采用防爆型。

(3)丙烯、丙烷的使用

丙烯、丙烷的使用要求应遵守乙炔的使用要求。

**2. 回火防止器的使用**

回火防止器是乙炔、丙烷、丙烯等可燃性气瓶必不可少的重要安全装置。按工作压力不同可分为低压式(0.007 MPa)和中压式(0.007~0.15 MPa)两种；按工作原理不同可分为水封式和干式两种；按装置的部位不同可分为集中式和岗位式两种。目前国内常用的有低压开启式、中压闭合水封式和中压冶金片干式回火防止器，但使用最多的还是中压冶金片干式回火防止器。使用时遵守下列要求：

①根据燃气瓶和操作条件选择符合安全要求的回火防止器。

②水封式回火防止器必须设有卸压孔、防爆膜，便于检查，积污易于排除和清洗，并直立安装。

③每一把喷枪必须有独立的、合格的回火防止器，工作前必须先检查回火防止器，保

证密封性良好,逆止阀动作灵敏可靠。

④使用水封式回火防止器时,任何时候都要保持回火防止器内规定的水位。

⑤干式回火防止器,每月一次定期检查清洗残留在其内的烟尘和污渍。

**3. 胶管的使用**

胶管的使用要求如下:

①氧气、乙炔(可燃气)、空气胶管应分别符合国家标准 GB/T 2550—1992、GB/T 2551—1992、GB/T 1186—1992 的规定,三者不可互换使用。

②氧气与乙炔胶管单根长度一般 10 ~ 15 m 为宜,过长会增加气体流动阻力。

③胶管不准通过烟道和靠近水源,不许与电缆线一起铺设在地沟和隧道里。空架时,两者距离不小于 200 mm,且要求乙炔管高于氧气管。

④胶管严禁接触油脂、红热金属和承受尖刺、重物砸压。

⑤新管使用前要进行清洗,用压缩空气吹出管中的滑石粉和杂物,但氧气管只能使用氧气吹,防止压缩空气中的油污污染氧气管;回火后的胶管也应按上述方法清理,并用干净水试压,达到标准规定的指标后,方可使用。

**4. 空气净化装置、冷气动力喷涂送粉器和喷涂设备的使用**

(1)空气净化装置

空气净化装置属于压力容器,工作压力根据使用条件和生产能力,压强可达 1.2 MPa。生产厂家必须持有国家劳动部门颁发的压力容器生产许可证,使用时应遵守压力容器使用规定。

(2)冷气动力喷涂送粉器

冷气动力喷涂送粉器最高压强可达 3 MPa,属高压容器。使用前必须经过 4 MPa 压强试压调试,且符合国家有关压力容器标准。

(3)喷涂设备

喷涂设备安全使用按以下规程操作执行:

①对操作人员进行必要的技术培训,熟悉设备的使用和维护。

②电源和手持喷枪的金属外壳应进行保护接零和接地。喷涂电器设备要设有过流保护,不准有明线,如不能避免,应设保护管。

③高能高速等离子喷涂电压高,严禁手持操作。

④在没有切断系统电源和气源的情况下,不能进行喷枪清理和电器维护。

⑤电弧喷涂设备连接的送丝装置应有接地和绝缘。喷涂工作停止时,喷枪上的线材要退出。

⑥等离子喷涂、喷焊设备中的高频引弧电路应设置屏蔽,防止高频电压对设备中其他电气组件的损坏。

⑦高速燃气喷涂设备控制电路与燃气管路必须完全隔离,各继电器组件必须完全封闭,防止继电器火花。

### 1.6.2 人身安全防护

对热喷涂操作者安全防护的一般要求和对焊接工作者安全防护的要求基本相同,可参照相关标准,例如,焊接与切割中的安全参照 GB/T 9448—1999;呼吸防护用品的选择、使用与维护参照 GB/T 18664—2002 等。

**1. 眼睛防护**

在喷砂和喷涂期间,为了保护眼睛,必须佩戴头盔、面罩、护目镜,防止飞行砂粒的打击和红外线、紫外线的辐射。

头盔、面罩、护目镜应该配备适合的滤色镜片,防止过量的红外线、紫外线和强可见光对眼睛的辐射。

为了防止飞行颗粒损害和烟雾影响视线,护目镜上应有通气间隙。等离子喷涂中,护目镜应更换成头盔或面罩,防止脸部和脖子等处受到红外线和紫外线的辐射。

喷砂时应该穿戴具有防尘面罩或头盔的防护服,防护服内提供新鲜清洁的空气。

**2. 呼吸防护**

喷涂和喷砂操作时,操作人员要求穿戴呼吸防护用品。根据环境条件及放出气体和烟雾的性质、类型、数量来选用呼吸防护用品。

敞开式喷砂操作中,选用带机械过滤的滤尘呼吸器,连同面罩和防尘罩一同使用,也可以选用新鲜空气滤尘呼吸器。

在密封喷砂间进行喷砂操作时,要求穿戴连续通入空气管道的滤尘呼吸器。滤尘呼吸器由护脸部分(头盔)和防尘罩组成,防护回跳的砂粒对头部、颈部的损伤。通入呼吸器的空气流量,面部为 6.6 $m^3/h$,通入头盔式防护罩的最少空气流量为 10 $m^3/h$。由鼓风机提供的压缩空气源的新鲜空气,更适合呼吸器。用于呼吸器的空气应有适当的过滤器,除去压缩机空气中的有害气味、油、水雾和灰尘微粒。为保证进入呼吸器中的空气清洁干燥,应该仔细检查空气进口处的情况。

必须使用油水分离器和空气净化器,因为压缩空气管道过滤器不能阻止气态污染物质(一氧化碳等)。呼吸防护用品的选择、使用与维护可参照 GB/T 18664—2002。

空气连续流动管道式呼吸器,对大多数热喷涂所常用的材料都能提供足够的呼吸防护。若供给呼吸器气源失灵,操作者可以拆除供气管道,回到适于呼吸的空气中。当喷涂严重有害的材料时,空气的污染对人体产生危害,这种情况下操作者不能取下呼吸器,使用管道呼吸器者应配有一个可呼吸的紧急备用气瓶。

**3. 噪声防护**

热喷涂工艺操作过程中会产生极强的噪声,噪声强度和持续时间会使人体产生噪声生理学反应。噪声强度的增加,对人体的危害性也随之增加。噪声源、噪声向外传播时,应对噪声接收者加以控制,要设计专用的喷涂箱或隔声喷涂间,四周和顶面采用吸声和隔声材料,使噪声衰减、吸收、隔离,部分解决噪声对环境的影响。然而,每种噪声环境都存在许多变量,除采用衰减、吸收、隔离方法外,还没有更简单的解决方案。除设立隔离间外,喷涂操作区工作的所有人员必须佩戴耳防护用品,并有效合理地计划安排减少接触噪声的时间。

**4. 皮肤防护**

任何一种喷涂、喷砂操作,都要求穿戴合适的防护服。防护服的选用要随被喷涂、喷砂工件的尺寸、涂层的性质和地点不同而选择。当在受限制的空间内进行工作时,要穿戴耐火的防护服和戴皮革手套,防护服袖口、裸关节等部分必须扎紧,保证喷涂材料和喷砂时的灰尘不和皮肤直接接触。在没有遮蔽的等离子喷涂操作时,紫外线辐射极为强烈,它能够穿透一般布料而灼伤皮肤,应该穿抗辐射的防护服。

操作高速火焰喷涂、电弧喷涂的防辐射方法和电弧焊接使用的方法相似。大多数电弧喷涂枪都装有电弧屏蔽罩,使操作者一般不会直接暴露在电弧的照射下。在这种情况下,保护眼睛的镜片可以减少到3号或6号遮光镜片。假如还有部分身体直接被弧光照射,或者喷涂特殊材料和被喷涂零件的基体材料有反射,而使弧光照射人体时,还应佩戴头盔保护脸部皮肤。

## 1.7 常见问题分析和解决措施

热喷涂涂层常见的问题、可能原因及解决措施见表1.4。

**表1.4 热喷涂涂层常见的问题、可能原因及解决措施**

| 问题 | 可能原因 | 解决措施 |
|---|---|---|
| 色差 | 1. 炉温太高或太低<br>2. 固化时间太长或太短<br>3. 固化炉排气不充分 | 1. 调整固化炉炉温<br>2. 调整链速<br>3. 检查排废气系统或增加排废气孔 |
| 橘皮 | 1. 涂层太薄或太厚<br>2. 固化炉升温速率太快或太慢<br>3. 固化温度太低<br>4. 粉末超过储存期,结团<br>5. 粉末雾化不良 | 1. 调整喷枪参数或链速<br>2. 检查并调整固化炉<br>3. 调整炉温<br>4. 更换粉末或与厂家联系<br>5. 调整粉末的雾化 |
| 缩孔 | 1. 与其他粉末供应商的粉不相容<br>2. 工件前处理不充分<br>3. 受空气中不相容物污染<br>4. 压缩空气中含有油或含水超标 | 1. 彻底清理喷粉系统<br>2. 检查前处理<br>3. 检查喷粉区域是否有不相容物<br>4. 检查气源,安装过滤器 |
| 针孔 | 1. 喷涂厚度太厚<br>2. 底材含水气<br>3. 喷涂电压太高<br>4. 枪距太近<br>5. 粉末受潮 | 1. 降低喷涂厚度<br>2. 预热工件<br>3. 降低喷枪电压<br>4. 调整枪距<br>5. 与厂家联系 |

续表 1.4

| 问题 | 可能原因 | 解决措施 |
| --- | --- | --- |
| 附着力差 | 1. 底材前处理不充分<br>2. 涂层固化不充分<br>3. 涂层太厚<br>4. 底材变化 | 1. 检查前处理设备和前处理药液<br>2. 检查炉温延长固化时间<br>3. 调整喷涂参数降低厚度<br>4. 与底材供应商联系 |
| 沟槽不易上粉 | 1. 喷粉前处理不充分<br>2. 喷涂“云雾”太宽<br>3. 工件接地不好<br>4. 喷涂电压太高<br>5. 枪距太大<br>6. 喷粉供粉气压太低或太大<br>7. 粉末太细 | 1. 调整喷枪角度使粉末直接对着沟槽<br>2. 使用小的阻留嘴，与喷枪厂商联系<br>3. 检查挂具及接地电缆<br>4. 适当降低喷涂电压<br>5. 适当缩短枪距<br>6. 调整供粉气压<br>7. 降低回收粉的使用 |
| 上粉率差 | 1. 工件接地不当<br>2. 喷枪电压不合适<br>3. 粉末受潮<br>4. 回收粉加入过多<br>5. 挂具设计不合理<br>6. 喷枪气压太大<br>7. 喷粉房排风太强<br>8. 喷枪电极损坏<br>9. 粉末在电极上沉积 | 1. 清洁设备的接地装置和挂具<br>2. 检查枪、清洁枪或更换枪<br>3. 更换粉末或与厂家联系<br>4. 降低回收粉的使用<br>5. 重新设计挂具，减少屏蔽<br>6. 降低喷涂气压<br>7. 降低排风<br>8. 更换电极<br>9. 清洁电极 |
| 冲击或柔韧性差 | 1. 涂层固化不完全<br>2. 底材前处理差<br>3. 涂层太厚<br>4. 底材变化<br>5. 检测温度太低 | 1. 检测炉温<br>2. 检查底材和前处理药液<br>3. 降低喷涂厚度<br>4. 与底材供应商联系<br>5. 在大于 2.0 ℃温度下放置一段时间再检测 |
| 渣子 | 1. 工件处理不干净留有尘粒<br>2. 重复使用的回收粉末过筛<br>3. 喷涂线不清洁<br>4. 回收粉用筛网太粗<br>5. 所供应的粉末中有渣子 | 1. 仔细处理工件表面<br>2. 将回收粉过筛<br>3. 清洁粉房、回收装置、传输带和挂具<br>4. 使用较细的筛网<br>5. 与粉末供应商联系 |

**续表 1.4**

| 问题 | 可能原因 | 解决措施 |
| --- | --- | --- |
| 出粉不均匀（吐粉） | 1. 粉末流化不好<br>2. 粉末受潮<br>3. 粉末太细<br>4. 输粉管过长<br>5. 压缩空气不稳<br>6. 空气压力不稳<br>7. 文氏管老化、磨损<br>8. 枪距太近 | 1. 检查流化空气压力<br>2. 更换粉末或与厂家联系<br>3. 检查并调整回收粉与原粉比例<br>4. 适当调整输粉管长度<br>5. 检查压缩空气，安装干燥装置<br>6. 检查是否压缩空气过载<br>7. 更换<br>8. 增大枪距 |
| 流化不好 | 1. 粉末太细<br>2. 流化床多孔阻流板的孔太细<br>3. 流化床多孔阻流板阻塞<br>4. 流化床供应的压力太低<br>5. 供粉桶内的粉太多或太少 | 1. 更换粉末或与厂家联系<br>2. 替换<br>3. 替换<br>4. 增大供粉压力<br>5. 粉桶内的粉处于 1/3 ~ 3/4 处 |
| 在供粉系统中产生“冲击熔融” | 1. 过强的供粉速率<br>2. 粉末粒径不合理<br>3. 回收粉使用过多<br>4. 压缩空气温度太高<br>5. 输粉管打折<br>6. 输粉管材质选择不当 | 1. 降低供粉压力<br>2. 与粉末供应商联系，调整供粉压力<br>3. 降低回收粉的使用比例<br>4. 检查压缩空气温度，附近是否有热源<br>5. 消除输粉管打折<br>6. 检查输粉管，需要时更换 |
| 小区域变色 | 1. 前处理不彻底<br>2. 工件表面 | 1. 检查前处理<br>2. 用化学方法进行前处理清除 |
| 不均匀变色 | 1. 炉温太高或固化时间太长<br>2. 固化炉排风效果不好<br>3. 涂膜厚度相差太大 | 1. 降低炉温，用炉温仪测量炉温<br>2. 检查排风系统<br>3. 参照“涂层不均匀” |
| 涂层不均匀 | 1. 上粉率差<br>2. 操作者疲劳<br>3. 粉末粒径不合适<br>4. 枪的各部分安装不牢<br>5. 链速不合适<br>6. 喷枪中出粉不匀<br>7. 枪的往复不匹配链速<br>8. 枪的布局不合适<br>9. 枪的角度/距离不合适<br>10. 充电格局发生干扰 | 1. 参照上面<br>2. 轮班工作，或自动喷涂<br>3. 与粉末供应商联系<br>4. 检查枪各部分安装确保牢固<br>5. 调整链速<br>6. 参照以上<br>7. 调整喷粉线的参数<br>8. 调整枪的布局<br>9. 检查枪的布局<br>10. 调整枪不要使枪直接相对 |

# 1.8 典型的热喷涂技术实践训练

## 实训一 等离子体喷涂 $Al_2O_3$-$TiO_2$ 耐腐蚀涂层实践训练

### 一、实训目的

等离子喷涂是材料表面工程领域中应用非常广泛的一项技术，通过实训使学生加深对课堂教学内容的理解，培养学生提高思考问题、解决问题和实际动手能力。要求学生熟悉和掌握等离子喷涂方法、喷涂工艺流程及喷涂设备的工作原理，使学生熟悉和掌握电弧喷涂的方法及设备的使用。

### 二、实训内容

正确对喷涂前的金属基材进行处理，用人工控制喷枪运行，观察等离子喷涂过程，分析喷涂参数对等离子喷涂过程及涂层的影响。

### 三、实训要点

1. 喷涂前粉末要进行烘干，一般在 100 ℃ 以上烘干 1 h 左右。

2. 喷砂时要先打开喷砂机的电源，然后再开压缩空气，喷砂枪与试样表面不小于 60°，以免砂粒嵌入试样表面。

3. 装粉末和送粉测试时一定要戴上口罩防护。

4. 调试程序时一定不要进入机器手臂的作业半径，以免受伤。

5. 等离子喷涂枪点燃前一定要注意操作间大门已经关闭，各项措施到位。

6. 等离子喷涂过程中及喷涂完毕后要严格按照控制柜上的操作流程进行，并小心弧光辐射。

### 四、实训装置

| | |
|---|---|
| 1. 空气压缩机系统 | 一套 |
| 2. 冷却系统（水冷机） | 一套 |
| 3. 抽风系统 | 一套 |
| 4. SX-80 大气等离子喷涂设备 | 一套 |
| 5. 喷砂机 | 一套 |
| 6. 喷涂试件 | 若干 |

### 五、实训步骤

1. 等离子喷涂工艺流程（图 1.35）

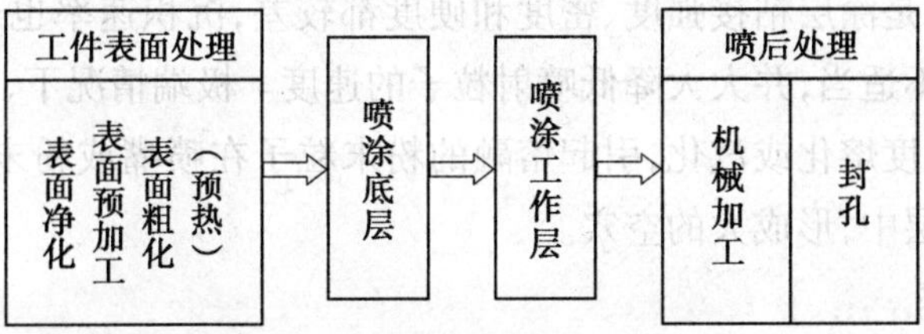


图 1.35　等离子喷涂工艺流程图

2. 实训流程

①选择实验材料:试验选用粒度为 200～325 目(44～74 μm) 的 $Al_2O_3$-$TiO_2$ 粉末。

②确定喷涂参数:根据粉末类型及粒度选择合适的喷涂参数。

③基体表面清洗:用丙酮或酒精清洗基体表面油污。

④基体表面粗化:对基体表面进行喷砂处理。

⑤粉末进送粉器: 将事先准备好的粉末装进送粉器中。

⑥调试喷涂程序:将处理好的试样装在夹具上,调试程序,准备喷涂。

⑦等离子喷涂:先用等离子枪预热基体,然后送粉,喷涂。

⑧涂层后处理:一般包括精加工、重熔、封孔处理等。

⑨涂层性能测试:一般包括结合强度、孔隙率、硬度和耐腐性等。

**六、实训原理**

1. 等离子喷涂设备的工作原理

等离子喷涂是利用非转移等离子弧作为热源,把难熔的金属或非金属粉末送入弧中快速熔化,并以极高的速度将其喷散成极细的颗粒撞击到工件表面上,从而形成很薄的具有特殊性能的涂层。等离子喷涂涂层与工件表面的结合基本属于机械结合。当粉末涂层材料被等离子弧焰熔化并从喷枪口喷出以后,在高速气流作用下喷散成雾状细粒,并撞击到工件表面,被撞扁的细粒就嵌塞在已经粗化处理的清洁表面上,然后凝固并与母材结合。随后的颗粒喷射到先喷的颗粒上面,填塞其间隙中而形成完整的喷涂层。

2. 等离子喷涂过程中最主要的工艺参数及其影响

主要工艺参数:等离子气体,电弧的功率,供粉,喷涂距离和喷涂角,喷枪与工件的相对运动速度,基体温度控制。

(1)等离子气体

气体的选择原则主要是可用性和经济性,氮气便宜,且离子焰热焓高,传热快,利于粉末的加热和熔化,但对于易发生氮化反应的粉末或基体则不可采用。氩气电离电位较低,等离子弧稳定且易于引燃,弧焰较短,适于小件或薄件的喷涂,此外氩气还有很好的保护作用,但氩气的热焓低,价格昂贵。

气体流量大小直接影响等离子焰流的热焓和流速,从而影响喷涂效率、涂层气孔率和结合力等。流量过高,则气体会从等离子射流中带走有用的热,并使喷涂粒子的速度升高,减少了喷涂粒子在等离子火焰中的“滞留”时间,导致粒子达不到变形所必要的半熔化或塑性状态，结果是涂层粘接强度、密度和硬度都较差，沉积速率也会显著降低；相反，则会使电弧电压值不适当，并大大降低喷射粒子的速度。极端情况下，会引起喷涂材料过热，造成喷涂材料过度熔化或汽化，引起熔融的粉末粒子在喷嘴或粉末喷口聚集，然后以较大球状沉积到涂层中，形成大的空穴。

(2)电弧的功率

电弧功率太高，电弧温度升高，更多的气体将转变成为等离子体，在大功率、低工作气体流量的情况下，几乎全部工作气体都转变为活性等粒子流，等粒子火焰温度也很高，这可能使一些喷涂材料气化并引起涂层成分改变，喷涂材料的蒸汽在基体与涂层之间或涂层的叠层之间凝聚引起粘接不良。此外还可能使喷嘴和电极烧蚀。

而电弧功率太低，则得到部分离子气体和温度较低的等离子火焰，又会引起粒子加热不足，涂层的粘结强度、硬度和沉积效率较低。

(3)供粉

供粉速度必须与输入功率相适应，过大，会出现生粉(未熔化)，导致喷涂效率降低；过小，粉末氧化严重，并造成基体过热。

送料位置也会影响涂层结构和喷涂效率，一般来说，粉末必须送至焰心才能使粉末获得最好的加热和最高的速度。

(4)喷涂距离和喷涂角

喷涂距离：喷枪到工件的距离影响喷涂粒子和基体撞击时的速度和温度，涂层的特征和喷涂材料对喷涂距离很敏感。喷涂距离过大，粉末的温度和速度均将下降，结合力、气孔、喷涂效率都会明显下降；过小，会使基体温升过高，基体和涂层氧化，影响涂层的结合。在基体温升允许的情况下，喷距适当小些为好。

喷涂角：是焰流轴线与被喷涂工件表面之间的角度。该角小于45°时，由于“阴影效应”的影响，涂层结构会恶化形成空穴，导致涂层疏松。

(5)喷枪与工件的相对运动速度

喷枪的移动速度应保证涂层平坦，不出现喷涂脊背的痕迹。也就是说，每个行程的宽度之间应充分搭叠，在满足上述要求的前提下喷涂操作时，一般采用较高的喷枪移动速度，这样可防止产生局部热点和表面氧化。

(6)基体温度控制

较理想的喷涂工件是在喷涂前把工件预热到喷涂过程要达到的温度，然后在喷涂过程中对工件采用喷气冷却的措施，使其保持原来的温度。

**3. 等离子喷涂过程中常见工艺问题及涂层表面容易产生的缺陷**

等离子喷涂过程中常见工艺问题及涂层表面容易产生的缺陷有起粒、垂流、橘皮、泛白、气泡、收缩和起皱等。

## 七、实训数据及处理

实训数据及处理见表1.5。

表 1.5 工艺参数及实训数据记录

| 序号 | 喷涂材料 | 工艺参数 | | | | 外观 | 涂层形貌 | 备注 |
|---|---|---|---|---|---|---|---|---|
| | | 电压/V | 电流/A | 气体流量/$(L\cdot min^{-1})$ | 扫描速度/$(cm\cdot s^{-1})$ | | | |
| 1 | | | | 氩气 | | | | |
| 2 | | | | 氢气 | | | | |

**八、涂层组织性能测试**

1. 选取合适的方法对涂层的物理性能进行测试。
2. 选取合适的方法对涂层的耐腐蚀性能进行测试。

**九、注意事项**

1. 喷砂、喷涂过程中操作间噪声较大,进入前要戴上防噪声耳塞。
2. 等离子喷涂试验设备功率较大,请勿任意调节试验参数,防止烧损设备。

**十、思考题**

1. 等离子喷涂设备采用的是交流电源还是直流电源?
2. 等离子喷涂采用的基体可以是非金属吗?
3. 等离子工件(基体)喷涂前为什么要进行喷砂等粗化处理?
4. 等离子喷涂与喷涂基体的结合是冶金结合还是机械结合?
5. 等离子喷涂的基本原理是什么? 简述其设备的主要构成及作用。
6. 如何调节等离子喷涂工艺参数使其达到最优?

## 实训二 电弧喷涂铝防腐蚀涂层实践训练

**一、实训目的**

1. 熟悉电弧喷涂设备的组成。
2. 掌握电弧喷涂技术的基本原理。
3. 通过实际的操作过程,熟悉电弧喷涂工艺过程。
4. 通过观察分析喷涂过程中各个因素对工艺质量的影响。

**二、实训内容**

1. 观察并熟悉前处理工艺过程,掌握工艺参数的控制。
2. 观察并熟悉电弧喷涂工艺过程,掌握工艺参数的控制。

**三、实训要点**

1. 喷砂时要先打开喷砂机的电源,然后再开压缩空气,喷砂枪与试样表面之间形成的角度不小于 60°,以免砂粒嵌入试样表面。

2. 经喷砂后的基体表面应尽快进行喷涂,其间隔时间越短越好。

3. 按要求规程调试程序时不要多人围观,防止出现事故。

4. 喷涂的环境必须比环境大气高 5°,或基体金属的温度至少比大气露点高 3°。

5. 电弧喷涂使用的铝丝表面应光滑、无氧化、无油脂和其他污垢,不允许有较严重的表面缺陷;如是线材盘绕,不允许有折弯和严重扭弯。

**四、实训装置**

1. 空气压缩机系统　　一套
2. 抽风系统　　一套
3. 电弧喷涂设备　　一套
4. 喷砂机　　一套
5. 喷涂试件　　若干

**五、实训步骤**

1. 电弧喷涂工艺流程(图 1.36)

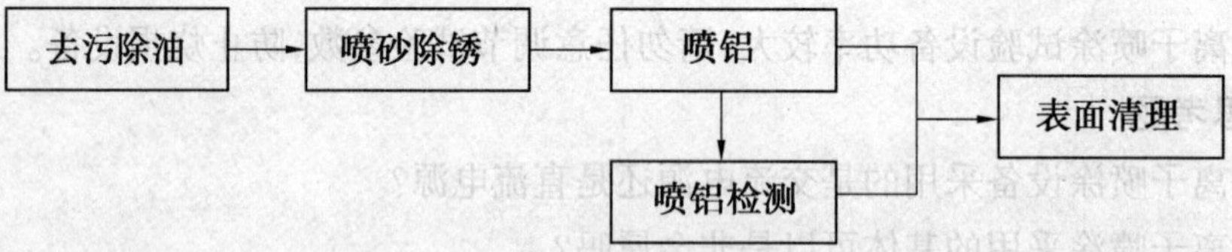


图 1.36　电弧喷涂工艺流程图

2. 实训流程

①选择实验材料:电弧喷涂材料选用铝丝,其化学成分应满足 GB/T 3190—1996《变形铝及铝合金成分》中 Al 的质量要求,即 $w_{Al} \geqslant 99.5\%$。

②确定喷涂参数:根据喷涂的物理性能选择合适的喷涂参数。

③基体表面清洗:用丙酮或酒精清洗基体表面油污。

④基体表面粗化:对基体表面进行喷砂处理。

⑤铝丝装进送丝装置:将事先准备好的铝丝装进送丝装置中。

⑥调试喷涂程序:将处理好的试样装在夹具上,调试参数,准备喷涂。

⑦涂层后处理:一般要经过表面清理。

⑧涂层性能测试:包括涂层厚度、结合强度、孔隙率、硬度和耐腐性等的测试。

**六、实训原理**

送丝系统通过丝轮将两根金属丝连续均匀地送入喷枪的两个导电嘴(分别接直流电源的正负极),在金属丝端部短接的瞬间,产生电弧。电弧使金属丝熔化,在电弧点的后方由喷嘴喷射出的高速空气流使熔化的金属雾化成颗粒,并在高速气流的加速下喷射到工件的表面,形成涂层。

电弧喷涂设备相对较简单,喷涂过程中只关注四个主要参数,即喷涂电压、喷涂电流、雾化空气压力和喷涂距离。其中前三个参数经预先设置后,喷涂过程中一般不会改变,电弧喷涂工艺对喷涂距离并不敏感,一般在 180 ~ 240 mm 之间变动。电弧设备易损件只有导丝嘴和送丝轮,其维护和更换方便。

(1)喷涂电压。

喷涂电压是指两金属丝尖端之间的电弧电压,它反映了丝材尖端间隙的大小,有效地控制电弧电压可以保持雾化区几何形状的稳定。每种材料都对应有自己维持电弧稳定燃烧的最低电弧电压值。

喷涂电压越低,熔化了的粒子尺寸就越小。但是,如果电弧电压低于材料的临界最低电弧电压,电弧就不能稳定地燃烧。当喷涂电压高于临界电弧电压时,随着电压的提高,丝材尖端的间距、喷涂射流角度和喷涂粒子的颗粒尺寸范围都随之增大。同时被喷涂材料的元素烧损程度也增大,尤其是那些容易与氧化合的元素,其烧损更为严重。随着喷涂电压的提高,沉积效率逐步降低。

在保证电弧稳定燃烧的前提下,应选择尽可能低的喷涂电压值。

(2)工作电流。

用于电弧喷涂的电源应具有平特性或略带上升的外特性,喷涂过程中,电弧电压保持不变,工作电流随送丝速度的增大而增大。一般来讲,增大喷涂时的工作电流,一方面可以提高生产效率,另一方面也可提高涂层质量。但工作电流的增大也带来副作用,即材料烧损程度增大,沉积率下降。

(3)雾化空气压力和流量。

雾化空气压力和流量在很大程度上决定了喷涂粒子的雾化程度和飞行速度,即雾化空气压力和流量越大,粒子雾化越充分,所得到的涂层也越致密。但过分追求更细的雾化,将导致不良后果:喷涂粒子氧化程度增大。随着雾化空气压力和流量的增大,一方面气流中氧含量增多,另一方面喷涂粒子的相对表面积急剧增加,二者综合作用,导致涂层氧化加剧。

(4)喷涂距离。

电弧喷枪喷嘴出口处,雾化气体的流速最大,而熔滴的速度最低,随着喷涂距离的增加,喷涂粒子被逐渐加速,雾化气流速逐渐降低。喷涂粒子一般在 60 ~ 200 mm 内有较高的飞行速度和温度,容易得到高质量的涂层。

**七、实训数据及处理**

实训数据及处理见表 1.6。

**表 1.6 工艺参数及实训数据记录**

| 序号 | 喷涂材料 | 工艺参数 | | | | | 外观 | 涂层形貌 | 备注 |
|---|---|---|---|---|---|---|---|---|---|
| | | 电压/V | 电流/A | 喷涂距离/mm | 喷涂角度/(°) | 气体压力/MPa | | | |
| 1 | | | | | | | | | |
| 2 | | | | | | | | | |

### 八、涂层组织性能测试

1. 选取合适的方法对涂层的物理性能进行测试。

2. 选取合适的方法对涂层的耐腐蚀性能进行测试。

### 九、注意事项

喷砂、喷涂过程中操作间噪声较大,进入前要戴上防噪声耳塞。

### 十、思考题

1. 电弧喷涂设备由哪些部分构成?

2. 电弧喷涂采用的基体可以是非金属吗?

3. 电弧喷涂的基本原理是什么?

4. 如何调节电弧喷涂工艺参数使其达到最优?

## 实训三 超音速火焰喷涂 WC-10Co-4Cr 涂层实践训练

### 一、实训目的

1. 熟悉超音速火焰喷涂设备组成。

2. 掌握超音速喷涂技术的基本原理。

3. 通过实际的操作过程,熟悉超音速喷涂工艺过程。

4. 通过观察分析喷涂过程中各个因素对工艺质量的影响。

### 二、实训内容

1. 观察并熟悉准备工作、预处理工艺过程,了解喷涂工艺参数的选择。

2. 观察并熟悉超音速喷涂工艺过程,掌握超音速火焰喷涂涂层的结构特征。

### 三、实训要点

1. 喷砂时要先打开喷砂机的电源,然后再开压缩空气,喷砂枪与试样表面不小于60°,以免砂粒嵌入试样表面。

2. 经喷砂后的基体表面应尽快进行喷涂,其间隔时间越短越好。

3. 调试程序时一定不要多人围观,以免受伤。

4. 超音速火焰喷涂氧-燃气流量和比例的调节和控制。

5. 超音速喷涂用粉末有严格的尺寸要求。

### 四、实训装置

| | |
|---|---|
| 1. 空气压缩机系统 | 一套 |
| 2. 抽风系统 | 一套 |
| 3. ZB-2700 型超音速火焰喷涂系统 | 一套 |
| 4. 喷砂机 | 一套 |
| 5. 喷涂试件 | 若干 |

### 五、实训步骤

1. 超音速火焰喷涂工艺流程(图 1.37)

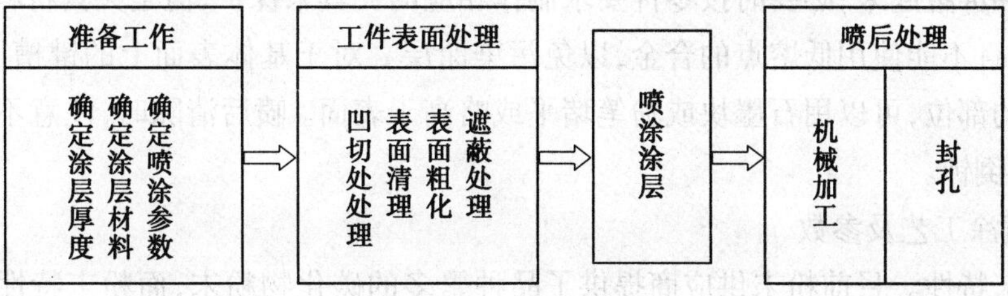


图 1.37　超音速火焰喷涂工艺流程图

2. 实训流程及原理

(1)准备工作

在编制工艺前应该先了解清楚被喷涂工件的实际状况和技术要求等,然后进行如下工作。

①确定涂层的厚度。一般情况下,喷涂后还要进行机械加工,因此涂层厚度要预留加工余量,同时还要考虑喷涂时的热胀冷缩等。

②涂层材料的确定。涂层材料选择的依据是,首先应该满足被喷涂工件材料的要求,以及其配合要求、技术要求及工作条件等,分别选择结合层与工作层材料。

③确定参数。压力、粉末粒度、喷枪与工件的相对运动速度等。

(2)工件表面的预处理

①凹切处理。表面存在疲劳层和局部严重拉伤的沟痕时,在强度允许的前提下可以进行车削处理,为热喷涂提供容纳的空间。

②表面清理。清除油污、铁锈、漆层等,使工件表面洁净,油污油漆可以用溶剂清洗剂除去。如果油渍已经渗入基体材料,可以用火焰加热除去,对锈层可以进行酸浸,机械打磨或喷砂除去。

③表面粗化。目的是为了增强涂层与基体的结合力,消除应力效应,常用的有喷砂、开槽、车螺纹、拉毛。

a. 喷砂是最常用的,砂料可以选择石英砂、氧化铝砂、冷硬铁砂等。砂料以锋利坚硬为好,必须清洁干燥,有尖锐棱角。其尺寸,空气压力的大小,喷砂角度、距离和时间应该根据具体情况确定。

b. 开槽、车螺纹、辊花。对轴、套类零件表面的粗化处理,可采用开槽、车螺纹处理,槽与螺纹表面粗糙度以 $Ra6.3 \sim 12.5$ 为宜,加工过程中不加冷却液与润滑剂,也可以在表面滚花纹,但避免出现尖角。

c. 硬度较高的工件可以进行电火花拉毛进行粗化处理,但薄涂层工件应慎用。电火花拉毛法是将细的镍丝或铝丝作为电极,在电弧的作用下,电极材料与基体表面局部熔合,产生粗糙的表面。表面粗化后呈现的新鲜表面,应该防止污染,严禁用手触摸,保存在清洁、干燥的环境中,粗化后尽快喷涂,一般喷涂时间不超过 2 h。

④非喷涂部位的保护。喷涂表面附近的非喷涂部位需要加以保护,可以用耐热的玻

璃布或石棉屏蔽起来，必要时按零件要求制作相应的夹具来保护，但是夹具材料要具有一定的强度，且不能使用低熔点的合金，以免污染涂层。对于基体表面上的键槽、油孔等不允许喷涂的部位，可以用石墨块或粉笔堵平或略高于表面。喷后清除时，注意不要碰伤涂层，棱角要倒钝。

（3）喷涂工艺及参数

①粉末特性。目前粉末供应商提供了品种繁多的碳化物粉末，而粉末特性往往因其制粉工艺方法的不同而表现出较大的差异。粉末特性包括：粉末粒度分布、颗粒形状、表面粗糙度等。对 ZB-2700 设备来说，适宜的粉末粒度为 15～40 μm。

②氧-燃气流量和比例。喷涂的焰流温度及特性取决于氧-燃气流量和混合比例。喷涂时，首先应按照设备的规定要求确定氧气和燃气的流量，以保证喷枪焰流达到设计的功率水平。实际生产过程中有多种因素可导致氧-燃气比例的波动，而氧-燃气比例对确定最终的涂层组织十分重要。理论上，丙烷完全燃烧要求氧与丙烷的比例为5：1（$C_3H_8+5O_2 = 4H_2O+3CO_2$），这一燃烧比例产生的是中性焰，即燃烧时氧与燃气分子全部耗尽。若燃气比例下降，焰流中未消耗尽的氧分子将产生“氧化”气氛，导致熔融粉末粒子的过度氧化，涂层中氧化物含量增多。混合气中燃气过多会产生低温贫氧的火焰，所得涂层中未熔粒子和孔洞增多，而氧化物含量降低。事实上，中性焰是不存在的，在高温，燃烧过程不是完全可逆的，反应物与反应产物以热平衡和化学平衡方式共存。ZB-2700 型超音速火焰喷涂系统，当氧-燃气比例为 4.2～5.6 时，可获得高性能的涂层。

③喷涂距离。ZB-2700 型超音速火焰喷涂系统，当粉末粒子在距喷枪出口 100 mm 以内即已达到了其最高温度，随着喷距的增加，粒子温度逐渐降低，在 100～230 mm 范围内，粒子温度大约降低了 60 ℃，其降低幅度并不大，粒子仍可保持约 1 775 ℃的高温；而粒子速度在距喷枪出口大约 190 mm 是一个逐渐加速的过程，在距喷枪出口 190～200 mm 时达到 580 m/s 以上的最高速度，在 170～230 mm 喷距上，粒子速度基本维持在 580 m/s 以上。考虑到高温焰流对基体传热的不利影响，喷距在可能的情况下应尽量增大，故对 ZB-2700 型超音速火焰喷涂系统来说，适宜的喷距为 190～230 mm。

与其他喷涂工艺相比，喷涂喷距的可调整范围是比较大的，这得益于粒子的高速度。较大的喷距可调范围对实际生产十分有利，因为可以根据工件的形状、大小、涂层厚度等要求选择适宜的喷距，以得到综合性能最好的涂层。

④送粉量。对任何热喷涂工艺来说，送粉量都是影响涂层性能的一个重要参数。某种粉末在某一具体的喷涂工艺条件下，都对应有一适宜的送粉量范围。

若送粉量过小，可能的不利影响有：

a. 被喷涂粉末过熔，粉末烧损，烟雾大，易污染涂层。

b. 每一遍喷涂不能完全覆盖其扫过的路径，造成涂层孔隙率增大。

c. 延长了喷涂时间易造成工件过热涂层开裂和生产成本增大。

若送粉量过大，可能的不利影响有：

a. 粉末熔化不充分,涂层结合强度降低,孔隙率增大。

b. 涂层应力增大,导致涂层开裂。

c. 粉末沉积率下降,生产成本提高。

使用ZB系统,喷涂WC-Co涂层时,当送粉量为38~60 g/min时,涂层孔隙率为0.55%~1.2%,显微硬度为HV1000~1300,粉末沉积率为40%~50%,涂层性能优。喷涂CrC-NiCr涂层时:当送粉量为27~45 g/min时,可获得令人满意的涂层质量。

(4)喷涂后处理封孔、机械加工等工序

涂层的孔隙率约占体积的5%,而且有的孔隙可由表及里。零件为摩擦副时,可在喷后趁热将零件放在润滑油中,利用孔隙储油有利于润滑。但对于随液压的零件,孔隙而容易产生泄露,喷涂后应该用封孔剂进行封孔处理。对封孔剂的要求:浸透性好,耐化学作用,不溶解,不变质。在工作温度下性能稳定,能增强涂层性能,常用的封孔剂有石蜡、环氧、酚醛等。当喷涂后的尺寸精度与表面粗糙度不能满足要求时,需要对其进行机械加工,可采用车削或磨削加工。

本实训选用WC-10Co-4Cr粉末在45钢表面进行超音速火焰喷涂。喷砂用的磨料为白刚玉砂,压缩空气的压力为0.2~0.3 MPa,喷砂距离为100~120 mm,喷砂后表面粗糙度为$Ra$3.0~3.5 μm。采用ZB-2700型超音速火焰喷涂系统进行喷涂。

## 六、实训数据及处理

表1.7 工艺参数及实训数据记录

| 序号 | 喷涂材料 | 工艺参数 | | | 外观 | 涂层形貌 | 备注 |
|---|---|---|---|---|---|---|---|
| | | 氧-燃气流量和比例 | 喷涂距离/mm | 送粉量/($g \cdot min^{-1}$) | | | |
| 1 | | | | | | | |
| 2 | | | | | | | |

## 七、涂层组织的性能测试

1. 对涂层的结合强度和剪切强度进行测试。
2. 对涂层的耐腐蚀、耐磨性能进行测试。

## 八、思考题

1. 超音速喷涂设备由哪些部分构成?
2. 超音速喷涂采用的基体可以是非金属吗?
3. 超音速喷涂的基本原理是什么?
4. 如何调节超音速喷涂工艺参数使其达到最优?

# 习题与思考题

1. 重载履带车辆上的密封环配合面等零件由于耐磨性差而迅速失效。上述零件属薄壁零件,采用堆焊等方法修复因变形而保证不了质量。

(1)采用哪种表面处理工艺? 为什么?

(2)所用设备及工艺流程是什么?

(3)防腐喷涂材料及涂层设计。

(4)具体的工艺参数是什么?

(5)应参考哪些标准?

2. 我国南海地区在高温、高湿、高盐雾的恶劣环境下,采油平台钢铁结构腐蚀严重。

(1)采用哪种表面处理工艺?

(2)所用设备及工艺流程是什么?

(3)简述防腐喷涂材料及涂层设计。

(4)具体的工艺参数是什么?

(5)参考哪些标准?

## 附录:安全操作

**1. 等离子喷涂和电弧喷涂设备的安全操作**

(1)等离子和电弧喷涂所用的电源线、绝缘物、软管和气路管,在使用前必须进行检查,如运转不正常,要立即维修或更换。

(2)等离子和电弧喷涂设备应保证操作安全。外漏等离子枪阴极应绝缘;非转移弧型等离子阳极枪应接地;转移弧型等离子体设备中,作为阳极的工件应接地。喷涂场所的电气设备要保护,不能有明线,如不可避免,要有护管。

(3)没有关掉整个系统,包括切断整个系统的气源、电源和水源的情况下,不能进行清洗或修理电源、控制台和喷枪。

(4)喷枪应经常清洗保持清洁,避免金属粉尘堆积。操作步骤按其操作使用说明书进行。

(5)等离子喷枪电极的存放要用铅箱。等离子喷枪电极的打磨,要在有良好通风和充足冷却液的磨床上进行。

(6)与喷涂设备连接的控制柜应接地。欲将等离子或电弧喷枪悬挂时,挂钩应绝缘或接地。电弧喷枪停止工作时,喷枪上的两线材要退出。

(7)氩气瓶、氮气瓶、氦气瓶的储存与使用,应遵循国家劳动总局颁布的《气瓶安全监察规程》的规定。

(8)氢气瓶的储运与使用应符合 GB 4962—1985 的规定。

(9)在等离子喷枪调整时,尽可能缩短高频使用时间和减少次数。

**2. 喷砂机设备的安全操作**

(1)压力式喷砂机属压力容器,生产厂家必须持有国家有关部门颁发的压力容器生产许可证。使用中压缩空气压力容器时,不得超过压力容器的额定压力值。

(2)按生产厂家的建议进行保养和检查,对磨损部件应及时更换。

(3)喷砂软管应用高压管,喷砂时软管应尽可能拉直。

(4)操作时不得将喷砂嘴对着人体任何部位。

**3. 压缩空气设备的安全操作**

(1)压缩空气不得与氧气和燃料气混合。

(2)压缩空气的压力要经常检查,如超过气瓶额定压力时,不能用于喷涂和喷砂。

(3)气路中严禁有油、水和灰尘。

(4)空气净化冷凝系统属压力容器,无许可证厂家不得设计、生产。其保养与维护需按照生产厂家的说明书进行。

# 第2章　感应表面热处理实践技术

## 2.1　概　述

### 2.1.1　感应加热工艺技术简介

顾名思义,感应加热是利用电磁感应的方法使被加热的材料(即工件)的内部产生电流,依靠这些涡流的能量达到加热的目的。

**1. 感应加热技术的发展历史**

电磁感应加热技术起始于1831年,当年11月法拉第将两个线圈绕在同一铁环上,他发现给一个线圈加上交流电时,另一个线圈内有感应电流产生。以上述现象为基础,随后的几十年中,科学家们发明了各种装置来得到高频电流。1890年瑞典技术人员发明了第一台感应熔炼炉——开槽式有芯炉,1916年美国人发明了闭槽有芯炉,从此感应加热技术逐渐进入实用化阶段。20世纪电力电子器件和技术的飞速发展,极大地促进了感应加热技术的发展。1957年,美国研制出作为电力电子器件里程碑的晶闸管,标志着现代电力电子技术的开始,也引发了感应加热技术的革命。1966年,瑞士和西德首先利用晶闸管研制感应加热装置,从此感应加热技术开始飞速发展。20世纪80年代后,电力电子器件再次快速发展,GTO、MOSFET、IGBT、MCT及SIT等器件相继出现,感应加热装置也逐渐摒弃晶闸管,开始采用这些新器件。现在比较常用的是IGBT和MOSFET, IGBT用于较大功率场合,而MOSFET用于较高频率场合。据报道,国外可以采用IGBT将感应加热装置做到功率超过1 000 kW ,频率超过50 kHz。而MOSFET较适用高频场合,通常应用在几千瓦的中小功率场合,频率可达到500 kHz以上,甚至几兆赫兹。然而国外也有推出采用MOSFET的大功率感应加热装置,比如美国研制的2 000 kW /400 kHz装置。我国感应热处理技术的真正应用始于1956年,从前苏联引入,主要应用在汽车工业。随着20世纪电源设备的制造,感应淬火工艺装备也紧随其后得到发展。现在国内感应淬火工艺装备制造业也日益扩大,产品品种多,原来需要进口的装备,逐步被国内产品所取代,在为国家节省外汇的同时,发展了国内的相关企业。

**2. 感应加热技术的应用领域**

感应加热主要应用于金属工业,其主要用途是金属加工前的预热、热处理、焊接和熔化。除此外,在其他方面也有广泛的应用,如油漆处理、粘合处理和半导体制作等。金属加工前预热主要用于锻造和挤压工艺,如对钢材、铝合金、钛、镍等稀有金属进行加工前预热。热处理则主要用于钢材的表面淬火、穿透淬火、回火等。熔化主要用来熔化优质钢和有色金属。高频感应焊接可以节能,如高速焊管。感应加热还可用于固化有机涂层,如金属片状涂料涂抹在金属表面,然后加热熔化镀涂并固化。在半导体制作领域常用感应加热方法进行逐区精炼、逐区致匀,如半导体掺杂及半导体外延都采用感应加热。

### 2.1.2 感应加热原理

Mihel Farady 于 1831 年建立的电磁感应定律说明,在一个电路围绕的区域内存在交变磁场时,电路两端就会产生感应电动势,当电路闭合时则产生电流。这个定律也就是今天感应加热的理论基础。

感应加热的原理图如图 2.1 所示,当感应线圈上通以交变的电流时,线圈内部会产生相同频率的交变磁通 $\Phi$,交变磁通 $\Phi$ 又会在金属工件中产生感应电势 $e$。根据麦克斯韦电磁方程式,感应电动势的大小为

$$e(t) = Nt\Phi_m \omega \cos \omega \tag{2.1}$$

其有效值为

$$E = \sqrt{2}\pi f N\Phi_m = 4.44Nf\Phi_m \tag{2.2}$$

式中 $N$——线圈匝数。

感应电动势的方向是绕圆心呈径向分布。从上述分析可知当金属放入有交变电流通入的感应炉内时,将在金属内部感应电势 $E$,并且由于金属内部电阻引起电流 $I$,使金属内部加热。其公式为

$$Q = 0.24I^2Rt \tag{2.3}$$

式中 $I$—— 电流有效值;

$R$—— 工件电阻。

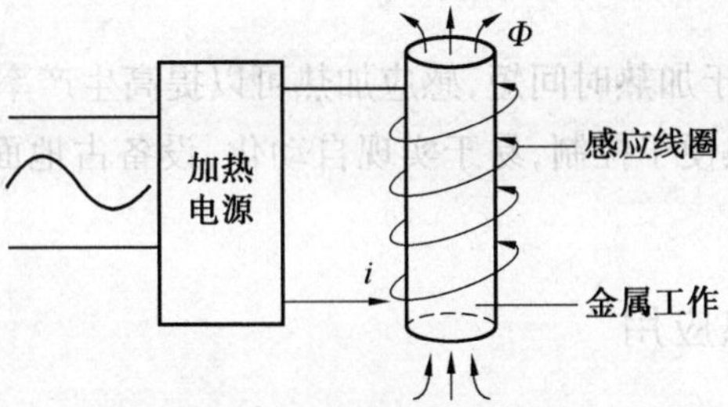


图 2.1 感应加热原理图

在加热过程中,随着温度升高,电磁物理过程将变得非常复杂。由于存在金属磁导率、金属电阻、被加热金属形状以及边缘效应(集肤效应)的影响,故不能严格保证功率和输入电流频率、磁通的函数关系,只能大致给出变化趋势,认为增大频率和磁通时,输出功率会增大。但是由于线圈内磁场的建立几乎是瞬时的,相对于常规加热方式其加热速度有很大的优势。尽管理论分析非常复杂,采用感应加热替代常规加热方式进行金属热处理已经是一种趋势。透入深度的规定是由电磁场的集肤效应而来的。电流密度在工件中

的分布是从表面向里面衰减，其衰减大致呈指数规律变化。工程上规定：当导体电流密度由表面向里面衰减到数值等于表面电流密度的 0.368 时，该处到表面的距离 $d$ 称为电流透入深度。因此可以认为交流电流在导体中产生的热量大部分集中在电流透入深度 $d$ 内，可用下式来表示

$$d=5\,030\sqrt{\rho/(\mu_r f)} \tag{2.4}$$

式中 $\rho$——导体材料的电阻率；

$\mu_r$——相对磁导率；

$f$——电流频率。

从式(2.4)可知，当材料的电阻率 $\rho$、相对磁导率 $\mu_r$ 确定以后，透入深度仅与频率的平方根成反比，因此它可以通过改变频率来控制。频率越高，工件的发热层越薄，这种特性在金属热处理中得到了广泛的应用，实质上是要求感应加热电源频率的提高。

### 2.1.3 感应加热特点

感应加热是利用电磁感应原理把电能转化为热能的一种加热方式，是非接触式加热。与传统的使用煤气或石油为能源的直接加热装置相比较，感应加热有许多优点：

①加热速度快，用电磁感应加热时，温度上升速度远比石油或煤气加热的速度快得多。

②材料损耗少，快速加热能有效地降低材料损耗。

③启动快，有些加热装置中，有很多耐火材料，加热启动时吸收热量大，装置的热惯性大，感应加热不存在这类问题。

④节能，不工作时感应加热电源可以关闭，而其他装置由于启动慢，不工作时也必须维持一定的加热温度。

⑤生产效率高。由于加热时间短，感应加热可以提高生产率，降低成本。

除此之外，感应加热便于控制，易于实现自动化，设备占地面积小，工作环境好，设备维护简单。

### 2.1.4 感应加热应用

电磁感应加热，或简称感应加热，是加热导体材料如金属材料的一种方法，主要用于金属热加工、热处理、焊接和熔化等工艺中(表 2.1)。

表 2.1 感应加热的应用及典型产品

| 金属加工前预热 | 热处理 | 焊接 | 熔化 |
|---|---|---|---|
| 锻造 | 表面淬火 | 缝焊 | 普通炼钢 |
| 齿轮 | 回火 | 油管 | 钢锭 |
| 轴 | 齿轮 | 制冷管 | 钢坯 |
| 手工工具 | 轴 | 线管 | 铸件 |
| 军用器械 | 阀门 | | 真空感应熔炼 |
| 挤压 | 机床 | | 钢锭 |
| 建材 | 手动工具 | | 钢坯 |
| 轴 | 淬透 | | 铸件 |
| 热镦 | 回火 | | 精炼钢 |
| 螺栓 | 建材 | | 镍合金 |
| 其他紧固件 | 弹簧钢 | | 钛合金 |
| 轧制 | 链条 | | |
| 厚板 | 退火 | | |
| 薄板 | 铝条 | | |
| 自动化工业等 | 钢条 | | |

**1. 金属加工前的预热**

感应加热广泛用于锻造和挤压工艺,如对钢材,铝合金和钛、镍等稀有金属进行加工前预热。通常,工件都做成圆形、方形或者圆角方形的棒料。对钢件而言,由于感应加热工艺的加热速度高,使产生的氧化皮量最少,从而使材料的损耗减少到最低程度。

**2. 热处理**

可用于钢材的表面淬火、穿透淬火、回火等,其主要优点是能控制加热部位。

(1)感应淬火

感应淬火是最常用的感应热处理方法,能增强材料的机械强度和耐磨性能。

(2)感应回火

尽管回火的应用不如淬火的应用普遍,但回火可以使钢的延展性增强并且不易断裂。

**3. 熔化**

通常用感应加热的方法来熔化优质钢和有色金属(如铝铜合金),同其他方法相比,感应法的优点是熔化均匀,同时可以延长坩埚寿命。

**4. 焊接**

高频感应焊接节约能源、减少污染,是因为加热能量可以直接集中在焊点上。最常见的用途是高速焊管,它充分利用了局部加热和易于控制这两个特点。

**5. 有机涂层的固化**

感应加热可以用来固化有机涂层，比如在金属底部加热，同时给金属涂料使用这种方法加热，可以避免产生涂层缺陷。典型的应用实例是：把金属片涂料涂抹在金属表面，然后加热熔化镀涂并固化。

**6. 粘结**

有些汽车部件，例如，离合器片和闸瓦的粘结，同涂层固化方法一样，通过感应加热使金属达到某一温度，用胶粘剂使两者迅速粘结起来。

**7. 半导体制作**

单晶硅和锗的生成常用感应加热的方法，逐区精炼、逐区致匀。半导体中掺杂质以及半导体材料的外延也都采用了感应加热工艺。

**8. 烧结**

感应加热广泛地应用于碳化物成品的烧结，因为在可控气氛中，感应加热的方法能在石墨容器或感应器中对碳化物施加高温。其他黑色金属和有色金属的烧结加工也可以用类似的方法。

## 2.2 感应加热设备和感应器

感应加热设备主要由感应加热电源、感应淬火机床与淬火夹具、感应加热设备冷却系统、感应器及其他辅助装置组成。

### 2.2.1 感应加热电源

根据频率范围感应加热电源的种类可以分为工频电源、中频电源、超音频电源和高频电源。其中工频电源是指采用电网供电电源，以电网提供的电流通过电线和感应器进行加热淬火的一种模式，我国目前的电网频率为 50 Hz。使工频电源转换为感应加热工艺所需频率的单向电源的变频装置称为变频器或逆变器。输出频率小于 10 kHz 的感应电源称为中频电源，输出频率在 10 ~ 100 kHz 之间的感应电源称为超音频电源，输出频率大于 100 kHz 的称为高频电源。

根据电源频率的调制模式不同，感应加热电源又分为机械变频式机组和静态变频器两种。受结构形式的制约，机械变频式机组一般的调制频率为中频，所以又称为中频发电机组。它是用三相鼠笼式异步电动机带动单相中频发电机来发出中频电流。发电机的定子里有一旋转的齿状转子。定子的线槽里有两个绕组，一个为励磁绕组，它通直流电，在转子周围形成磁场；当转子在电动机的带动下转动时，线槽中的磁通量发生变化，线槽中的第二个绕组上就产生交变电流。输出电流的频率由转子电极的对数及转子的转速来确定。受结构限制，这种变频机组的最大频率不超过 10 000 Hz。一般标称频率有 1 000 Hz、2 500 Hz、6 000 Hz、8 000 Hz 等。

机械式变频机的输出电压取决于励磁电流的大小，因此，控制回路还包括控制启动柜、电容器柜、配电柜、外控操作台，以及淬火变压器等。机械式变频机组具有使用维护简单、负载适应能力强、性能可靠等优点，目前有些企业仍在使用。其缺点是效率低、占地面积大、运转噪声大、启动和停机操作程序麻烦等，从长远看该仪器有被静态变频器取代的趋势。

静态变频器根据采用的变频器件不同分为可控硅中频电源、晶体管中高频电源以及电子管高频电源。不同电源具有不同的特点、不同的效率，但都能满足一定的用途。随着科技的进步和电子器件的发展，机械发电机式和电子管式感应加热电源将逐渐被可控硅式、晶体管式逆变电源所替代。

图 2.2 是郑州日佳 GPH-40A 高频感应加热电源，该电源采用 IGBT 大功率模块，输出振荡频率为 30～90 kHz。IGBT 变频装置主要由可控桥式整流器、逆变器以及控制和保护电路等部分组成。

图 2.2 郑州日佳 GPH-40A 高频感应加热电源

## 2.2.2 感应淬火机床

感应淬火机床是指完成感应淬火工艺的机械装置，它可以是淬火单机，也可以是包括淬火、回火以及自动上下料组成的生产线。图 2.3 为数控感应淬火机床。

图 2.3 数控感应淬火机床

按生产方式分，感应淬火机床可分为通用淬火机床、专用淬火机床及淬火生产线三大类。其中通用淬火机床适用于单个或小批量生产，应用面较广；专用淬火机床适用于批量或大批量生产；生产线将多种热处理工艺组合在一起，生产效率更高，适用于大批量生产。

按照感应加热电源分，感应电源不同，淬火机床结构也有所不同。按电源频率分为高频淬火机床、中频淬火机床和工频淬火机床。高频感应淬火机床适用于浅层感应淬火，一般硬化层小于2 mm；中频感应淬火机床适用于较深层的感应加热淬火，根据频率不同，加热层深可以从 2 mm 到 10 mm；工频感应淬火机床则主要是针对大型轧辊等的深层淬火要求设计的。

按处理零件形式可分为轴类淬火机床、齿轮淬火机床、导轨淬火机床和平面淬火机床等;按处理零件的安装形式分,有立式淬火机床、卧式淬火机床;按热处理工艺可分为淬火、回火、退火、调质及透热等用途的淬火机床设备。

## 2.2.3 电源的选择

### 1. 电源频率的选择

感应加热频率是根据热处理及加热深度的要求选择的,频率越高加热的深度越浅。高频(10 kHz 以上)加热的深度较浅, 一般用于中小型零件的加热,如小模数齿轮及中小轴类零件等。中频(1 ~ 10 kHz)加热深度为 2 ~ 10 mm,一般用于直径大的轴类和大中模数的齿轮加热。工频(50 Hz)加热淬硬层深度较大,一般用于较大尺寸零件的透热,大直径零件(直径在 300 mm 以上,如轧辊等)的表面淬火。

感应加热淬火表层淬硬层的深度,取决于交流电的频率,一般是频率高,加热深度浅,淬硬层深度也就浅。频率 $f$ 与加热深度 $\delta$ 的关系,有如下经验公式

$$\delta = 20/\sqrt{f} \quad (20\ ℃)$$

$$\delta = 500/\sqrt{f} \quad (800\ ℃)$$

式中 $f$—— 频率,Hz;

$\delta$—— 加热深度,mm。

如果选择的设备频率很高,使电流透入深度远远小于所要求的淬硬层深度,即此时为了得到要求的淬硬层深度 $x$,必须依靠热传导作用使表面层(即电流透入区) 的热量向内部传导,使内层温度逐渐升温到临界点以上,才能使淬硬层达到要求的深度。这种依靠热传导来增加淬硬层深度的方法势必延长加热时间,降低生产率,表面的辐射热损失也将增加。此外,工件截面上温度分布平缓,也会使过渡层厚度增加。

如果选择的设备频率 $f$ 能使电流透入深度 $\delta$ 等于或大于淬硬层深度 $x$,即 $\delta \geqslant x$,此时淬硬层很快升温到临界点以上温度,无需延长时间就可得到要求的淬硬层深度。这种方法的特点是加热时间短、表面辐射热损失少,工件截面上过度层厚度较浅。

在淬火温度下电流透入深度 $\delta = \frac{500}{\sqrt{f}}$,因为要满足 $\delta \geqslant x$ 的条件,即 $\frac{500}{\sqrt{f_{max}}} \geqslant x$,最高频率 $f_{max}$ 不能超过 $2\,500/x^2$。另外,降低频率会使电流透入深度加大,这样可能使淬硬层深度超过规定值,所以频率也有一最低值 $f_{min}$。根据经验,最低频率应符合的条件为 $\delta = 4x$,即 $\frac{500}{\sqrt{f_{max}}} \leqslant 4x$,最低频率 $f_{min}$ 不应低于 $150/x^2$。设备频率的上、下限应为

$$\frac{150}{x^2} \leqslant f \leqslant \frac{2\,500}{x^2} \tag{2.5}$$

最理想的情况是 $\delta = 2x$,此时

$$f = \frac{600}{x^2} \tag{2.6}$$

根据公式(2.5)和(2.6)计算出的淬硬层深度与推荐设备及频率之间的关系列于表2.2中。应当指出,使用的频率越高,涡流越大,产生的热量也越多。但热量不会随着频率增大无止境地增加,因为设备的频率越高,集肤效应越显著,电流透入深度也越小。尽管设备频率是影响淬硬层深度的主要因素,但也应考虑感应器与工件间隙对淬硬层深度的影响。间隙增大,淬硬层深度也加大;反之,淬硬层深度减小。除此之外,感应器的单位表面功率对淬硬层深度也有影响。

**表 2.2 淬硬层深度与推荐设备及频率之间的关系**

| 淬硬层深度/mm | 1.0 | 1.5 | 2.0 | 3.0 | 4.0 | 6.0 | 10.0 |
|---|---|---|---|---|---|---|---|
| 最高频率/Hz | 250 000 | 100 000 | 60 000 | 30 000 | 15 000 | 8 000 | 2 500 |
| 最低频率/Hz | 1 500 | 7 000 | 4 000 | 1 500 | 1 000 | 500 | 150 |
| 最佳频率/Hz | 6 000 | 25 000 | 15 000 | 7 000 | 4 000 | 1 500 | 500 |

**2. 电源功率的选择**

感应加热设备的电源功率可以根据硬化区的不同,选择不同的加热工艺。其计算方法一般为经验计算法。

(1)能量近似法

把金属工件表面层体积为 $V(\mathrm{mm}^3)$ 的金属层加热到淬火温度需要的能量为

$$Q/\mathrm{kJ} = c \times V \times \rho \times \Delta T/10^6$$

式中 $c$——从室温到淬火温度工件的平均比热容,kJ/(kg·℃);

$V$——加热层的体积,$\mathrm{mm}^3$;

$\rho$——工件的密度,$\mathrm{g/cm}^3$;

$\Delta T$——加热层从室温到淬火温度的温差,℃。

假定加热时间 $t = 5$ s,感应器的效率为 $\eta_1 = 80\%$,电源系统的效率为 $\eta_2 = 90\%$,则需要的电源功率为

$$W = Q/(t \cdot \eta_1 \cdot \eta_2)$$

(2)根据单位面积的比功率计算以及加热面积计算

作为初估的工件功率密度为 $1 \sim 3\ \mathrm{kW/cm^2}$,对整体表面淬火取 $\Delta W = 2\ \mathrm{kW/cm^2}$,则电源加热功率为 $W = \Delta W \times S(\mathrm{kW})$,其中 $S$ 为工件加热表面积,单位是 $\mathrm{cm}^2$。

## 2.2.4 感应器

进行感应加热处理时,为保证热处理质量和提高热效率,必须根据工件的形状和要求,设计制造结构适当的感应器。对于变截面轴类零件,可采用半圈形感应器,利用横向磁场加热。根据加热方法,感应器又可分为同时加热用感应器和连续加热用感应器。为了提高生产效率,还设计出对小型工件可同时加热的感应器。为了提高小孔和平面加热感应器的热效率和获得理想的加热轮廓,可在感应器上安装导磁体,以使电流分布合理。

常用的感应器有外表面加热感应器、内孔加热感应器、平面加热感应器、通用型加热感应器、特型加热感应器、单一型加热感应器、复合型加热感应器和熔炼加热炉等。在选材上,应选用电阻率小的高纯铜,规格、壁厚应能满足最大工作电流的要求。为避免感应圈与工件碰触打火,感应圈匝间打火,防磁饱和等对机器或工件造成损坏和影响,在制作时,不但要设计好感应方案,确定感应圈的形状,计算出各主要参数,还需要选择好隔热、绝缘、保温及防护等材料。如高温绝缘套管、高温保温棉、石英管、石墨管、硅胶和耐火材料等。感应圈的性能直接影响设备的有效输出功率、工作效率、稳定性可靠性和使用寿命等,因此,每个感应器都应该严格设计和制作,甚至需要试验论证之后方可使用。

**1. 感应器设计的要求**

考虑到感应器和工件之间的耦合效应,在设计感应器时应遵循以下几点:

①在机床精度保证的前提下,感应器和工件的耦合距离应尽可能地短,这样能量转换效率高,特别是对于高频。

②环形感应器线圈中磁力线密度最大的部分是线圈内部,因此在线圈中间的工件加热效率较高。相反,对于依靠线圈外壁加热的工件,比如内孔、凹槽等效率很低,必须加驱流导磁体以提高效率。

③感应器线圈周围磁力线密度最大,而其几何中心密度最小,因此在感应器线圈中靠近线圈的工件表面加热速度快(临近效应),而远离线圈的部分加热速度慢,同时在感应器的引出部分,磁场很弱,也影响加热。因此,加热时应该转动工件,以使加热均匀。

④如果工件表面不规则,当处于感应器交变磁场中,棱角突出部分感生电流密度大,温度上升快,即存在尖角效应,在设计感应器时应注意避免。

感应器的设计要求为:

①达到工件加热范围的要求,加热区温度应均匀一致,冷却均匀(如感应器带附加喷液器或具有喷液孔时,必须考虑)。

②具有一定的强度与使用寿命。

③要便于装卸(特别是通用淬火机感应器)。

④要便于制造,合理用材,达到标准化、通用化与系列化。

⑤与电源相匹配,节能、高效。

感应器的结构是否合理不但会影响加热温度的分布,也会影响加热层的形状与深度,同时对感应加热设备的功率能否充分发挥也有很大的影响。

**2. 感应器设计的理论与法则**

设计感应器时应首先了解所采用的电源电流的特点,只有掌握了其特点才能根据工件表面淬火的技术要求,设计与制造出结构合理的感应器来。

(1)集肤效应

当交流电流通过施感导体时,在导体的表面电流最大,越向内部电流密度越小,这种现象称为集肤效应。并且电流的频率越高,集肤效应越显著。当电流频率很高时,电流大部分集中在导体表面,而中心部分无电流,这样导磁体的有效电阻增加,导体发热显著增加。因此,感应器的施感导体常常采用空心的铜管制成,管内通水冷却,以降低施感导体的温度。对于纯铜,在通水冷却的情况下,电流在铜中的透入深度 $d$(mm)为

$$d=\frac{67}{\sqrt{f}}$$

式中 $f$——电流频率,Hz。

(2)临近效应

当两个通过交流电流的导体彼此相距很近时,每个导体中的电流将要重新分布。如果两个导体中电流方向相反时,则最大电流密度就出现在两导体相邻的一侧,如果两导体内电流的瞬时方向相同,则最大电流密度将出现在两导体相背的一侧。两个导体间距越小,则电流重新分布的现象越明显。这种电流向一侧集中的现象称为临近效应,如图 2.4 所示。所有感应器有线圈与加热工件之间均存在临近效应。在感应器设计中,如能巧妙地利用临近效应,则能大大提高感应器效率。

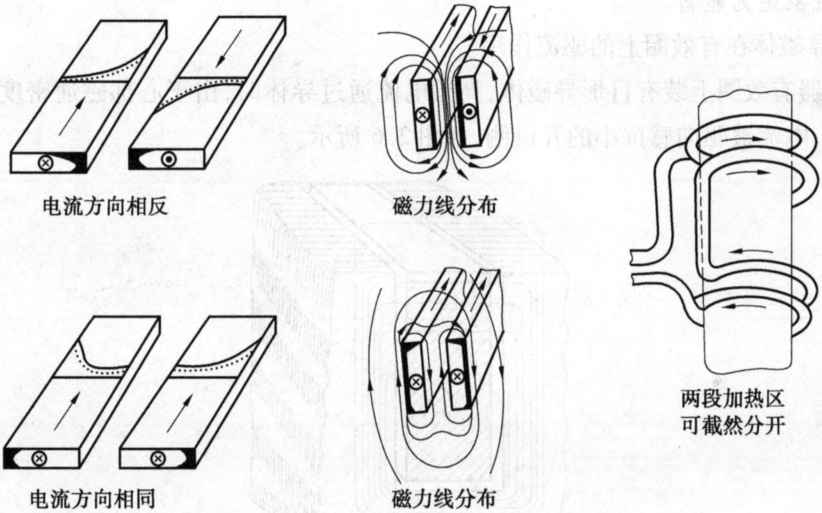


图 2.4 两导体间的邻近效应

(3)电流走捷径的趋向

电流走捷径的原因是走捷径时电阻小,因此,在感应器设计时要考虑铜板厚的部位的因素等。

(4)合理涡流途径的选择

当同时加热齿轮整圈齿时,要求齿顶、齿槽均能加热,应选择圆环形感应器;当对蜗杆、丝杠、带台肩的轴加热时,应选择回线形感应器,使键顶、底、轴台肩处均有涡流通过,从而达到各点加热温度一致。图 2.5 表示了出蜗杆感应器的电流走向。

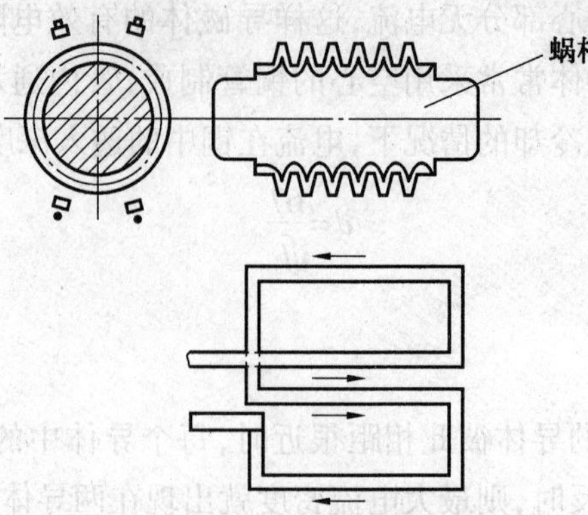


图 2.5　蜗杆感应器的电流走向

(5)局部涡流集中现象

感应加热时,对零件的尖角、小孔、小圆弧处有时会产生涡流集中现象,当电流频率增高时,此现象更为显著。

(6)导磁体在有效圈上的驱流作用

感应器有效圈上装有Π形导磁体,高频电流通过导体时,由于心部磁通密度大,自感电势也大,电流被驱向感抗小的开口侧,如图 2.6 所示。

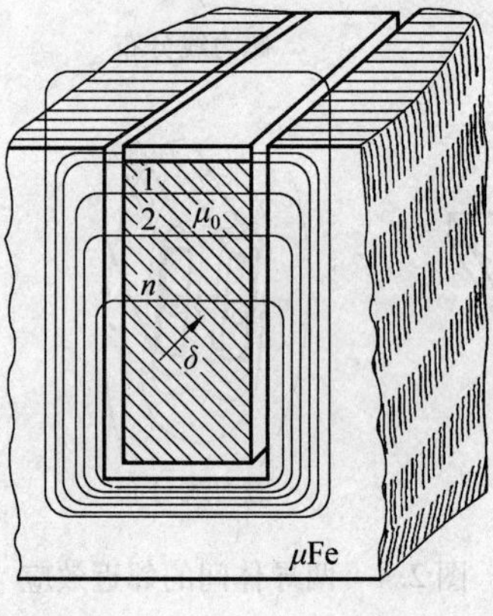


图 2.6　Π形导磁体的趋流作用

**3. 感应器的结构设计**

(1)板(管)厚度的选择

板(管)厚度应大于 $1.57d_{铜}$($d_{铜}$ 为铜导体中的电流透入深度),此时导体的电阻最小。不同电流频率时板(管)厚度的选用见表 2.3。

**表 2.3　不同电流频率时板(管)厚度的选用**

| $f$/Hz | 1.57 $d_{铜}$/mm | 选用厚度/mm |
|---|---|---|
| 1 000 | 3.5 | 3.0～4.0 |
| 2 500 | 2.2 | 2.0 |
| 8 000 | 1.2 | 1.5 |
| 10 000 | 1.1 | 1.5 |
| 250 000 | 0.22 | 1.0 |
| 400 000 | 0.17 | 1.0 |

(2)接触板(管)的设计

应保证接触板(管)能与淬火变压器(或感应器夹头)连接可靠、紧贴、坚固,并有一定的接触应力,贴合面应平直,表面粗糙度不低于 $Ra$ 1.6 μm。

对高频感应器,压紧螺栓不小于 M8,中频感应器压紧螺栓不少于两个 M12。接触板厚应大于 $1.57d_{铜}$,但小于 12 mm。板宽根据感应器承受功率大小而定,在 60～190 mm 范围内选取,功率大时选上限。

(3)导电板(管)的设计

感应器上的功率是沿导体长度分配的,为使有效部分分得较多的功率,导电部分宜短不宜长。由于电阻与导电截面积大小成反比,因此导电板宜宽不宜窄。

(4)有效圈的设计

① 有效圈宽度。工件外圆淬火时,同时加热感应器,有效圈宽度与工件高度差见表 2.4。

**表 2.4　外圆同时加热时有效圈与工件的高度差**

| 频率/Hz | 有效圈与工件的高度差 $h$/mm | | |
|---|---|---|---|
| | 示意图 | 间隙大于 2.5 mm | 间隙小于 2.5 mm |
| 2 500～10 000 | 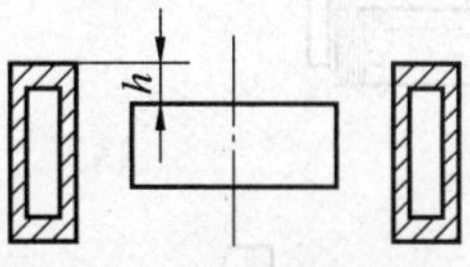 | 0～3 | 0～3 |
| 20 000～400 000 | 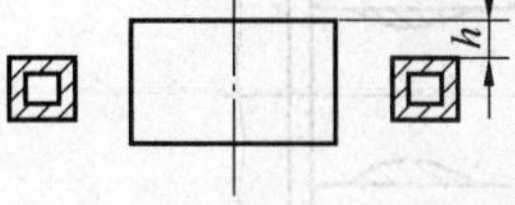 | 1～3 | 0～2 |

工件内孔,同时加热时有效圈与工件的高度差见表 2.5。

**表 2.5 内孔同时加热时有效圈与工件的高度差**

| 频率/Hz | 有效圈与工件的高度差 $h$/mm | 示意图 |
| --- | --- | --- |
| 20 000 ~ 40 000 | 3 ~ 7 | 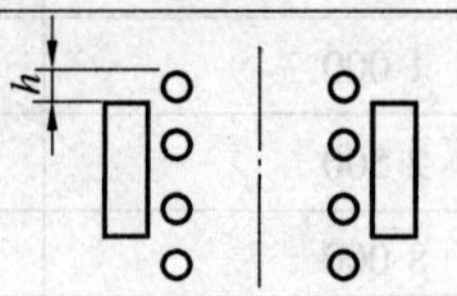 |
| 2 500 ~ 10 000 | 2 ~ 5 | 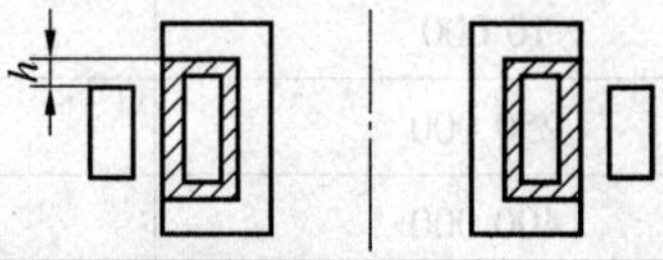 |

为避免淬硬层在工件截面上呈月牙形，有效圈两端可设计成凸台式，凸起高度为 0.5 ~ 1.5 mm，宽度为 3 ~ 8 mm，如图 2.7 所示。

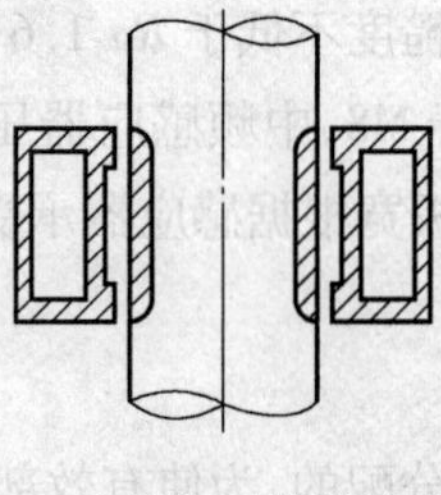

图 2.7 有效圈两端设计成凸台

当感应器为半环形时，可以用增长周向导管长度的方法来提高轴颈两端的温度，如图 2.8 所示。

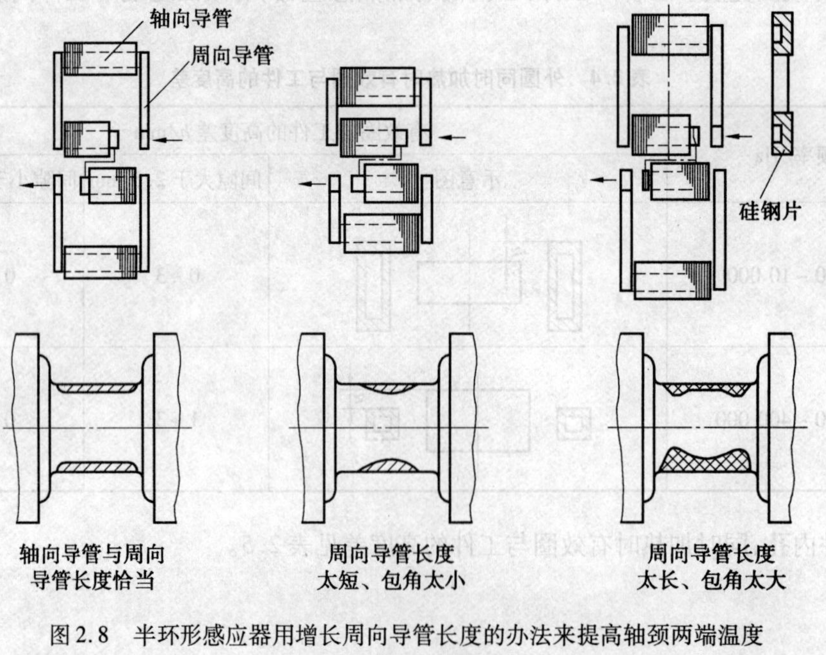


图 2.8 半环形感应器用增长周向导管长度的办法来提高轴颈两端温度

当长轴的中间一段淬火加热时,要考虑轴两端的吸热因素。一般有效圈宽度应比加热区宽度大10%~20%,功率密度小时取上限。

②有效圈壁厚。当通水冷却时,按表2.3选取;当不通水冷却时,壁厚为8~12 mm。

③有效圈与工件的间隙。外圆淬火时有效圈与工件的间隙见表2.6;当轴类外圆连续加热淬火时,有效圈与工件的间隙应考虑工件加热时的弯曲。

**表2.6　外圆淬火时有效圈与工件的间隙**

| 频率/Hz | 工件直径 $D$/mm | 同时加热间隙 $d$/mm | 移动加热间隙 $d$/mm |
|---|---|---|---|
| 2 500~10 000 | 30~100 | 2.5~5.0 | 3.0~5.5 |
| | 100~200 | 3.0~6.0 | 3.5~6.5 |
| | 200~400 | 3.5~8.0 | 4.0~9.0 |
| | >400 | 4.0~10.0 | 4.0~12.0 |
| 20 000~40 000 | 30~100 | 1.5~4.0 | 2.5~4.0 |
| | 100~200 | 2.0~5.0 | 2.5~4.5 |
| | 200~400 | 2.5~5.5 | 3.0~5.0 |
| | >400 | 2.5~5.5 | 3.5~5.5 |
| 示意图 | | 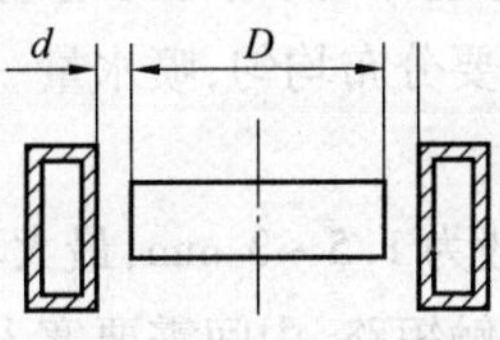 | 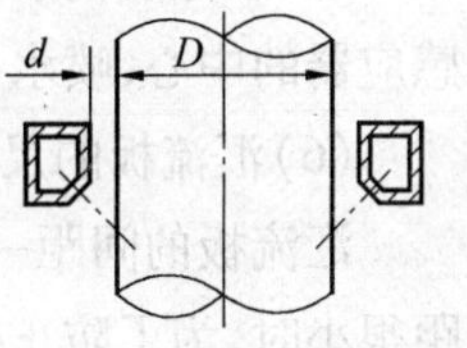 |

内孔淬火时,有效圈与工件的间隙见表2.7。

**表2.7　内孔加热时有效圈与工件的间隙**

| 频率/Hz | 同时加热间隙 $d$/mm | 移动加热间隙 $d$/mm |
|---|---|---|
| 2 500~10 000 | 2.0~5.0 | 2.0~2.5 |
| 20 000~40000 | 1.5~3.5 | 1.5~2.5 |
| 示意图 | 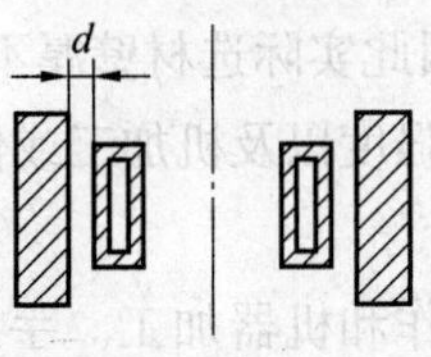 | 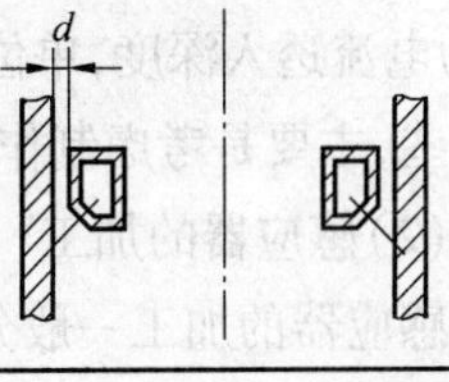 |

平面淬火时,有效圈与工件的间隙见表2.8。

**表 2.8 平面连续移动加热时有效圈与工件的间隙**

| 频率/Hz | 同时加热间隙 $d$/mm | 示意图 |
|---|---|---|
| 20 000 ~ 40 000 | 1.5 ~ 2.0 | 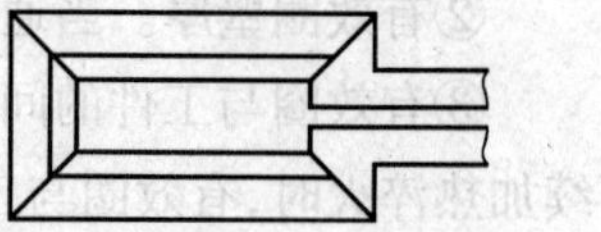 |
| 2 500 ~ 10 000 | 2.0 ~ 3.5 | 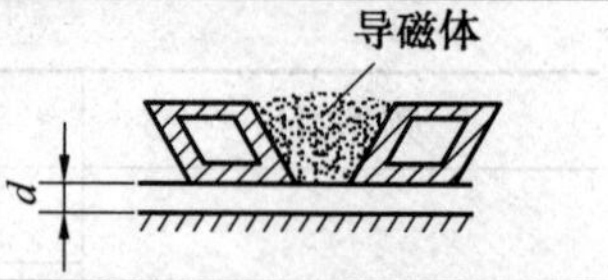 |

(5)感应器冷却水路的设计

感应器的施感导体是由铜管加工制成的,为了避免在工作过程中发热,要通水进行冷却。如果管径太小,流水不畅通,就会造成施感导体发热,工作时间不能过长。

一般情况下都是另外设有喷水圈或水槽(或油槽)进行冷却,因为带喷水孔的感应器在制造上是比较困难的,只有在个别情况下才采用。连续淬火时,一般均在感应器的一端钻喷水孔,但也有在感应器下部另设独立喷水圈的。

连续加热自喷式感应器的喷水孔在感应器的下端,不放工件时喷出的水流应集中在感应器的中心,喷水孔要分布均匀,喷水量一致。

(6)汇流板的尺寸

汇流板的间距一般为 1.5 ~ 3 mm,最大不超过 3 mm,间距增加会使感抗增加。当间距很小时,为了防止接触短路,中间需要塞入云母片或用黄蜡布包扎好。汇流板长度取决于工件的形状、尺寸、淬火夹具等具体条件,希望汇流板的长度越小越好,因为长度增加,同样会增加感抗,降低施感导体上的电压,从而减少输入到工件表面上的功率。

**4. 感应器制作**

(1)感应器用材

感应器一般用紫铜制作。对于手工制作的感应器,一般选用铜管;对于机器制作的感应器,一般选用铜板和其他铜材。铜材的厚度依据是电流透入深度,管材壁厚一般为1.6$\delta$($\delta$ 为电流透入深度,单位为 mm),因此实际选材壁厚不能小于 1.6$\delta$。制作时往往比计算的厚些,主要是考虑制作工艺、结构强度以及机加工或修整时需要的余量。

(2)感应器的加工

感应器的加工一般分为手工制作和机器加工。手工制作一般采用管材弯制,为了保证几何尺寸,一般弯制前先准备一定形状的靠模,依据靠模进行弯制。弯制过程中如果铜管硬化,还可以加入几次退火。机器加工则可以采用铜材一次加工成需要的组件,然后拼焊。无论采用哪种制作方式,感应器的焊接是很关键的,为保证焊缝的质量,焊料一般采用黄铜焊料或含银焊料。

(3)导磁体和屏蔽作用

由于中、高频电流具有圆环效应,当中高频电流通过环形感应器时,电流集中在感应器内侧,当加热圆筒形工件的内表面时,磁力线集中在内侧,则降低了感应器的效率,为提高感应器的热效率,应在感应器上使用导磁体,恰当地使用导磁体可以提高加热表面的功率密度,改善感应器和工件的耦合效应,并能提高热效率。常用的导磁体材料有矽钢片、铁氧体以及非晶导磁体,近年来也有使用膏状或糊状导磁体的。

感应淬火多数都是对工件局部淬火,当需要加热的部位和不需要加热的部位靠得很近或存在尖角时,就会将不得淬火的部位淬硬或使尖角处变形开裂。为避免这种现象,常采用“电磁屏蔽”的方法,即在凸台或尖角处加上铜环或铁磁材料环,在环中因漏磁而产生涡流,涡流所产生的磁场方向与感应加热的磁场方向相反,使磁力线不能穿过那些不需加热部位,而起到屏蔽作用。对键槽、油孔等可钉入铜钉、铜楔等进行屏蔽,避免工件加热时产生过热或裂纹等。常用感应器形状如图2.9所示。

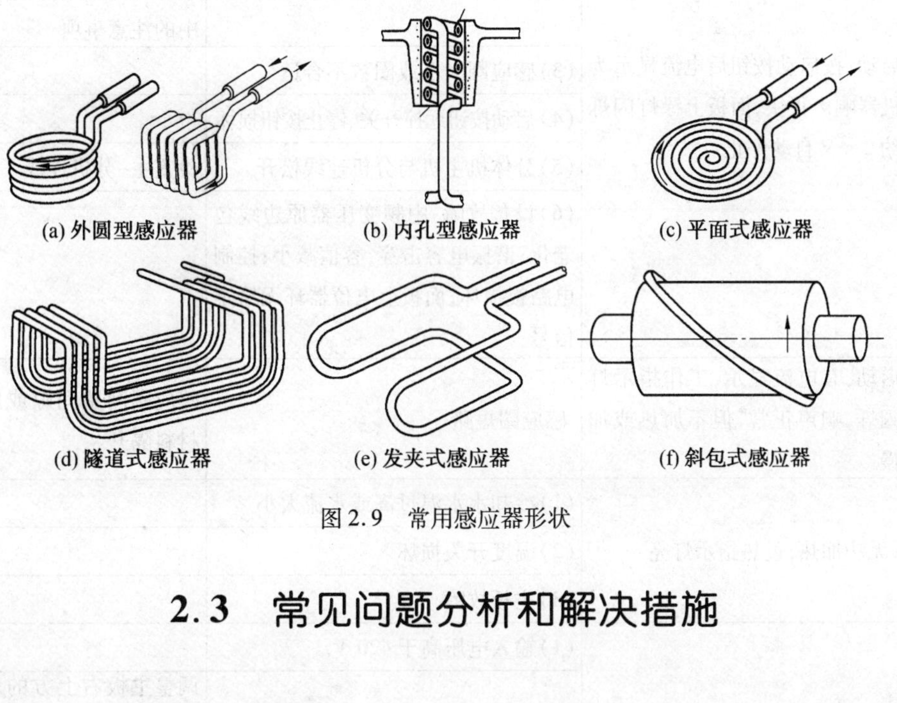

(a) 外圆型感应器　(b) 内孔型感应器　(c) 平面式感应器

(d) 隧道式感应器　(e) 发夹式感应器　(f) 斜包式感应器

图2.9　常用感应器形状

# 2.3　常见问题分析和解决措施

## 2.3.1　设备故障与处理

以郑州日佳GPH-40A高频电源为例,常见故障及处理见表2.9。

**表 2.9 高频电源常见故障及处理**

| 故障现象 | 故障原因 | 排除方法 |
| --- | --- | --- |
| 无电源,设备面板上电源指示灯和数显表全不亮 | (1)空气开关或电源开关未合上或输入电压不正确 | 合上开关 |
| | (2)控制保险丝断 | 检查设备后面板上控制保险丝并更换保险 |
| | (3)空气开关或电源开关损坏 | |
| | (4)无电源输入 | 检查外部供电回路 |
| | (5)设备故障:控制变压器损坏;控制主板损坏 | |
| 无法启动,按启动按钮后电流显示为000,机器响声很快,面板上绿灯闪烁很快约2 s又自动停止 | (1)感应圈的圈间短路 | 感应圈间留间隙或用绝缘材料隔开 |
| | (2)安装感应圈时使用了防水胶布 | 不能使用防水胶布,如感应圈接头漏水,请参考说明书中的注意事项 |
| | (3)感应圈大小或圈数不合适 | |
| | (4)启动按钮远控开关、停止按钮损坏 | |
| | (5)分体机主机与分机连线松开 | 检查主-分机连线 |
| | (6)设备故障:中频变压器原边线包老化;谐振电容击穿,容值减小;控制电路板损坏;面板上电位器环无给定信号 | |
| 可以启动,有电流显示,工作指示灯正常闪烁,响声正常,但不加热或加热很慢 | 感应圈短路 | 感应圈间留间隙或用绝缘材料隔开 |
| 报警,无法加热,过热指示灯亮 | (1)冷却水水温过高或水流太小 | |
| | (2)温度开关损坏 | |
| | (3)主板故障 | |
| 报警,无法加热,过压指示灯亮 | (1)输入电压高于420 V | |
| | (2)主板上过压电位器设定不准 | 调整主板右上方的多圈电位器。每顺时针方向旋转一周,过压值可升高10 V。一定要确认输入电压不超420 V时方可作此调节 |
| | (3)设备主板故障 | |

**续表 2.9**

| 故障现象 | 故障原因 | 排除方法 |
| --- | --- | --- |
| 报警,无法加热,欠水指示灯亮 | (1)水压太低,低于 0.2 MPa | 参考:安装维护指南 |
| | (2)设备故障:压力开关有问题;主板故障 | 重新设定压力开关上的保护值 |
| 按启动后,设备“滴”一声就自动停机,或电流很小,调不上去,设备内部绿色大电阻温度急剧升高甚至冒烟 | (1)感应圈、工件、工装间有打火 | 检查感应圈 |
| | (2)分体机时,主-分机连线的快插接头接触不良 | 检查快插接头 |
| | (3)交流接触器损坏 | 检查继电器,调整一下触点,如不可修复,则换新 |
| | (4)中频变压器打火 | 更换 |
| | (5)谐振电容板打火 | 处理打火部分或换新 |
| | (6)其他部位打火 | 处理打火部分或换新 |
| 一按启动,马上报警,过流灯亮,反复多次现象一样,将电流调至最小仍是同样现象 | (1)感应圈、工件、工装间有打火 | 检查感应圈 |
| | (2)设备故障:IGBT 管损坏;主板有问题;中频变压器原边烧损 | |
| 大电流时过流报警,小电流时工作正常 | (1)输入网压太低或网压带负载能力差 | 改善网压或在小电流下使用 |
| | (2)频率太低,感应圈圈数太多或圈太大 | 改进感应圈 |
| | (3)设备故障:中频变压器原边线包老化;其他部件绝缘下降;主控板故障;面板电位器损坏 | |
| 最小电流时,一按启动设备上空气开关跳闸 | (1)整流桥损坏,有短路 | 更换 |
| | (2)220 V 风扇短路 | 更换 |
| | (3)其他元件短路 | |
| 大电流时,设备上空气开关跳闸 | 空气开关老化 | 更换 |
| 输入电源,空气开关跳闸或保险丝很易烧断 | (1)空气开关规格太小 | 换适当的空气开关 |
| | (2)空气开关质量有问题或老化 | |
| 控制保险丝常烧断 | (1)整流桥损坏,有短路 | |
| | (2)220 V 风扇短路或对壳短路 | |
| | (3)控制变压器、电源开关等短路 | |
| | (4)保险管座与机壳短路 | |
| 电流调不大 | (1)频率太低,感应圈圈数太多或圈太太 | 改进感应圈 |
| | (2)功率旋钮损坏或设备故障 | |

续表 2.9

| 故障现象 | 故障原因 | 排除方法 |
|---|---|---|
| 一打开电源开关,设备就开始加热,松开设备脚踏开关也不停机 | (1)设备面板电路板太脏 | 用丙酮或洗板水清洗 |
| | (2)脚踏开关或启动开关损坏 | |
| 设备机壳带电 | (1)保险管座对机壳漏电 | |
| | (2)中频变压器线包绝缘损坏而漏电;控制变压器漏电 | |
| | (3)220 V 风扇对壳漏电 | |

## 2.3.2 感应淬火件常见缺陷及原因

感应淬火件常见淬火缺陷,主要有硬度不够、软块、变形超差与淬火裂纹,还有局部烧熔等。其常见原因归纳见表 2.10。

表 2.10 感应加热淬火常见的质量问题及原因

| 缺陷类型 | 产生原因 |
|---|---|
| 开裂 | 加热温度过高、温度不均;冷却过急且不均;淬火介质及温度选择不当;回火不及时且回火不足;材料淬透性偏高,成分偏析,有缺陷,含过量夹杂物;零件设计不合理,技术要求不当 |
| 淬硬层过深或过浅 | 加热功率过大或过小;电源频率过低或过高;加热时间过长或过短;材料淬透性过低或过高;淬火介质温度、压力、成分不当 |
| 表面硬度过高或过低 | 材料碳含量偏高或偏低,表面脱碳,加热温度低;回火温度或保温时间不当;淬火介质成分、压力、温度不当 |
| 表面硬度不均 | 感应器结构不合理;加热不均;冷却不均;材料组织不良(带状组织,偏析,局部脱碳) |
| 表面熔化 | 感应器结构不合理;零件有尖角、孔、槽等;加热时间过长;材料表面有裂纹缺陷 |

# 2.4 典型的高频感应加热实践训练

## 实训一 高频感应钎焊

### 一、实训目的

感应钎焊是利用交变磁场-电场感应现象,利用场中工件上的涡流效应对工件进行加热,使钎料熔化,液态钎料在毛细作用下填充间隙从而实现钎焊的一种方法。通过实验加深对课堂教学内容的理解,培养学生提高思考问题、解决问题和实际动手的能力。要求学生熟悉和掌握感应钎焊的基本原理、钎焊接头的设计、钎料焊剂的选择、钎焊接头的组织及性能。使学生熟悉和掌握高频感应钎焊的方法及设备的使用。

**二、实训内容**

以镐形采煤机截齿为试样(图2.10),完成硬质合金刀头焊接。合理选择感应器、钎料焊剂;合理设计焊接接头并对焊接接头进行清理;设定钎焊参数并焊接,对钎焊接头进行组织及性能分析。

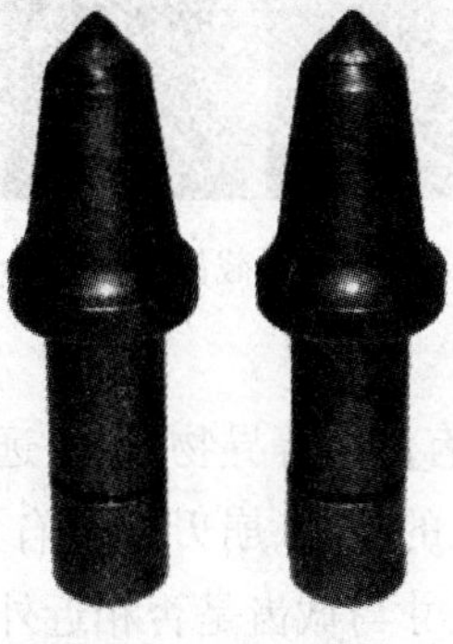

图2.10 镐形截齿

**三、实训要点**

1. 结合工件形状及尺寸,合理选择感应器的形状及尺寸以使加热平稳、均匀,防止焊件尖角处发生局部过热。

2. 将要钎焊的表面在加热之前进行化学清理,以清除热处理附着物、腐蚀产物和油脂。欲清理过的接头区域应尽可能快地用钎剂处理,防止在空气中加热氧化,避免在搬运和暴露中污染。

3. 焊接接头设计合理,预置钎料的量要合理。

4. 焊接参数设定满足钎焊要求,且不引起焊不透或过热等缺陷。

5. 焊接过程中避免高温损伤。

6. 高频感应设备运行前确保循环水开通并畅通,焊接过程中要避免触电的危险。

**四、实训装置**

| | |
|---|---|
| 1. GPH-40A 高频电源 | 一套 |
| 2. 冷却水系统 | 一套 |
| 3. 感应器 | 一套 |
| 4. HL105 焊料 | 若干 |
| 5. 镐形截齿 | 若干 |
| 6. YG13C 硬质合金头 | 若干 |
| 7. 硼砂(50%)+硼酸(35%)+脱水氟化钾(15%) | 若干 |

**五、实训步骤**

镐形截齿硬质合金钎焊,如图2.11所示。

图 2.11　镐形截齿硬质合金钎焊

1. 焊前准备

①检查硬质合金截齿上是否有油污等异物存在，远离操作现场用汽油、酒精或丙酮清洗；逐件检查刀片不得有肉眼可见的裂纹、崩刃等缺陷。

②对齿座除检查槽的形状、尺寸与截齿是否相近外，槽处的毛刺等必须彻底清理。

2. 焊接

(1)钎料、钎剂的涂放

钎料上的钎剂应涂放均匀，焊料应充满焊缝。

(2)齿座与感应器的相对位置

齿座与感应器相对位置的不合理，常常会出现局部过热，从而引起截齿崩裂，所以必须控制齿座与感应器的相对位置。齿座与感应器的相对位置尺寸为 3 ~5 mm。

(3)感应器

感应器的形状应根据截齿的形状，尽量使感应电流平行于焊接平面流动，感应器中齿座的个数为 1。

(4)加热

高频钎焊时，钎焊温度及加热速度是影响钎焊焊接质量的主要工艺参数，过高的钎焊温度及过快的加热速度使截齿内部产生很大的内应力，焊后易产生裂纹及崩裂现象。过低的钎焊温度影响到钎焊焊缝的强度，过慢的加热速度引起母材晶粒长大、金属氧化等不良现象。钎焊时钎焊温度作为其主要工艺参数一般应高出钎料融化温度 30 ~50 ℃。HL105 钎料的液相线为 909 ℃，钎焊温度在 939 ~959 ℃最为合适，这时钎料的流动性、渗透性最好。如加温过高，容易引起钎料中的锌蒸发与锰氧化，引起夹渣与接头强度下降等问题，太低则影响钎料的铺展。

(5)操作

①将预焊件放入感应器中，应连续按动开关，使其缓慢加热。

②当加热至 940 ℃左右的钎料像汗珠一样渗出时，应用紫铜加热棒将硬质合金沿槽窝往返移动 3 ~5 次，以排除焊缝中的熔渣。熔渣不排除，则形成夹渣，影响焊接质量。采用紫铜棒进行操作的优点，在于它不粘熔剂、焊料和合金，而且它不易感应，可在各种钎焊

加热时使用。

③排渣完后,用拨杆将截齿放正,注意截齿与齿座的位置。

3.焊后保温

焊后保温是硬质合金钎焊的一道重要工序,保温的好坏直接影响到焊缝质量。对裂纹倾向较大的硬质合金刀具(YT类),禁止将刚焊好的刀具与水及潮冷的地面接触,也不得用急风吹冷。一般应在石英砂、石棉粉或硅酸铝纤维箱中进行缓冷,截齿在保温箱中应密集叠放,靠大量工件的热量来保温并缓慢冷却。有条件的可采用保温缓冷和低温回火同时进行的方法,即将焊好的截齿立即送入保温箱,在250~300 ℃保温5~6 h后随炉冷却。

4.清除焊缝附近的多余熔剂

将焊后已冷却的工件放入沸水中煮30~45 min,再进行喷砂处理,就可以彻底清除焊缝处多余的熔剂和氧化皮等脏物。在条件允许的情况下,也可以将工件放入酸洗槽中进行酸洗,酸洗后必须经过冷水槽和热水槽相继清洗干净。酸洗时间不宜过长,一般视具体情况在1~4 min,过长时间的酸洗可能造成焊缝的腐蚀。

5.钎焊后的质量检查

检查焊缝处有无气孔,检查被焊工件有无裂纹。对已检查出有缺陷的工件,可重新加热钎焊,但也应尽量减少重焊次数,以免硬质合金因反复加热而影响质量。对于已发生裂纹的工件,应在分析原因后将有裂纹的硬质合金取下,重新钎焊。钎焊后焊接接头的组织如图2.12所示。

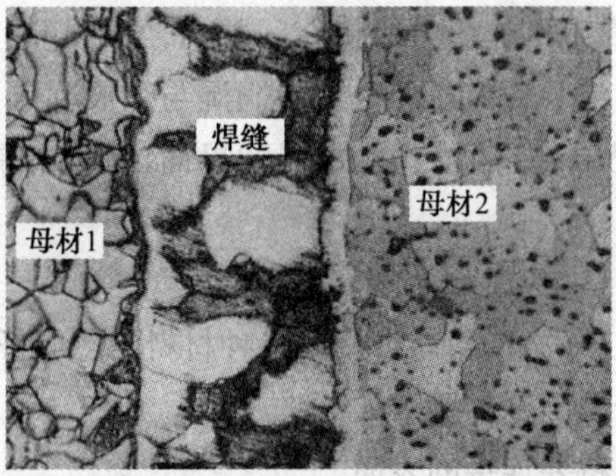


图2.12 硬质合金钎焊焊接接头金相组织

## 六、实训原理

1.感应加热原理

感应钎焊时,零件的钎焊部分被置于交变磁场中,这部分母材的加热是通过它在交变磁场中产生的感应电流的电阻热实现的。随着所用交流电频率的提高,感应电流增大,焊件的加热速度变快。基于这一点感应加热大多数使用高频交流电。此外,集肤效应还与材料的电系数和磁导率有关,电阻系数越大,磁导率越小,集肤效应越弱,反之集肤效应越显著。

2. 电流频率的影响

导体内的感应电流强度与交流电的频率成正比。随着所用的交流电频率的提高，感应电流增大，焊件的加热速度变快。电流渗透深度与电流的频率有关，频率越高，电流渗透深度越小。虽然使表面层迅速加热，但加热的厚度却越薄。零件的内部只能靠表面层向内部的导热来加热。由此，选用过高的交流频率并不是有利的。对于一般钎焊工件来说，500 kHz 左右的频率是比较合适的。

3. 工夹具和耦合装置的影响

感应钎焊时需要一些辅助工具来夹持和定位焊件，在设计夹具时应注意与感应圈邻近的夹具不应使用金属，因金属会被感应加热。感应钎焊时，可使用箔状、丝状、粉状和膏状钎料，安置的钎料不宜形成封闭环，可采用钎剂和气体介质去膜。

感应线圈与工件的耦合对加热的影响也比较明显，原则上讲，感应线圈与工件的耦合越紧越好，这时加热效率最高，加热均匀程度也比较好；当感应线圈与工件距离较大，即属于松耦合时，加热均匀程度进一步下降。当感应线圈与工件的距离较大时，改变感应线圈的形状与节距，则能改善加热形态，如增加感应线圈中间圈的直径或采用不等的节距。对于多匝内热式感应线圈，为改善加热形态，也可用直径变化的感应线圈。对于单匝外热式感应线圈，可采用改变感应线圈面积的方法达到均匀的目的。

4. 钎焊基本原理

钎焊的加热温度是使钎料熔化、母材不熔化的温度，通过母材与钎料之间的溶解、扩散等冶金反应，凝固后实现冶金连接。钎焊接头是在一定的条件下，液态钎料自行流入固态母材之间的间隙，并依靠毛细作用力保持在间隙内，经冷却凝固后形成的。因此，在钎焊接头的形成过程中必然涉及钎料在母材上的润湿与铺展问题，以及钎料的流动和毛细填缝过程等。在这些过程中，母材与钎料之间的界面（固液相界面）行为起着重要的作用。

（1）感应钎焊用焊料

在市场上可以买到很多的钎料，均可用于各种材料的感应钎焊，并且可以提供在特殊场合下满足特殊要求的产品。基本要求如下：

①能够湿润并合金化将要连接的表面。

②熔点低于被连接部件的熔点。

③靠毛细作用，适当的流动性可以使钎料填满缝隙。

④接头具有合适的强度、导电性、抗腐蚀性，满足应用中的机械、电气、化学特点。

许多钎料可以采用感应钎焊连接，包括碳钢、低合金钢、不锈钢、铸铁，还有铜及铜合金，镍和耐热合金，钛、钼合金以及其他材料。许多钎料也可以满足比金属熔点低的钎焊合金以及连接表面合金化的要求。

（2）感应焊接用钎剂

感应焊接用钎剂含有氟盐和碱，有的还含有钾的焊剂，尤其是使用银钎料时，一般可用在感应钎焊上，这些焊剂一般以膏状形式使用，用刷子或用自动处理设备喷洒在工件上。这些钎剂也促进了湿润性和钎料在熔点以上的流动性。

**七、实训数据及处理**

| 序号 | 截齿及焊剂材料 | 工艺参数 | | | 冷却方式 | 涂层形貌 | 备注 |
|---|---|---|---|---|---|---|---|
| | | 时间/s | 频率/Hz | 功率/kW | | | |
| 1 | | | | | | | |
| 2 | | | | | | | |

**八、钎焊接头组织和性能表征**

1. 选取合适的方法对接头的硬度、结合强度等进行测试。

2. 对接头进行组织观察，分析涂层组织及缺陷情况。

**九、安全事项**

感应钎焊在工业生产中的应用越来越多，安全事项主要体现在如下几个方面：

①电气设备。

②含有腐蚀钎剂。

③热的材料。

④在控制气氛钎焊中潜在的爆炸危险。

⑤在清洗和工艺中使用的化学品。

主要预防措施有：

①为接通发生器提供安全的开关。

②在感应线圈上涂层，用胶囊包着，机械覆盖。

③隔离机头和其他附属电气设备。

**十、思考题**

1. 感应钎焊与其他焊接方法相比有什么特点？

2. 功率及电流频率等参数对钎焊接头组织及性能有什么影响？

3. 钎焊钎料的选取原则是什么？

4. 感应钎焊时，电流频率选择多大为宜？为什么？

5. 感应钎焊中感应器应如何选择？

## 实训二　高频感应表面淬火

**一、实训目的**

感应加热表面淬火，是利用电磁感应、集肤效应、涡流和电阻热等电磁原理，使工件表层快速加热，并快速冷却的热处理工艺。通过高频感应表面淬火训练，使学生参与感应加热的原理及特点、感应器的设计及制作方法。熟练掌握表面感应淬火的工艺过程。能够根据材料成分、表面硬度要求及硬化层深度要求,合理选择工艺参数,对工件进行高频感应淬火。熟悉表面淬火工件的质量检验(包括外观、硬度、淬硬层深度、组织等)。了解设备的调整与维护,故障的分析与排除方法;使用相关理论对生产过程中产生的问题及现象进行分析。

**二、实训内容**

以45、40Cr、T12、60Si2Mn、GGr15等材料为试样,通过高频感应加热淬火,测定工件表面硬度,利用金相法和硬度法分别测定硬化层深度,分析淬硬层组织。

**三、实训要点**

1. 结合工件形状及尺寸,合理选择感应器的形状及尺寸以使加热平稳、均匀,防止发生局部过热。

2. 表面在加热之前进行清理,以清除热处理附着物、腐蚀产物和油脂。

3. 参数设定满足淬火要求。

4. 注意避免高温损伤。

5. 高频感应设备运行前确保循环水开通并畅通,焊接过程中注意安全,避免触电危险。

**四、实训装置**

| | |
|---|---|
| 1. GPH-40A 高频电源 | 一套 |
| 2. 冷却水系统 | 一套 |
| 3. 感应器 | 若干 |
| 4. 金属材料试样 | 若干 |
| 5. 硬度计 | 两套 |
| 6. 金相显微镜 | 十套 |
| 7. 砂布及金相砂纸 | 若干 |

**五、实训过程及步骤**

图2.13为感应淬火示意图,图2.14为利用感应加热技术对轴类零件进行表面淬火。感应加热表面淬火的工艺流程如图2.15所示,在工艺制定中要充分考虑诸多影响因素,概括起来主要有如下几点。

1. 预先处理

表面淬火适合中高碳钢和铸铁,因为这些材料的碳质量分数决定了其可以通过快速淬火得到中高碳马氏体,强度和硬度会明显提高,而低碳钢则不会得到这样的效果。中高碳钢经过调质处理后,心部可以获得强度和韧性最佳的性能配合,也就是综合机械性能好,使用中与表面淬硬层形成配合。

2. 表面硬度的选择

零件的硬度应根据零件的使用性能确定。

①用于摩擦部分,如曲轴轴颈、凸轮表面,硬度越高,耐磨性越好,曲轴颈常用

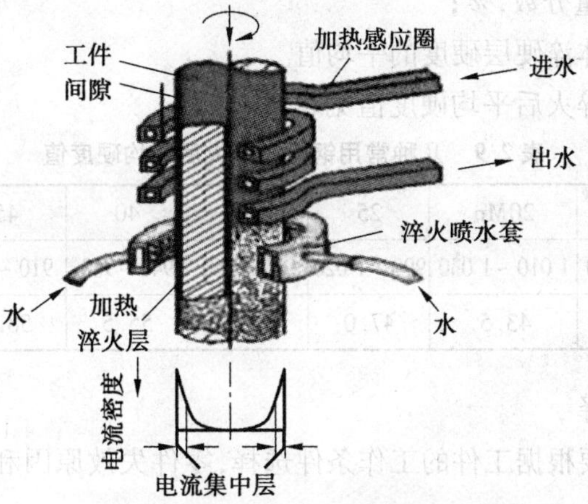


图 2.13　感应淬火示意图

图 2.14　轴类零件感应淬火过程

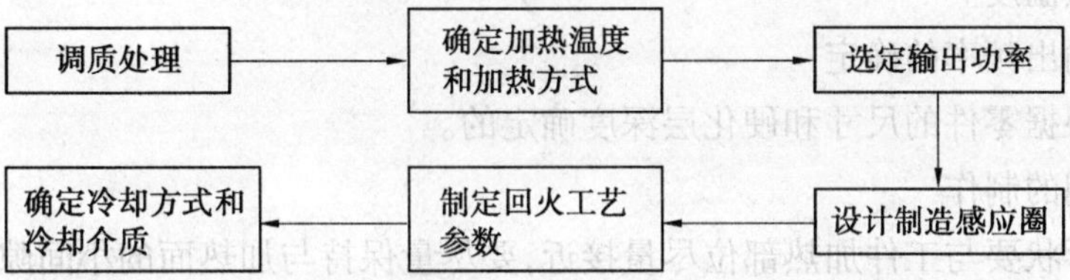


图 2.15　感应加热淬火工艺流程示意图

HRC 55～62，凸轮轴常用 HRC 56～64。

②用于压碎、扭转及剪切部分的零件，硬度应高一些，如锻锤锤头表面、汽车半轴、钢板弹簧等，常用 HRC 50～64。

③承受冲击载荷的零件，如齿轮、花键轴，既要求表面硬度，也要求足够的韧性，因此硬度应适当降低，常采用 HRC 40～48。

④对于灰铁件，硬度可达 HRC 38 或更高；球铁硬度在 HRC 45～55。感应淬火后钢表面的硬度主要取决于碳质量分数。当 $w_C=0.15\%\sim0.75\%$ 时，淬火硬度可由下式计算

$$\mathrm{HRC}=20+60[2w_C-1.3(w_C)^2]$$

式中 $w_C$——碳的质量分数,%;

HRC——马氏体淬硬层硬度的平均值。

几种常用钢感应淬火后平均硬度值见表2.9。

**表2.9 几种常用钢感应淬火后平均硬度值**

| 钢号 | 20 | 20Mn | 25 | 35 | 40 | 45 | 50Mn | T7 |
|---|---|---|---|---|---|---|---|---|
| 加热温度/℃ | 1 030~1 050 | 1 010~1 030 | 990~1 020 | 940~960 | 940~960 | 910~940 | 900~930 | 880~900 |
| 硬度 HRC | 36.5 | 43.5 | 47.0 | 52.0 | 55.5 | 58.5 | 61.5 | 66.0 |

3.硬化层深度选择

硬化层深度也需要根据工件的工作条件选择,零件失效原因和工作条件对硬化层的要求见表2.10。

**表2.10 零件失效原因和工作条件对硬化层的要求**

| 失效原因 | 工作条件 | 硬化层深度及硬度要求(以尺寸公差为限) |
|---|---|---|
| 磨损 | 滑动磨损且负荷较小 | 一般为1~2 mm,硬度为55~63 HRC,可取上限 |
| | 负荷较大或承受冲击 | 一般为2~6.5 mm,硬度为55~63 HRC,可取下限 |
| 疲劳 | 交变弯曲或扭转 | 一般为2~12 mm,中小型轴类可取半径的10%~20%,直径40 mm取下限,过渡层为硬化层的25%~30% |

4.加热温度的确定

加热温度要针对不同的材料和表面硬度的要求确定,碳钢和合金钢的加热温度是不同的,合金成分不同,加热的温度也会明显不同。而且,因为感应加热速度比空气加热和火焰加热都快,会明显提高钢的$Ac_3$和$Ac_1$点,一般会高出几十至上百度,所以要认真分析各种钢的加热温度。

5.设备输出频率的确定

频率是根据零件的尺寸和硬化层深度确定的。

6.感应圈的制作

感应圈形状要与工件加热部位尽量接近,要尽量保持与加热面的小间隙,只有这样才能发挥感应电流的集肤效应。

7.设备操作

(1)打开冷却水开关,等待每路出水口都有水流出,确保各路循环水都畅通。如缺水报警,请加大水压或调节压力控制器,注意确保该种型号机器的压力参数。

(2)调整感应圈,放入工件,再调整好感应圈与工件之间的位置,然后检查感应圈的圈与圈之间是否直接短路或通过工件短路(之间加耐热绝缘物除外)。

(3)时间调整,第一次使用可先调1 s控制,观察加热情况,再逐步调节好该工件加热所需的最佳时间。

(6)启动加热。

(7)停止加热。

(8)关机。

8. 冷却

工件快速加热后,要立即快速冷却,是为了工件表面能淬上火。

(1)对于中碳钢。最方便、价廉的淬火剂是水,并且常用喷水冷却。喷水时,冷却速度极大,把细热电偶焊在加热工件表面,然后用示波器记录下来冷却时的温度曲线,如图 2.16 所示。从图上可看出,$A \sim B$ 段冷却速度极快,约 2 900 ℃/s;温度降到约 200 ℃(点 $C$)后,冷却速度大大降低,起初为 80 ℃/s,以后逐步降低。

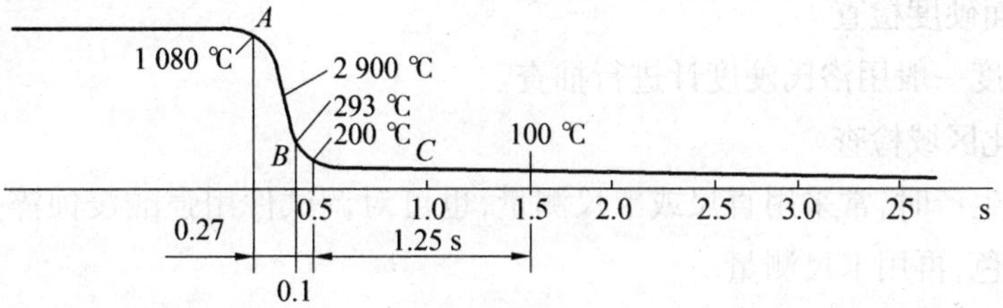


图 2.16 工件喷水冷却的温度曲线

(2)对于易淬裂的碳钢工件及合金钢工件。除旧工艺用油淬、喷油淬外,现在已广泛应用聚合物作添加剂的淬火液。国外产品有 Ucon、251、364 等,国内也有多种产品。这种淬火液聚合物的质量分数为 5% ~15%,温度控制在 15 ~50 ℃。

感应淬火工件的表面颜色能告诉我们加热温度是否正确。当工件淬火后,表面出现蓝色,一般提示加热温度不够;当淬火后,工件表面全部呈现灰白色,一般表示加热温度过高;正常淬火表面应呈现点状米色,并具有淡黑色不连续的氧化皮。

9. 回火工艺

感应淬火工件的回火有炉中回火、自回火等。

(1)炉中回火

炉中回火适用于小工件,油中淬火或浸液淬火工件。为了避免工件在淬火后,因内应力太大而产生开裂,一般应进行及时回火。

回火温度根据工件技术要求而定,一般硬度要求为 52 HRC 以上的,回火温度为 180 ~200 ℃,回火时间为 1.5 h;对于硬度要求为 56 HRC 以上的,回火温度可用 160 ℃,保温1.5 h。

(2)自回火

自回火温度比炉中回火要相应提高,两者回火温度对比见表 2.11。

**表 2.11 获得相同硬度的自回火温度与炉中回火温度对比(45 钢)**

| 平均硬度 HRC | 炉中回火/℃ | 自回火/℃ | 平均硬度 HRC | 炉中回火/℃ | 自回火/℃ |
|---|---|---|---|---|---|
| 63 | 100 | 185 | 52 | 305 | 390 |
| 61 | 150 | 230 | 48 | 365 | 465 |

| | | | | | |
|---|---|---|---|---|---|
| 57 | 235 | 310 | 42 | 425 | 550 |

10. 感应淬火件的质量检验

感应淬火件的质量检验,一般应包括外观、硬度、淬硬区域、硬化层深度、金相组织、变形与裂纹这七个项目。

(1)感应淬火件的外观检查

在小批量生产检验时,淬火件表面不得有烧熔、未加热表面,更不能有明显的裂纹、掉圈、崩角等缺陷,外观检查率一般为100%。

(2)表面硬度检查

表面硬度一般用洛氏硬度计进行抽查。

(3)硬化区域检查

小批量生产时,常采用直尺或卡尺测量,也可对调试件用强酸浸蚀淬火表面,使硬化区显现出白色,再用卡尺测量。

(4)硬化层深度检查

感应淬火件硬化层深度的测量,目前绝大多数还是通过切割样件规定的检验部位来测量。过去用砂轮切割机切割样件,现在也有采用线切割方法来切割样件。在硬化层深度的测量标准上,过去采用金相法,但没有统一标准。对于中碳钢:

① 从淬火表面测到含50%马氏体组织处,这一段定为硬化层。图2.17为利用金相法测定硬化层深度的金相组织。图2.18为45钢表面淬火后从表层至心部的金相组织。

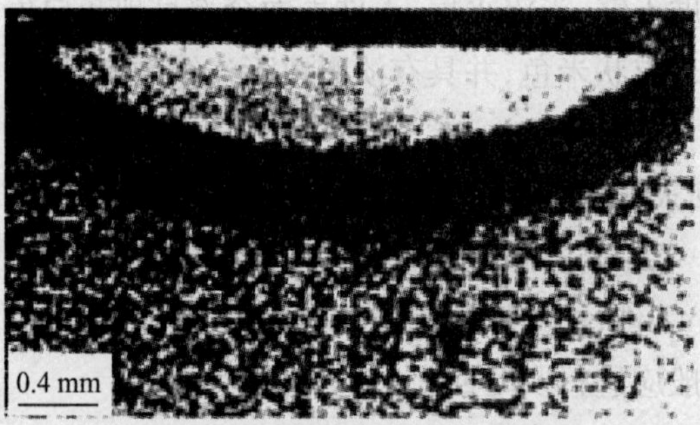


图2.17 金相法测定45钢硬化层深度的金相组织

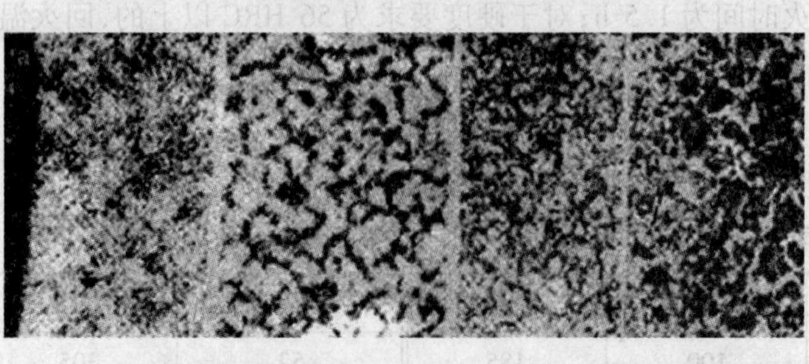

图2.18 45钢表面淬火后从表层至心部的金相组织

② 从淬火表面测到第一批铁素体出现处，这一段定为硬化层，亦即马氏体层的深度。

③ 对于硬度下限要求为大于等于45 HRC的淬火件及铸铁件，从淬火表面到原始组织的总深度作为硬化层。图2.19为45钢表面淬火组织与硬度的分布情况。45钢的淬硬区组织为马氏体；过渡区组织为马氏体+铁素体；心部组织为珠光体+铁素体。

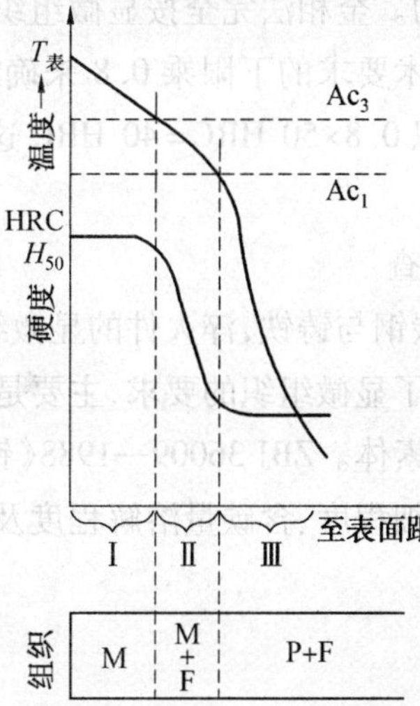


图2.19　45钢表面淬火组织及硬度分布

20世纪80年代后，我国按照ISO 3754—1976制订了GB 5617—1985《钢的感应淬火或火焰淬火后有效硬化层深度的测定》，并且已经贯彻了以极限硬度为基准的硬化层深度测量方法，简称硬度法。图2.20为硬度法测量硬化层深度使用的设备及方法。这是用测量零件断面硬度的方法来确定硬化层深度，即用维氏硬度计(9.8 N载荷)，从零件表面开始，测量硬度值到0.8倍要求的硬度下限值($H_{vms}$)处的距离，作为有效硬化层深度，可用下式表示

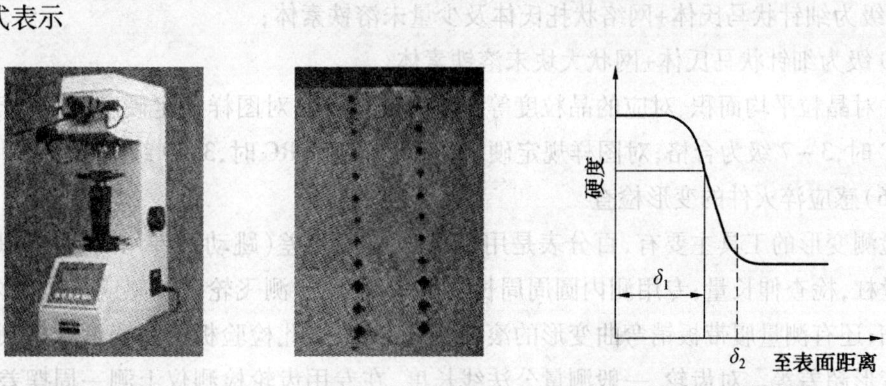


显微硬度计　　由表及里硬度压痕　　由表及里硬度分布

图2.20　硬度法测量硬化层深度

$$H_{vhl}=0.8H_{vms}$$

式中　$H_{vhl}$——极限硬度值；

$H_{vms}$——零件要求的硬度下限值(最小硬度值)。

例如,凸轮轴的硬度要求为56~63 HRC,其硬度下限为56 HRC,按上式计算:极限硬度等于0.8×56 HRC=44.8 HRC,即从表面测到44.8 HRC处这一段距离作为有效硬化层深度。此值与45钢感应淬火金相法测到50%马氏体组织的硬度相接近。但两种方法测量硬化层深度的依据是完全不同的。金相法完全按显微组织50%马氏体确定深度,它是固定不变的;而硬度法则按零件技术要求的下限乘0.8来确定深度,它是变化的,如果凸轮要求的硬度下限为50 HRC,则以0.8×50 HRC=40 HRC这一点作为极限硬度值,此时测出的$D_s$值就增加了。

(5)感应淬火件的显微组织检查

感应淬火件的材料主要是中碳钢与铸铁,淬火件的显微组织一般是与硬度相对应的。对一些重要零件,设计图样上提出了显微组织的要求,主要是为了防止过热产生的粗大马氏体,同时防止欠热产生的未溶铁素体。ZBJ 36009—1988《钢件感应淬火金相检验》标准中,已根据淬火组织中马氏体的粗细程度、含碳量溶解程度及未溶铁素体的大小,分为10个级别:

1级为粗大马氏体;

2级为较粗大马氏体;

3级为针状马氏体;

4级为较细针状马氏体;

5级为细针状马氏体;

6级为细致马氏体;

7级为细针状马氏体,其含碳量溶解有些不均匀;

8级为细针状马氏体,其含碳量溶解不均匀,并有小块状铁素体;

9级为细针状马氏体+网络状托氏体及少量未溶铁素体;

10级为细针状马氏体+网状大块未溶铁素体。

并对晶粒平均面积、对应的晶粒度等作了具体规定。对图样规定硬度下限大于等于55HRC时,3~7级为合格;对图样规定硬度下限小于55HRC时,3~9级为合格。

(6)感应淬火件的变形检查

检测变形的工具主要有,百分表是用于轴类,测量摆差(跳动);专用的传感器是用于滚珠丝杠,检查伸长量;专用测内圆周周长的周长仪,用于测飞轮齿圈感应淬火后内径的涨与缩;还有测量履带板销弯曲变形的滚动斜板,能滚过此检验板的为变形合格,通不过的为变形超差等。对齿轮,一般测量公法线长度,在专用齿轮检测仪上测一周摆差、单齿摆差、中心距变化、端面摆差等;外花键则用专用环规,内花键用通过与不通过卡板,齿轮内孔变形亦是有些产品的检测项目之一,通用的变形检查工具为平板、塞尺、角尺和卡尺等。

(7)裂纹检查

感应淬火件的裂纹检查主要有以下几种方法：

①肉眼观察或用放大镜检查，只能发现较大的淬火裂纹。

②将淬火工件浸入煤油中，用棉纱擦干净，再将表面喷砂，能发现细小的淬火裂纹。

③着色法探伤，其机理是将具有较强毛细管作用特性的染料，喷到或刷到需检查裂纹的表面，浸渍15 min以上，然后用急流水去除多余染料，吸干，再涂上高岑土浓浆，烘干，裂纹就能显露出来。

④磁粉检查。

⑤金相显微镜下，能观察到样品断面上的裂纹。其形状一般是头粗尾细，即淬火表面裂口宽，越向心部延伸越细小。显微镜下还能发现发生在硬化层与心部交界处的裂纹。

(8)将高频感应加热淬火后的工件用砂纸打磨光亮，测定工件不同参数条件下的表面硬度值和距表面不同深度$\Delta L$(六等份)对应的硬度值，绘制工件的硬度分布曲线。

(9)用金相显微镜观察不同淬火条件下的金相组织并测定工件不同参数条件下的硬化层深度。

**六、实训原理**

1. 电磁感应

当感应线圈通以交流电时，在感应线圈的内部和周围同时产生与电流频率相同的交变磁场，将工件置于高频感应线圈内，受电流交变磁场的作用，在工件内相应地产生感应电流，这种感应电流在金属工件内自行闭合，称为涡流。工件中感应出来的涡流方向，在每一瞬时和感应线圈中的电流方向相反。

2. 表面效应

涡流强度随高频电磁场强度由工件表面向内层逐渐减小而相应减小的规律称为表面效应或集肤效应。工程规定，当涡流强度从表面向内层降低到表面最大涡流强度的36.8%，由该处到表面的距离$\Delta$称为电流透入深度。

3. 淬硬层深度

工件经感应加热淬火后的金相组织与加热温度沿截面分布有关，一般可分为淬硬层、过渡层及心部组织三部分。还与钢的化学成分、淬火规范、工件尺寸等因素有关；如果加热层较深，在淬硬层中存在马氏体+贝氏体或马氏体+贝氏体+屈氏体+少量铁素体混合组织。此外，奥氏体化不均匀，淬火后还可以观察到高碳马氏体和低碳马氏体混合组织。工件经感应淬火后可以用金相法、硬度法或酸蚀法测定或标定硬化层深度。

**七、实训数据及处理**

高频淬火实验记录表见表2.12。

**八、组织和性能表征**

1. 测试淬火表面硬度及一定深度范围内的硬度分布情况。

2. 对淬硬层进行组织观察，分析组织成分。

表 2.12 高频淬火实验记录表

| 钢种 | 冷却方式 | 加热时间(温度)/s | | | | | | | | | | | | | | |
|---|---|---|---|---|---|---|---|---|---|---|---|---|---|---|---|---|
| | | 表面硬度HRC | (ΔL) | 硬度HRC | 硬化层深度/mm | | 表面硬度HRC | (ΔL) | 硬度HRC | 硬化层深度/mm | | 表面硬度HRC | (ΔL) | 硬度HRC | 硬化层深度/mm | |
| | | | ΔL=1 | | 硬度法 | 金相法 | | ΔL=1 | | 硬度法 | 金相法 | | ΔL=1 | | 硬度法 | 金相法 |
| | | | ΔL=2 | | | | | ΔL=2 | | | | | ΔL=2 | | | |
| | | | ΔL=3 | | | | | ΔL=3 | | | | | ΔL=3 | | | |
| | | | ΔL=4 | | | | | ΔL=4 | | | | | ΔL=4 | | | |
| | | | ΔL=5 | | | | | ΔL=5 | | | | | ΔL=5 | | | |
| | | | ΔL=6 | | | | | ΔL=6 | | | | | ΔL=6 | | | |
| | | | ΔL=1 | | | | | ΔL=1 | | | | | ΔL=1 | | | |
| | | | ΔL=2 | | | | | ΔL=2 | | | | | ΔL=2 | | | |
| | | | ΔL=3 | | | | | ΔL=3 | | | | | ΔL=3 | | | |
| | | | ΔL=4 | | | | | ΔL=4 | | | | | ΔL=4 | | | |
| | | | ΔL=5 | | | | | ΔL=5 | | | | | ΔL=5 | | | |
| | | | ΔL=6 | | | | | ΔL=6 | | | | | ΔL=6 | | | |

## 九、注意事项

1. 取放试件时注意不要碰伤感应器。

2. 控制加热时间(温度)不能过长,试件淬火时,动作要迅速,以免试件表面过热,影响淬火质量。

3. 淬火或回火后的试样均要用砂纸打磨表面,去掉氧化皮后再测定硬度值。

4. 硬度测量一般取 3 点以上的平均值作为该点硬度值。

## 十、思考题

1. 分析 45 钢在不同加热淬火条件下的金相组织和硬化层深度差异及原因。

2. 以 45、40Cr、T12、60Si2Mn、GGr15 等材料为试样,通过高频感应加热淬火,测定工件表面硬度;利用金相法和硬度法分别测定硬化层深度;分析淬硬层组织。

# 习题与思考题

1. 简述感应加热淬火的基本原理。

2. 简述高频感应加热的技术特点。

3. 感应器设计应注意哪些问题?

4. 感应淬火常见的质量问题及产生的原因是什么?

# 第3章　微机控制渗碳实践技术

## 3.1　概　述

### 3.1.1　渗碳目的、工艺特点和分类

渗碳目的是在低碳钢或低碳合金钢零件的表面得到高的含碳量，其后经淬火+低温回火得到高的硬度和耐磨性的渗碳层，而零件的心部具有高的强韧性。因此，渗碳工艺的特点是把低碳钢或低碳合金钢零件置于含活性碳原子介质（渗碳剂）中加热、保温，使活性碳原子渗入零件表面，并在碳浓度梯度作用下，碳原子由表向里扩散形成要求厚度和碳浓度的扩散层即渗碳层。对多数中、小型零件来说，渗碳层深度一般为0.7～1.5 mm，碳的质量分数为0.7%～0.9%。

按照渗碳介质的状态，一般渗碳工艺分为气体渗碳、液体渗碳和固体渗碳三类，当前大量运用的为气体渗碳。

渗碳只能提高零件表面的含碳量，要使其具有高硬度和耐磨性，以及零件心部具有高的强韧性，零件在渗碳之后必须进行淬火和低温回火，使零件表面（层）为高碳回火马氏体组织，心部为低碳回火马氏体组织。因此，实现渗碳强化零件的目的，必须正确地完成渗碳、淬火和低温回火一组热处理工艺。

### 3.1.2　常用渗碳钢及其选择

**1. 常用渗碳钢的含碳量**

常用渗碳钢碳的质量分数为0.12%～0.25%，含碳量低是为了保证零件心部具有高的或较高的韧性。为了提高钢的力学性能和淬透性，以及其他热处理性能，常在钢中添加合金元素，例如添加铬、锰、镍、钼、硼可提高钢的淬透性，利于大型零件实现渗碳后的淬火强化，即淬火渗碳零件的表层和心部均可获得马氏体组织，具有良好的综合力学性能。即表层具有高的硬度、耐磨性和接触疲劳强度，而心部具有高的强韧性。此外，钢的高淬透性还有利于零件淬火时选择较低冷却能力的淬火介质，或采用等温淬火和分级淬火方法，因而可在保证淬火质量的同时，减小零件的淬火变形。此外，钢中添加形成稳定碳化物的合金元素，如钛、钒、钨等，使钢在渗碳温度下长时间渗碳时，奥氏体晶粒度不易长大，晶粒细小，有利于零件渗碳后采用直接淬火法，既节约渗碳后重新加热淬火的能量，又可缩短生产周期，提高生产率和产品的热处理质量。

应当指出，钢中添加形成碳化物的合金元素，如铬、钼等，易使渗碳层的碳浓度偏高，

形成网状或块状碳化物，增大渗碳层的脆性，应采用正确的渗碳工艺加以预防，例如气体渗碳时采用较低碳势的渗碳气氛。含硼钢种价格较低，淬透条件较好，但是，淬火变形较大和淬火变形的规律性较差，难以控制。

渗碳零件多数是比较重要的零件，要求力学性能和可靠性较高，例如汽车、拖拉机的齿轮和活塞销，船舶、轧钢和矿山机械的大型重载齿轮或高速重载齿轮，高强韧性轴承和凿岩机的活塞等。因此，渗碳钢对钢材的冶金质量和化学成分等的要求较高，绝大部分渗碳钢属于优质钢或高级优质钢（GB/T 699—1999《优质碳素结构钢》、GB/T 3077—1999《合金结构钢》），其成分特点之一是杂质含量低；优质钢中磷、硫的质量分数均小于或等于0.04%，高级优质钢中磷、硫的质量分数均小于或等于0.03%。渗碳齿轮用钢冶金质量的要求见表3.1；常用渗碳钢的牌号、标准、主要性能和用途见表3.2。

**表3.1　齿轮用渗碳钢的冶金质量要求**

| 项目名称 | 检验标准 | 技术要求 | | |
|---|---|---|---|---|
| 非金属夹杂 | GB/T 10561—1989《钢中非金属夹杂物显微评定》“钢中非金属夹杂物评级图” | 合金钢按 GB/T 3077—1999 规定 | | |
| | | 氧化物 | 硫化物 | 氧化物+硫化物 |
| | | ≤3 级 | ≤3 级 | ≤5.5 级 |
| 带状组织 | GB/T 3299—1991《钢的显微组织、游离渗碳体、魏氏组织带状组织评定法》 | 齿轮渗碳钢要不大于 3 级 | | |
| 晶粒度 | YB5148—1993《金属平均晶粒度测定》 | 通常要求钢的晶粒度不小于 6 级 | | |

**表3.2　常用渗碳钢的牌号、标准、主要性能和用途**

| 牌号 | 标准 | 主要性能和用途 |
|---|---|---|
| Q215-BF<br>Q235-BF | GB/T 700—1988 | 冲压性能优良，用于冲压成型，要求强度较低的渗碳和碳氮共渗零件，如纺织机械的钢令、缝纫机的摆梭和梭心等 |
| 15<br>20 | GB/T 699—1999 | 冲压性能和韧性良好或优良，用于制造要求强度较低的小型轻工机械零件和渗碳齿轮 |
| 15Mn | GB/T 699—1999 | 钢的淬透性高于15、20钢，渗碳淬火零件的心部可获得高的或较高的强韧性，铬钢可用于要求强韧性较高的汽车、拖拉机齿轮，尤其最小型齿轮、活塞销等；锰钢常用作小型方向节滚珠轴承套圈，该钢在渗碳中易过热 |
| 15Cr<br>20Cr | GB/T 3077—1999 | |
| 20CrMn<br>20CrMo | GB/T 3077—1999 | 钢的淬透性优于铬钢和锰钢，较大渗碳淬火零件也可获得高的综合力学性能，用于性能要求较高、尺寸较大的重要零件，如汽车驱动桥的齿轮等 |

续表 3.2

| 牌号 | 标准 | 主要性能和用途 |
|---|---|---|
| 20CrMnTi<br>20CrMnMo | GB/T 3077—1999 | 钢中添加少量钛和钼(Ti 的质量分数为 0.04% ~0.10%, Mo 的质量分数小于等于 0.30%),可使钢在渗碳时不易发生过热,一般可获得 5 级以上的晶粒度,渗碳后直接淬火可获得好的力学性能,尤其是韧性,可用作重要的渗碳零件和汽车齿轮 |
| 12CrNi2<br>12CrNi3<br>20Cr2Ni3<br>20Cr2Ni4<br>20CrNiMo<br>20CrMnMo<br>18Cr2Ni4WA | | 由于钢中添加了较多的铬和镍,因而这类钢具有高的淬透性和力学性能,镍、铬含量越高,钢的淬透性越好,碳含量较低时钢的淬透性较低,但韧性更高。20CrMnMo 钢的韧性略低于镍铬渗碳钢,但价格低,属于 Ni-Cr 钢的替代品。镍铬渗碳钢通常用于制造力学性能高和安全可靠性高的中、大型零件或齿轮,如飞机齿轮、军用柴油机曲轴、轧钢机和船用变速器的重载或高速重载大型齿轮和重要轴承套圈等 |

**2. 选用渗碳钢的基本法则**

被选用渗碳钢的冶金质量和化学成分,必须满足渗碳零件使用条件对性能的要求,常用渗碳零件要求的是综合力学性能,特殊条件下使用的零件还会对材料的物理化学性能提出附加要求。例如,在腐蚀介质中使用的零件,除要求足够的强韧性和耐磨性外,还要求必要的抗蚀性。此外,选用材料的工艺性能,必须满足零件制造工艺的要求,以及材料的来源广泛和价格较低等,才能保证零件的使用寿命长、运行安全可靠、制造工艺简便和价格较低。

(1)钢的力学性能

钢的力学性能主要是指钢的强韧性应满足渗碳零件心部的力学性能要求。

要求强韧性高的渗碳零件在渗碳淬火后,其心部应具有低碳马氏体组织,这就要求钢的淬透性必须与零件的尺寸相匹配,即零件的尺寸越大,要求钢的淬透性越高。例如,常见中小尺寸的汽车、拖拉机齿轮,多用 20CrMnTi 或 20CrMoTi 合金钢制造;而大型重载或重载高速齿轮,如船用变速箱齿轮和轧钢机变速齿轮,宜选用 18Cr2Ni4WA 高合金渗碳钢制造,因为钢的合金元素含量多,钢的淬透性好。此外,钢的强度也较高,若渗碳零件使用中承受高的冲击载荷,即要求更高的冲击韧性时,宜选用含碳量更低的合金钢,如 12CrNi3、12Cr2Ni4 等。反之,宜选用含碳量较低的钢种。

应当指出,零件心部的强度较高,可以提高它对渗碳层的支撑能力,有利于提高渗碳层的硬化层深度。由此,渗碳零件的强度高和钢材的淬透性能好时,可以适当地降低渗碳零件对渗碳层深度的要求,这对缩短大型、厚(深)层渗碳零件的渗碳时间,节约能源和提高零件质量有重要的意义。关于渗碳零件的耐磨件,则主要取决于渗碳层的碳浓度。

(2)被选用钢材工艺性能

应满足零件制造的工艺要求,以利制造工艺简便。许多轻工机械的薄壁渗碳或碳氮共渗零件,如纺织机械的钢令、缝纫机的摆梭、自行车的钢碗等,都是生产量很大的易损件,要求较高的耐磨性和较低的价格。其制造工艺是冲压成型、渗碳或碳氮共渗、淬火-回火后得到高硬度和耐磨性。因此,钢材具有好的冲压性能和价格低廉就成为决定性的因素,这正是当前选用低碳碳素结构钢如 Q215-BF、Q235-BF,或要求较高时选用 15、20 钢薄钢板的原因。

多数零件是通过机械加工成形,在满足力学性能要求条件下,应力求选用机械加工性好的钢材,这不仅是为了提高生产率和降低刀具的消耗,获得低粗糙度值零件表面也具有重要的意义,例如汽车、拖拉机齿轮,在机械加工成形、渗碳、淬火、低温回火,得到要求力学性能后不进行磨削或其他精加工。因此,零件热处理前的表面粗糙度就直接影响渗碳零件的使用性能和寿命。

应当指出,钢的机械加工性能既与钢的化学成分有关,又和钢材或锻造毛坏所进行的热处理密不可分。因此,为了加工零件有低的表面粗糙度值,既要正确选择钢材和加工工艺,还要选择好毛坯的热处理工艺。低碳钢和一般低合金钢,如 20、25、20Cr、20CrMnTi 钢毛坯经正火后可得到硬度 180HBS 左右。具有良好的机械加工性能,零件表面和键槽均有较低的粗糙度值。由此,常用渗碳钢的锻造毛坯均选用正火处理。

渗碳钢应具有良好的渗碳、淬火等热处理工艺性能。渗碳性能包括:

①钢在渗碳温度(900 ~950 ℃)下长期保持渗碳后,其奥氏体晶粒度应在 6 级以上,利于零件渗碳后采用直接淬火。因为细晶粒奥氏体淬火后才能获得高强韧性的细晶粒的马氏体组织;若渗碳后钢的奥氏体晶粒粗大,零件渗碳后必须重新加热,借助相变细化钢的晶粒后才能进行淬火,这不仅增加能源的消耗,延长生产周期,而且降低渗碳淬火零件的某些质量。例如,增加零件表面的氧化、脱碳、硬度的不均匀性和变形等,为此,渗碳零件宜选用本质细晶粒钢(铝最后脱氧的镇静钢或同时具有阻碍奥氏体在高温渗碳下长大的合金元素——钛和钒的钢种)制造。

②渗碳时不易在渗碳层造成过高的碳浓度,出现明显的网状或块状碳化物,造成渗碳层容易开裂和剥落等严重缺陷。含有碳化物形成元素钢种,例如铬钢,较易形成网状或块状碳化物。当然,渗碳层产生过高的碳浓度或网状碳化物与渗碳工艺密切相关。例如,渗碳温度高、时间长,尤其是炉气碳势高时,必然会在渗碳层出现过高的碳浓度。因此,含铬钢种渗碳时宜选用较低碳势的炉气,以利控制渗碳层中碳的质量分数在 0.7% ~0.9% 范围内,防止网状碳化物和块状碳化物的产生。

良好的淬火性能,主要是指零件渗碳淬火时的变形和开裂倾向小,这不仅与钢的成分、物理化学性能相关,而且与淬火方法和工艺(加热温度和冷却速度)相联系。因此,为了减小小零件的渗碳淬火变形,必须正确选择钢材、工艺方法和工艺参数,乃至零件的装夹方法等。例如,硼钢价廉且有必要的淬透性,但是淬火变形的倾向较大,而且变形的规律性也差,难以控制,因而形状较复杂,要求控制变形较严的零件不宜选用硼钢制造,淬火时应选用淬火应力较小的淬火方法,如分级淬火,甚至等温淬火,以及较缓和的冷却速度。但是,只有钢的淬透性较好时才有可能这样做,它说明渗碳零件要求钢具有较好的淬透性,不仅仅是为了保证零件心部具有高的强韧性,同时也有利于控制零件的淬火变形。

(3)钢的价格较低,来源广泛

其前提条件是选用钢材必须满足前述(1)、(2)两条要求,即保证渗碳淬火零件质量条件下选用价格低廉的低碳钢或低碳低合金结构钢。它们不仅价格价廉、采购方便,而且锻压性能和机械加工性能优良。

### 3.1.3 渗碳中的主要物理化学过程

渗碳中的主要物理化学过程有:

**1. 渗碳介质的分解或裂解**

$$CH_3OH(\text{甲醛}) \longrightarrow CO+2H_2$$

$$CH_4(\text{甲烷}) \longrightarrow [C]+2H_2$$

$$2CO \longrightarrow [C]+CO_2$$

$$CO_2+H_2 \longrightarrow CO+H_2O$$

**2. 吸附和吸收**

吸附是指渗碳介质热分解及炉内化学反应生成的气体被钢制零件表面吸附,对渗碳有意义的是活性碳原子[C]和 CO 被零件表面吸附。吸收是指被吸附的活性碳原子,以及被吸附的 CO 经反应形成的活性碳原子被零件表面吸收,即碳原子溶入钢内形成高含碳的奥氏体。

**3. 扩散**

这里包括气体在炉气中的扩散,例如活性碳原子[C]和 CO 向零件表面扩散。CO 反应后在零件表面形成的 $CO_2$ 向炉气中扩散;被零件表面吸收的碳原子由零件表面向里扩散,形成零件表面的渗碳层等。

### 3.1.4 零件渗碳后的热处理

为使渗碳件具有表层高硬度、高耐磨性和心部良好强韧性的配合,渗碳件在渗碳后必须进行恰当的淬火和低温回火。中、高合金钢渗碳淬火后可能还要求进行冷处理。应用最多的淬火方法是渗碳后预冷直接淬火,其次是渗碳件重新加热淬火,又称一次淬火法,较少采用二次淬火法。

**1. 直接淬火**

直接淬火的工艺特点是渗碳零件在完成渗碳之后降温(由渗碳温度降至 860 ℃左右)淬火,常用淬火介质为 L-AN15 号油。直接淬火工艺的优点是:渗碳零件表面不易发生脱碳、变形较小、工艺简便、生产周期短和节约零件重新加热淬火的能源。采用直接淬火法的必要条件有二:其一是渗碳后奥氏体晶粒是细小的,一般为晶粒度在5~6级以上;其二是渗碳层没有明显的网状和块状碳化物,否则渗碳淬火零件的脆性太大。

**2. 一次淬火**

一次淬火的工艺特点是渗碳后的零件以较快的速度(防止渗层表面氧化脱碳和析出网状碳化物)冷却到Ar1以下或室温,然后重新加热到840 ℃左右,细化奥氏体晶粒后淬火,保证渗碳淬火件有好的韧性。此外,渗碳后要求进行半精加工或要求在压床上淬火或安装上工夹具后淬火,以控制淬火变形的零件,也需要采用一次淬火法。

渗碳淬火后的零件均应进行低温回火。回火温度一般为160~180 ℃,保温时间不少于1.5 h,其目的是为了改善钢的强韧性和稳定零件的尺寸。

渗碳、淬火、低温回火后渗碳件的金相组织和硬度为:渗碳层的组织为高碳回火马氏体+少量残余奥氏体+少量分散细小的碳化物,硬度大于56HRC。心部组织取决于钢的淬透性和零件尺寸,钢的淬透性好或零件尺寸小,心部组织全部或主要是回火马氏体,其硬度为40HRC左右,否则心部组织会有大量的自由铁素体,零件的强韧性较低。

### 3.1.5 微机控制渗碳工艺

在低碳钢表面渗碳会得到“表硬心软”具有优良韧性和耐磨性能的材料,目前渗碳是在机械制造工业中应用最广泛的一种化学热处理方法。但是渗碳所涉及的影响因素较多,如温度、时间、碳势等,对操作者的水平和经验要求较高。比如,由于碳势无法准确定量地进行判断,常常出现碳浓度过高导致表面碳黑聚集,影响后续渗碳进行的现象;或碳势过低导致表面硬度偏低的现象。微机渗碳弥补了参数不可控的缺陷,通过渗碳工艺的计算机模拟仿真和建立热处理工艺数据库、热处理专家系统,可以使渗碳工艺参数的制定真正由“经验”定位转变为“科学”定量,实现最优化,并能够准确预报渗碳处理后的组织与性能。鉴于目前大型工厂普遍使用的渗碳设备为微机控制渗碳设备,针对社会需求,安排大学生进行微机控制渗碳方面的培训,为今后能尽快适应工厂工作打下良好的基础。同时需要强调的是,微机不但可以和渗碳技术相结合形成微机渗碳技术,还可以和其他化学热处理技术相结合,如微机控制渗氮、微机控制碳氮共渗等。

## 3.2 微机控制渗碳设备构造、原理及使用

### 3.2.1 微机控制渗碳设备的构造

微机控制渗碳设备是微型计算机与渗碳设备相结合的产物,主要包括井式渗碳炉、氧探头维护仪、控制柜(两个温控仪和一个碳势控制仪、信号转换器、微型计算机、打印机等)组成。微机控制渗碳设备构造简图如图3.1所示。

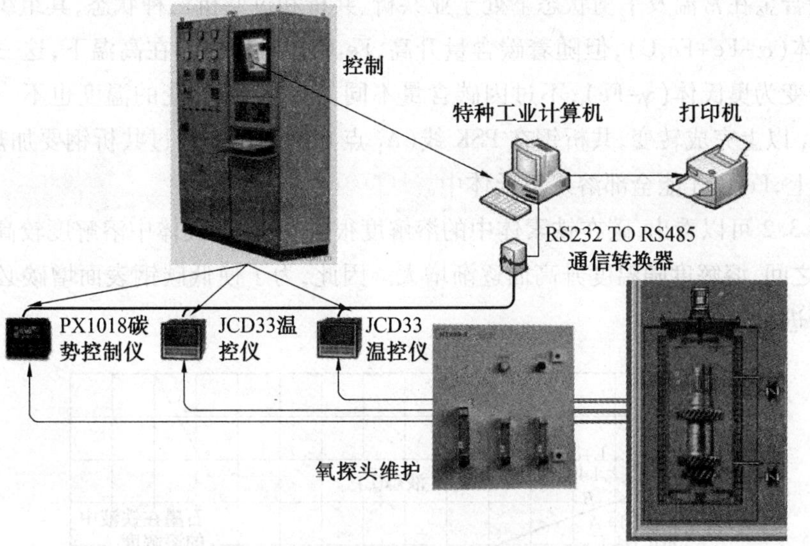


图 3.1 微机控制渗碳设备构造简图

### 3.2.2 微机控制渗碳设备工作原理

**1. 人工控制渗碳技术工作原理**

渗碳是在增碳活性介质中将低碳钢或低碳合金钢加热并保温,使碳原子渗入表层的化学热处理工艺。其目的是增加工件表层的碳含量,获得一定的碳浓度梯度。与其他化学热处理一样,渗碳处理包括碳原子的分解、吸收和扩散三个基本过程。在渗碳温度下渗碳剂将发生分解,产生活性高、渗入能力强的活性碳原子[C];活性碳原子在工件表面被吸收,形成固溶体或化合物;当工件表面的碳浓度达到一定值后,碳原子从表面的高浓度区向里层的低浓度区扩散。

根据渗碳剂形态不同,渗碳工艺可分为固体渗碳、气体渗碳及液体渗碳三种类型。固体渗碳不需要专门设备,把装有工件及固体渗碳剂的渗碳箱放在炉中加热就可以进行,该方法适用于单件或小批量生产。缺点是由于固体渗碳剂导热性较差,因而渗碳所需加热时间较长,且劳动强度较大,表面碳浓度及渗碳层深度不易控制;气体渗碳工艺具有生产率高、操作方便、渗碳层容易控制以及渗碳后可以直接淬火等一系列优点,是目前用得最多的渗碳方法;液体渗碳工艺操作简单,加热速度快,渗碳时间短,并可直接淬火,适合处理小批量或局部渗碳的工件,但目前液体渗碳盐浴多数有公害,工件表面易因残盐较难彻底清除而产生腐蚀。

碳渗入工件中,与铁形成固溶体或与其他元素形成各种化合物。从铁-碳相图(图 3.2)可以看出,碳在 α-Fe 和 γ-Fe 中的溶解度不一样,在平衡状态时,727 ℃的α-Fe 中能溶解 0.02% 的碳;而在 1 148 ℃时能溶解 2.11% 的碳。在渗碳温度范围内(900 ~ 950 ℃),其溶解度在 1.2% ~1.5%之间变化。

铁碳合金在常温及平衡状态下处于亚共析、共析和过共析三种状态，其组织均为铁素体+渗碳体（α-Fe+$Fe_3C$），但随着碳含量升高，$Fe_3C$ 数量增多。在高温下，这三类钢的组织都将转变为奥氏体（γ-Fe），不过因碳含量不同，完成组织转变的温度也不一样。亚共析钢在 $A_3$ 以上完成转变，共析钢在 PSK 线（$A_1$ 点）完成转变，而过共析钢要加热到 SE 线（$Ac_m$）以上，$Fe_3C$ 才能全部溶入奥氏体中。

从图 3.2 可以看出，碳在铁素体中的溶解度很低，而在奥氏体中溶解度较高，在727 ~ 1 148 ℃之间，溶解度随温度升高而逐渐增大。因此，为了使低碳钢表面增碳必须在奥氏体状态下进行。

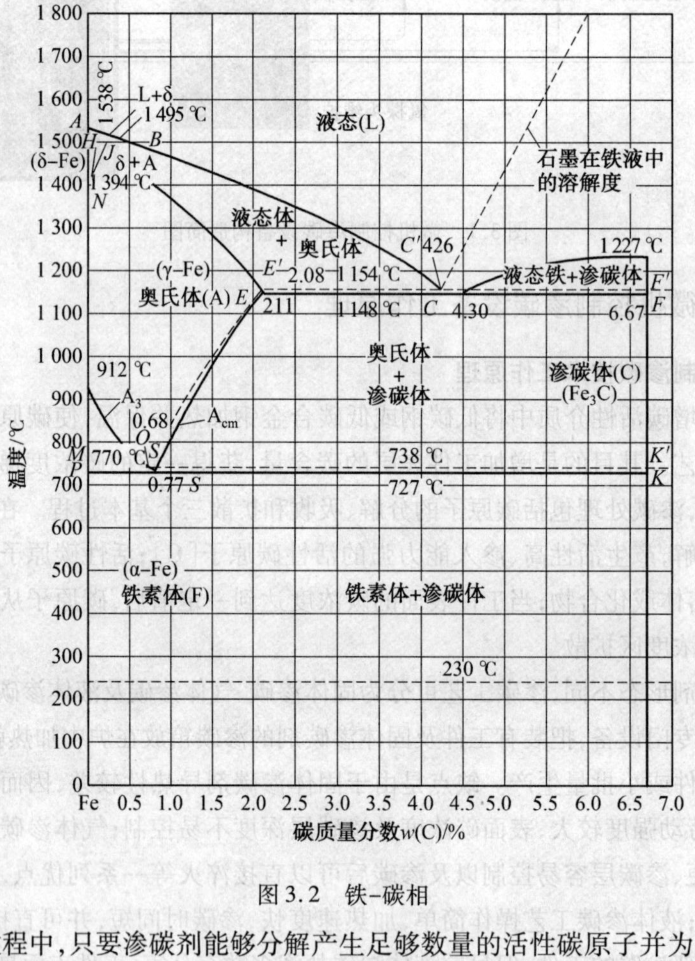


图 3.2 铁-碳相

在渗碳过程中，只要渗碳剂能够分解产生足够数量的活性碳原子并为工件表面所吸收，则经过一段时间后，工件表面碳含量可达到铁碳相图上与渗碳温度下奥氏体饱和碳含量相对应的数值。渗碳扩散层中的碳含量是由表及里逐渐降低的，直到工件心部，达到钢材原有的碳含量，即在渗碳层中形成各种碳含量的奥氏体。当工件自渗碳温度缓慢冷却时，渗层中与碳含量相对应的各种组织会发生转变，表层组织是珠光体+少量碳化物（过共析区）；向内是珠光体，即共析区；再往里是珠光体+铁素体，且越接近心部，珠光体越少,称为亚共析区或过渡区。当表面碳含量不太高时,则没有过共析区。

与渗层中碳含量的变化相对应,渗碳淬火后钢表层的组织依次为马氏体+少量碳化物、马氏体+残余奥氏体(奥氏体量的多少及延伸深度与工件的成分和淬火加热温度有关)、马氏体,直至心部的低碳马氏体。当工件尺寸较大时,心部组织可能呈托氏体或铁素体+珠光体。淬火后硬度的变化也与碳含量的降低相对应。

(1)渗碳温度

渗碳温度是渗碳工艺中最重要的工艺参数之一。温度是影响扩散系数最突出的因素,增加温度,可以急剧地提高扩散系数,其关系可用阿累尼乌斯经验公式表示

$$D=D_0 e^{-E_D/RT} \tag{3.1}$$

式中 $T$——绝对温度,K;

$R$——气体常数,$R=8.319$ J/(mol·K);

$D_0$——频率因子,$m^2/s$;

$E_D$——扩散激活能,J/mol。

$D_0$、$E_D$、$R$ 在渗碳过程中可视为常量,故扩散系数($D$)是温度($T$)的指数函数。850 ℃时,$D=0.6\times10^{-11}$ $m^2/s$;925 ℃时,$D=1.6\times10^{-11}$ $m^2/s$;1 100 ℃时,$D=10\times10^{-11}$ $m^2/s$。由此可见,当渗碳温度从850 ℃提高到1 100 ℃时,碳的扩散系数可以提高16倍以上。所以,提高渗碳温度能显著缩短渗碳时间,提高生产效率。

温度也是显著影响奥氏体溶碳能力的因素。随着温度升高,碳在奥氏体中的溶解度增大,按照铁碳相图,碳在奥氏体中的饱和溶解度在850 ℃时为1.0%,930 ℃时为1.25%,1 050 ℃时为1.70%。碳在奥氏体中溶解度的增大,使扩散初期钢的表层和内部之间产生较大的浓度梯度,扩散系数增加。这一效应与温度升高引起的扩散系数增加叠加起来,在渗碳剂的活性足够大时,导致表面碳浓度迅速增加,渗层加厚。

生产实践表明:在表面碳浓度和渗碳时间固定不变的情况下,渗层随着温度升高而加深,碳浓度梯度也趋于平缓,如图3.3所示,925 ℃时的碳浓度梯度最陡,1 000 ℃较为平缓,1 065 ℃时更为平缓。

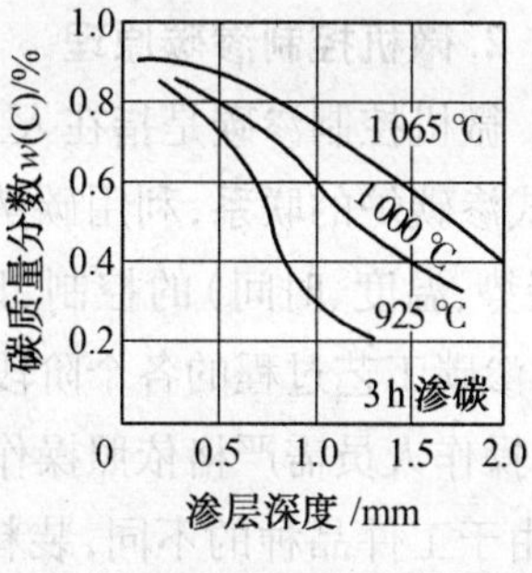


图3.3 温度对渗层厚度及浓度梯度的影响

但是,过高的温度将缩短设备的使用寿命,增加工件的变形,奥氏体晶粒也易粗大。因此,常规渗碳工艺多在930 ℃左右,要求渗层较浅的小型精密工件,应采用较低的渗碳温度(850~900 ℃),使渗层波动减小,并减少变形。

(2)渗碳保温时间

在正常渗碳情况下,随着渗碳时间的延长,渗层浓度梯度变小,渗速降低。渗碳时间与渗层厚度的关系由下面的公式表示

$$d=k\sqrt{\tau} \tag{3.2}$$

式中 $d$——渗层厚度,mm;

$\tau$——渗碳时间,h;

$k$——常数。

这就是说,同一渗碳温度下,渗层深度随着时间延长而增加,但增加的程度越来越小。渗碳保温时间主要取决于要求获得的渗层厚度。当温度一定时,渗层厚度与保温时间之间存在着抛物线关系。图 3.4 表明了在不同的渗碳温度下,渗碳时间对渗碳层深度的影响。

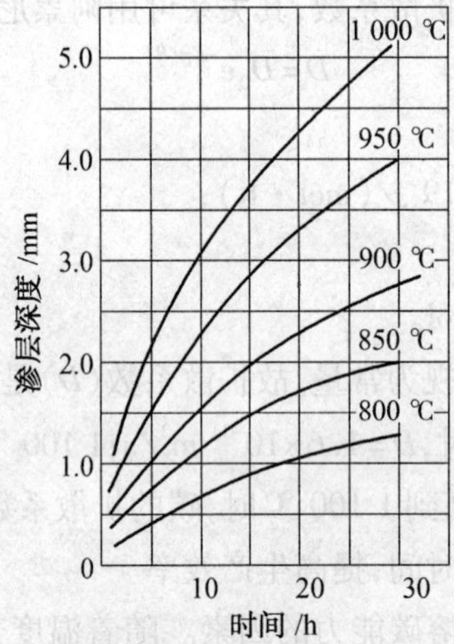


图 3.4 在不同的渗碳温度下,渗碳时间对渗层深度的影响

在实际生产中,为了比较准确地确定渗碳保温周期,并决定渗碳件的出炉时间,通常采用在渗碳过程中抽样检查的方法,根据试样检验结果,对照工件所需的渗层厚度,然后估计延续时间和出炉时间。

**2. 微机控制渗碳原理**

微机控制渗碳是指在人工控制渗碳技术的基础上,通过控制系统软件建立计算机和井式渗碳炉的联系,利用碳势控制仪、温度仪、计时器、氧探头维护仪等实现对主要参数(碳势、温度、时间)的控制,以达到精确控制渗碳过程的目的。由人工控制渗碳技术得知,渗碳工艺过程的各个阶段的温度 $T$、时间 $t$ 和碳势 C% 都有一定要求。人工手动控制时,操作人员需严格依照操作规程,多次调节控温器及滴油器的阀门来改变温度及碳势。但由于工件品种的不同,装料多少的不同,在生产周期为 8 ~ 10 h 中又要放样、采样测试等诸多因素的影响,要完全适应工艺曲线的要求,确保产品质量是非常困难的。鉴于此,使生产过程进行自动控制,可稳定生产工艺,提高产品质量,减少工人的繁多操作,缩短生产周期。图 3.5 为微机控制时的凸轮轴渗碳工艺,其渗碳期分为强渗期和扩散期,煤油的滴量采用电磁阀自动控制,并增加了调整期。在排气期和调整期仅滴入甲醇,有效地抑制了碳黑的产生,加速了渗碳速度。渗碳处理后,工件表面无网状碳化物,省去了正火工序。

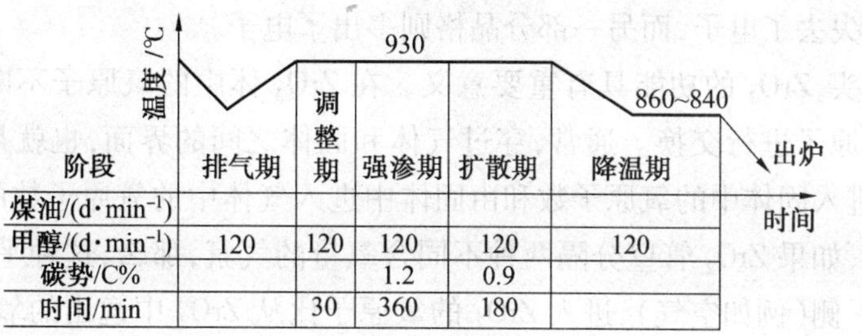
温度/℃
930
860~840
出炉
时间
阶段
排气期
调整期
强渗期
扩散期
降温期
煤油/(d·min⁻¹)
甲醇/(d·min⁻¹)
120
120
120
120
120
碳势/C%
1.2
0.9
时间/min
30
360
180

图 3.5　微机控制时的凸轮轴渗碳工艺

在微机控制渗碳中，温度的控制可直接由热电偶连接的温度仪读出，时间由计时器显示，碳势则由氧探头连接的碳势控制仪读出，方便准确。温度仪和计时器测量参数的原理较简单，这里就不在赘述，只对氧探头测量碳势的原理进行扼要的介绍。

目前，一般是用二氧化锆（$ZrO_2$）来制造氧探头，结构如图 3.6 所示。$ZrO_2$ 是一种可以从天然矿床中获得的陶瓷材料。为了提高其机械强度，向 $ZrO_2$ 中添加钙或氧化钇使之稳定。在文献中，这类氧探头常常被称为带有固体电解质的电池，这对于未听惯这个名称的人，可能造成混乱。电解质是指一种导电物质，在这种物质中，不仅通过电子，也通过带

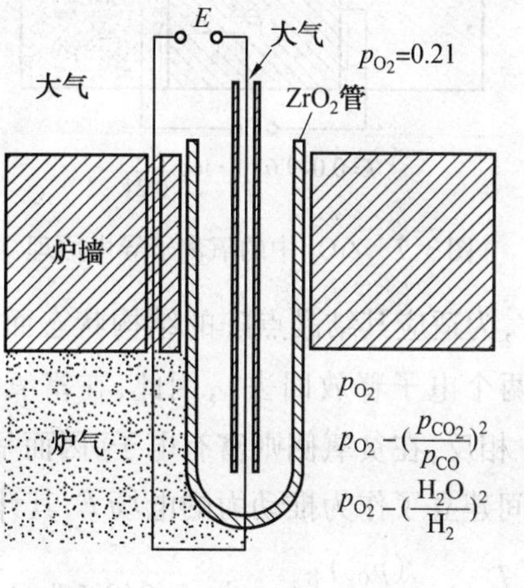


图 3.6　氧探头结构示意图

正电或负电的原子，即所谓离子，而形成电流。这种物质可以是液体，也可以是固体。$ZrO_2$ 显然是一种陶瓷固体。当电解质在两个接触电极之间构成电流回路时，则该电解质进而形成一个电池，参看图 3.7。离子导电的前提是离子的自由运动性。这就是说，当晶格结点中的每一离子受到热振动时，某一离子有时可能跃迁到一个相邻的结点上，只要这个结点事先未被占据。图 3.7 的中间位置表示了 $ZrO_2$ 的晶格结构。在此晶格中，有些位置是空着的。研究发现，在固体的结晶点阵中，保持了锆原子和氧原子之间的分子键。这就是说，每一个氧原子从一个锆原子中夺取了两个电子来填满它自己的电子壳层。因此，锆原子和氧原子在晶格中原则上是作为带电微粒（离子）而存在的。此时，氧离子在电场或者其他力的作用下，穿过 $ZrO_2$ 的结晶点阵而运动，这样它就带走了两个电子。结果使

得一部分晶格失去了电子,而另一部分晶格则多出了电子。

作为氧探头,$ZrO_2$ 的功能具有重要意义。在 $ZrO_2$ 体中的氧原子不断和周围气氛中独立存在的氧原子进行交换。通常,穿过气体和固体之间的界面,也就是穿过固体的表面,由气体中进入固体中的氧原子数和由固体中进入气体中的氧原子数的瞬时平均值是相同的。反之,如果 $ZrO_2$ 管壁分隔两种不同含氧量的气氛,那么,这种平衡就被破坏,此时,在富氧的一侧(例如空气),进入 $ZrO_2$ 的氧原子比从 $ZrO_2$ 中逸出的氧原子多,贫氧的一侧(例如渗碳气)则相反。为了在隔墙两侧取得氧浓度的平衡,便产生了由富氧侧流向贫氧侧的氧离子电流。

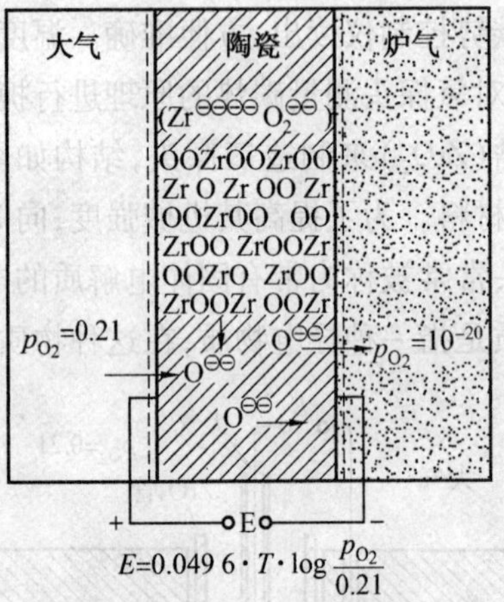


图 3.7 $ZrO_2$ 中的氧离子导电原理

氧原子进入 $ZrO_2$ 体时,为适应其结晶点阵的结构状态而必须取得两个电子(当氧原子退出 $ZrO_2$ 体时,又将这两个电子释放回去),因此,在富氧侧电子就逐渐贫乏,也就是说,在这一侧显示正电性。相反,在贫氧侧则富有电子,因而呈负电性。这样,由于化学扩散而在富氧侧和贫氧侧之间建立了作为推动力的电场 $E$,其计算公式为

$$E=2.303\frac{R\cdot T}{4\cdot F}\cdot\log\frac{(p_{O_2})_{贫}}{(p_{O_2})_{富}}[mv]=0.049\,6T\cdot\log\frac{(p_{O_2})_{贫}}{(p_{O_2})_{富}}[mv] \tag{3.3}$$

该电压通常简称为 EMK 和“热电势”的概念一样,也称为“化学电势”,以后将用测量电压表示之,通过在 $ZrO_2$ 隔墙两侧装设电极来测量这一电压。当然,电极必须是能渗透气体的,这样就不会阻碍气体与隔墙的直接接触。因此,在图 3.7 中,电极用虚线表示。

气体渗碳时,氧电势与碳势有严格的对应关系,但氨气通入后,对应关系发生变化。氧探头是依据能斯特方程设计而成,通过测量空气和炉气中氧分压的差值所造成的电位差,即氧电势,来进行碳势的检测。炉内碳势增高时,氧探头输出氧电势也增大。同时,随着炉温的升高,同一碳势所对应的氧电势也升高。根据热力学原理,这个氧分压无论是自由氧($O_2$),还是由化合氧($CO$、$CO_2$ 和 $H_2O$)所造成的,结果都是一样的,由反应方程式 $2H_2+O_2 = 2H_2O$ 可知,$H_2$ 含量对氧分压也有影响。HT 2000 氧探头控制仪就是用氧探

头做炉内碳势传感器，在假设炉内 $H_2$ 和 CO 含量恒定的基础上，测定氧分压变化，将炉区内氧势毫伏值和温度毫伏值输入到碳势控制仪中，计算出炉气碳势。HT 2000 氧探头控制仪可以显示碳势和氧电势，二者通过按键可切换显示，实际操作中通过对碳势和温度的设定，氧探头控制仪会转换为氧电势，通过电磁阀控制渗碳剂的流量。

## 3.2.3 微机控制渗碳设备的使用方法

**1. 仪表设置**

①开启温度表、碳控表电源。

②确认温度表、碳控表有关参数显示正常。

**2. 开机**

启动渗碳程序，如图 3.8 所示。

①打开 UPS 电源。

②打开微机电源，微机自动启动到 WINDOWS ME 操作系统桌面。

③在桌面上选取“一号炉渗碳控制”图标并双击，启动渗碳控制程序。

④点击“点此进入”按钮，进入工艺控制方式选择界面；选择工艺控制方式，点击“OK”按钮进入工艺控制界面。

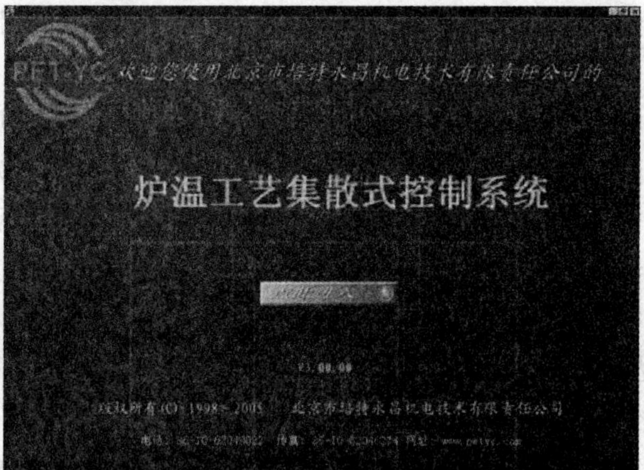


图 3.8 微机控制渗碳开机画面

**3. 启动工艺**

工件已装入炉内，如图 3.9 所示。

①点击“工艺控制”按钮，切换至工艺控制界面。

②输入操作者姓名、班次。

③选取对应零件的工艺编号。

④点击工艺控制口令输入框，出现参数输入框，用键盘数字键输入正确口令，按回车键确认。

⑤点击红色旋钮（使之成绿色），启动工艺运行；点击“系统全貌”按钮，切换至系统全

貌界面。

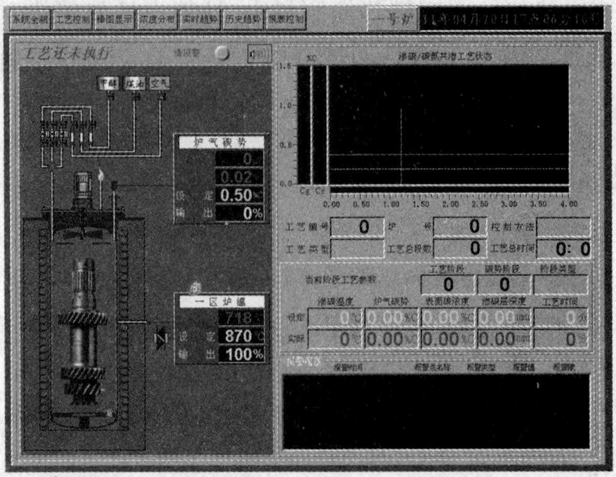


图 3.9 系统工作全貌

**4. 工艺过程巡视**

①炉膛温度达到 750 ℃后，打开甲醇管路手阀，通入甲醇，甲醇流量大约 25～30 mL/min。

②炉膛温度达到 800 ℃后，打开丙酮自动控制管路手阀，通入丙酮，丙酮流量大约5～10 mL/min。

③观察氧探头电势，当氧电势超过 950 mV 时，点燃排气口排出的废气。

④炉膛温度达到渗碳温度设定值且保持均温时间后，系统提示请关孔并报警，关闭大排气孔。点击系统全貌界面上方的报警清除按钮，关闭请关孔报警提示。

⑤以后每 10 min 左右巡视一遍仪表和计算机工作状态，发现异常及时处理。

**5. 停止工艺运行（图 3.10）**

①工艺完成，达到出炉条件时，系统自动响铃报警，系统全貌显示工艺已经结束提示。

②点击“工艺控制”按钮，切换至工艺控制界面。

③点击工艺控制口令输入框，出现参数输入框，用键盘数字键输入正确口令，按回车键确认。

④点击绿色旋钮（使之成红色），结束工艺运行。此时炉次号自动加 1。

**6. 退出渗碳程序并关机**

①确认所有炉子都处于工艺已经结束（工艺控制界面旋钮为红色）状态。

②先按住【Alt】键，再同时按下【F4】键，直至出现退出程序提示窗口。

③点击对话框中是（Y），退回 WINDOWS ME 桌面。

④确认任务栏（屏幕最下方一行）中所有程序都已经关闭。

⑤点击屏幕左下角开始处，出现上拉菜单。

⑥点击关闭系统，出现关机提示窗口，选择关机。

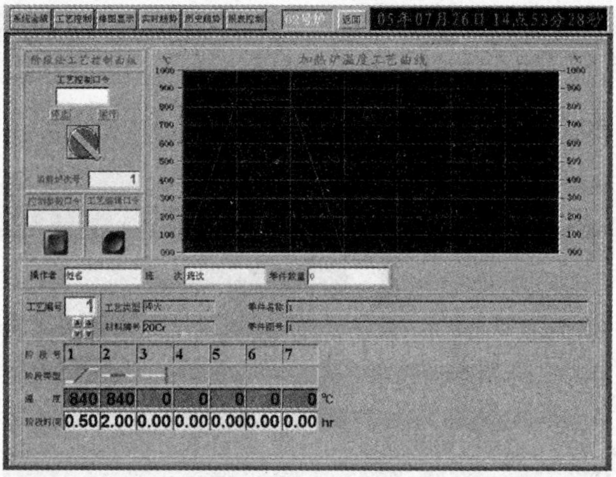


图 3.10　工艺控制画面

⑦点击对话框中是(Y),计算机电源自动关闭。

⑧关闭 UPS 电源。

**7. 停炉**

停炉在停止加热前先关闭甲醇和丙酮管路上的手动阀门(一般在 750 ℃以上时)。

## 3.3　微机控制渗碳淬火工艺组织性能

### 3.3.1　微机控制渗碳淬火工艺

良好的渗碳工艺过程应能达到:

(1)在工件内部获得要求的表面碳浓度、硬化层深度以及沿硬化层深度呈“S”形的碳浓度分布特性曲线。

(2)工件在完成渗碳的同时,达到所要求的淬火温度,并已在此保持适当长的时间,使工件内外温度均匀,为直接淬火做好准备。

整个渗碳过程中对炉温和炉气碳势的调节都应服从上述最终目的,并使整个过程的时间最短。利用计算机控制系统的快速计算和控制功能,对渗碳工艺全过程进行智能化控制。系统的渗碳工艺控制过程分为自适应法和分段法(按时间和按硬化层深度计算)两种方式。

**1. 自适应控制方式**

目前大多数厂家采用强渗-扩散两段渗碳法,按照经验确定各阶段时间、温度和炉气的碳势。这种方法不能将炉气和工件表面碳浓度保持在允许的最高限度,不能最大限度地提高渗碳速度,也不能对工艺过程实行全面控制。

自适应控制法将炉气和工件表面碳浓度保持在允许的最高限度,最大限度地提高渗碳速度，对工艺过程实行全面自适应控制，并能对工艺过程中出现的意外情况，如炉子漏气、渗碳介质供给系统阻塞或泄漏等引起的炉气碳势偏离以及某些因素引起的炉温变化等进行综合自动补偿，最大限度地消除人为误差，提高工艺的重现性。自适应法渗碳工艺编辑窗口如图 3.11 所示。

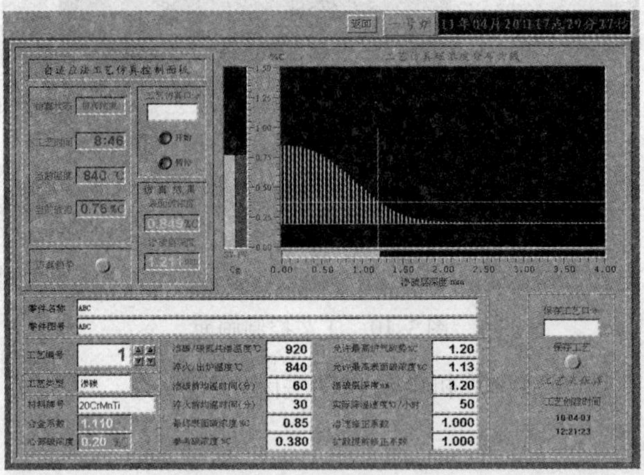


图 3.11　自适应法渗碳工艺编辑窗口

采用自适应控制方式，由强渗转入扩散和由渗碳温度转入淬火温度开始降温的时刻无须用户设定，完全由系统自动安排。

整个渗碳过程的温度和碳势分为五个阶段，在电脑屏幕上即时显示，见表 3.1。

**表 3.1　自适应渗碳过程温度和碳势调节阶段**

| 调节内容 | 显示 | 渗碳 |
|---|---|---|
| | 1 | 升温 |
| | 2 | 到温前，即工件均温完成前 |
| 温度调节阶段号 | 3 | 保温进行渗碳/碳氮共渗 |
| | 4 | 保温进行渗碳/碳氮共渗 |
| | 5 | 淬火前保温 |
| | 1 | 排气 |
| | 2 | 高碳势，工件表面碳浓度提升 |
| 碳势调节阶段号 | 3 | 自适应调节，工件表面碳浓度保持在允许最高值 |
| | 4 | 工件表面碳浓度预调整（预扩散） |
| | 5 | 工件表面碳浓度最终调整（最终扩散） |

(1) 碳势调节分段

阶段 1(排气阶段)

本阶段的作用是在尽可能短的时间内排尽炉内空气,建立较高的炉气碳势。当炉温高于渗碳介质的最低输入温度时,系统通入炉气介质。如 750 ℃后通入甲烷或甲醇,800 ℃后滴入煤油,开始排气和建立碳势。

当炉气碳势达到允许的最高碳势($C_{gmax}$),碳势调节进入第 2 阶段,或工件表面碳浓度达到即将发生碳化物析出限($C_{smax}$)时直接进入第 3 阶段。

阶段 2(高碳势,工件表面碳浓度提升阶段)

在本阶段,炉气碳势保持允许的最高值,使工件表面碳浓度迅速升高,直到工件表面碳浓度达到即将发生碳化物析出限,进入第 3 阶段。

阶段 3(自适应控制强渗阶段)

在本阶段,计算机不断地调整炉气碳势,将工件表面碳浓度始终保持在即将发生碳化物析出的临界值,这种自适应控制强渗方法既能保证工件表面不发生碳化物析出,又能以最大的浓度梯度向内进行扩散,提高渗碳速度。

当达到以下条件时自动转入第 4 阶段——预扩散阶段

$$D_p - PV\_D_p \leqslant \Delta A \tag{3.4}$$

式中 $D_p$—— 设定的硬化层深度;

$PV\_D_p$—— 当前硬化层深度;

$\Delta A$—— 进入预扩散阶段的层深提前量。

阶段 4(预扩散阶段)

此阶段逐渐降低炉气碳势,使工件表面碳含量逐渐接近稍高于最终要求的数值,为下阶段顺利调节最终表面碳浓度创造条件。从此阶段开始,计算机增加对工件硬化层内碳浓度分布曲线形状的控制,适时调节炉气碳势。

当达到以下条件时自动转入第 5 阶段 —— 最终扩散阶段,即

$$SV\_D_p - PV\_D_p \leqslant \Delta B \tag{3.5}$$

式中 $SV\_D_p$—— 设定的硬化层深度;

$PV\_D_p$—— 当前硬化层深度;

$\Delta B$—— 进入最终扩散阶段的层深提前量。

阶段 5(最终扩散阶段)

此阶段以工件表面碳含量最终要求的数值为目标调节炉气碳势,直至出炉。

(2) 炉温调节分段

阶段 1 炉温从室温升至渗碳温度,并保持要求的透热时间。

阶段 2 开始渗碳/碳氮共渗前,保持要求的透热时间。

阶段 3 在降温前,保持在渗碳/碳氮共渗温度。

当渗层深度满足以下条件时,转入阶段 4,即

$$D_p - PV\_D_p \leqslant \Delta C \tag{3.6}$$

式中 $D_p$—— 设定的渗层深度；

$PV\_D_p$——当前的渗层深度；

$\Delta C$—— 转入阶段 4(降温阶段) 时当前渗层深度距设定渗层深度允许的最大差值。

阶段 4(淬火前的降温阶段)

在本段,炉温从渗碳温度开始降温,直至到达要求的淬火温度。

阶段 5(淬火前工件的均温)

在本段,淬火温度保持足够的时间,以使工件内外均匀地达到淬火温度。

$\Delta A$、$\Delta B$ 和 $\Delta C$ 的确定原则是使碳势和温度的调节相互配合，使以下四条出炉条件同时得到满足：

① 工件表面碳浓度符合要求。

② 工件硬化层深度达到设定值。

③ 工件硬化层内碳浓度分布曲线为要求的"S"形。

④ 工件淬火前均温时间到。

$\Delta A$、$\Delta B$ 和 $\Delta C$,与渗碳淬火温度 $T_C$、淬火前的预冷温度 $T_q$、渗碳过程中工件允许的最高碳浓度 $C_{smax}$、工件要求的最终表面碳浓度 $C_s$、决定硬化层深度的临界碳浓度 $C_d$、工件要求的硬化层深度 $D_p$、炉子的降温速度 $V_{dec}$ 以及工件淬火前在预冷温度的保温时间 $\tau_s$ 等因素有关,必须综合上述因素,建立相应数学模型来计算 $\Delta A$、$\Delta B$ 和 $\Delta C$。

注意：自适应渗碳或碳氮共渗过程完成的四项条件(同时达到)：

①工件表面碳浓度符合要求：设定值±0.015 %C。

②硬化层深度≥(设定值-0.02 mm)。

③碳浓度分布曲线已符合要求,工件内碳浓度最高值-表面碳浓度≤0.05 %C。

④淬火前均温时间到。

**2. 分段法控制方式 1(各段按设定时间到结束)**

分段法是根据零件性能的需要,自行设定加热、保温、强渗、扩散、碳势等工艺过程及工艺参数,能够极大地满足工厂实际需要,具有极大的自由性和可操作性。图 3.12 和图 3.13分别为热处理工艺图和与之相对应的微机渗碳工艺编辑窗口。

(1) 升温阶段

升温阶段在到达设定炉温时结束。最大升温速度按下式计算控制

最大升温速度 = (目的温度-起始温度)/设定时间

为了尽快排气和建立碳势，当炉温超过通入渗碳介质的最低温度后通入炉气介质(如 750 ~ 800 ℃后通入煤油)。

由于本阶段炉温和工件温度都较低,故本段碳势设定也应较低。

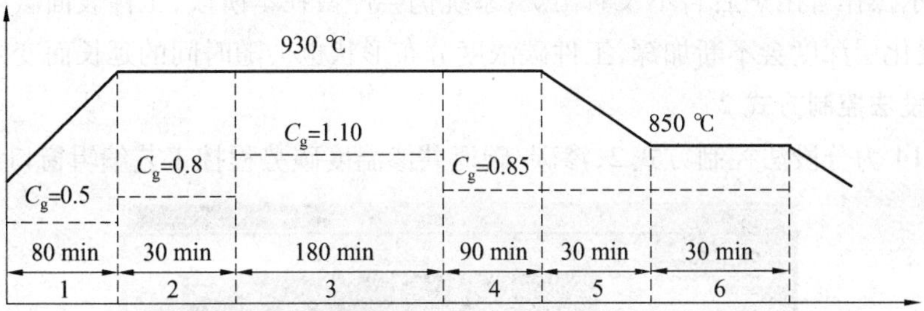


图 3.12　分段法 1 渗碳/碳氮共渗温度碳势程控工艺曲线图(各段按设定时间到结束)

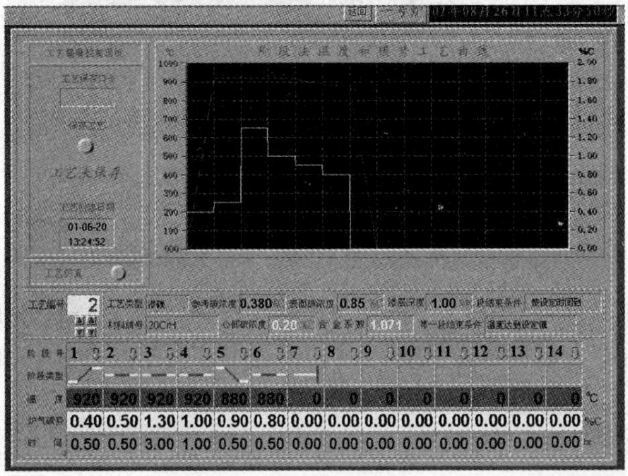

图 3.13　分段法 1 渗碳/碳氮共渗温度碳势程控工艺编辑窗口(各段按设定时间到结束)

(2) 均温、排气阶段

由于井式炉罐内外温差和工件内外温差,炉温刚升到渗碳温度时还需进行恰当时间的均温(本例为 30 min),使罐内的工件内外均达到设定的渗碳温度。本段在均温完成后结束。

此时,炉内已经过升温和均温阶段较长时间地通入炉气介质(如甲醇和富化气),已基本排尽炉内空气,建立了较高的炉气碳势,具备工件开始渗碳的条件。

计算机通过碳势控制仪输出报警信号,通知操作者进行关孔操作。

(3) 碳势、温度、时间分段定值控制阶段

均温、排气阶段结束后进入分段定值碳势、温度、时间控制阶段。工艺的段数、每段工艺的碳势、温度和时间全部按工艺设定进行。

从此时开始,工件开始渗碳,系统对炉气氧探头电势和炉温采样,实时计算每一时刻的炉气碳势、工件硬化层内碳浓度分布、工件表面碳含量和硬化层深度。

在降温段的最大降温速度按下式计算控制

$$最大降温速度 = (起始温度 - 目的温度)/设定时间$$

当最后一段保温时间达到后,系统自动发出报警信号,提示操作者结束渗碳工艺。系

统鸣铃提示操作者出炉后若不及时出炉，系统仍会停留在本阶段，工件表面碳浓度仍保持不变，但硬化层深度会不断加深，工件碳浓度分布形状也会随时间的延长而变差。

**3. 分段法控制方式 2**

图 3.14 为分段法控制方式 2，渗碳/碳氮共渗温度碳势程控工艺编辑窗口。

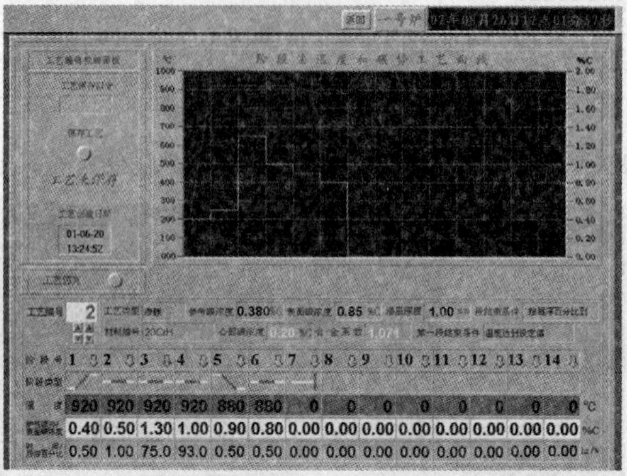


图 3.14　分段法 2 渗碳/碳氮共渗温度碳势程控工艺编辑窗口

（除升降温段和出炉前的保温段按设定时间到结束外，其余各段按层深百分比到结束）

（1）升温阶段

升温阶段在到达设定炉温时结束。最大升温速度按下式计算控制

最大升温速度 =（目的温度 - 起始温度）/设定时间

炉温达到一定温度后通入炉气介质（如 750 ~ 800 ℃后通入煤油），开始排气和建立碳势。由于本阶段炉温和工件温度都较低，故本段碳势设定也应较低。

（2）均温、排气阶段

由于井式炉罐内外温差和工件内外温差，炉温刚升到渗碳温度时还需进行恰当时间的均温（本例为 0.5 h），使罐内的工件内外均匀达到设定的渗碳温度。本段结束时，炉内已经过升温和均温阶段较长时间地通入炉气介质（如甲醇和煤油），已基本排尽炉内空气，建立了较高的炉气碳势，具备工件开始渗碳的条件。计算机通过碳势控制仪输出报警信号，通知操作者进行关孔操作。

（3）自适应渗碳扩散控制阶段（可以为多段）

均温、排气阶段结束后进入自适应渗碳势控制阶段。此后，系统对炉气氧探头电势和炉温采样，实时计算每一时刻的炉气碳势、工件硬化层内碳浓度分布、工件表面碳含量和硬化层深度。计算机不断地调整炉气碳势，将工件表面碳浓度始终保持在设定值。这种自适应控制法用于强渗阶段，既能保证工件表面不发生碳化物析出，又能以最大的浓度梯度向内进行扩散，提高渗碳速度；自适应控制法用于扩散阶段，可以保证工件表面达到要求的最终表面碳浓度。当工件的硬化层深度达到该段设定的百分比时本段结束，自动转入下阶段。

**4. 降温和出炉前的保温阶段**

降温段的最大降温速度按下式计算控制

最大降温速度＝（起始温度－目的温度）/设定时间

当最后一段保温时间达到后，系统自动发出报警信号，提示操作者结束渗碳工艺。

系统鸣铃提示操作者出炉后若不及时出炉，系统仍会停留在本阶段，工件表面碳浓度仍保持不变，但硬化层深度会不断加深，工件碳浓度分布形状也会随时间的延长而变差。

## 3.3.2 微机控制渗碳淬火组织和性能

**1. 概述**

渗碳是目前机械制造工业中应用最广泛的一种化学热处理方法，其工艺特点是将低碳钢或低碳合金钢零件在增碳的活性介质（渗碳剂）中加热到高温（900～950 ℃），使碳原子渗入表面层，继之以淬火并低温回火，使零件表层与心部具有不同成分、组织与性能。低碳钢经渗碳后，在缓慢冷却的条件下，渗碳层的组织基本上与 $Fe-Fe_3C$ 状态图上各相区相对应，即由表面到中心依次为过共析区（渗碳体呈网状、粒状或块状）、共析区、亚共析区（即过渡层），中心组织即为原始组织（图 3.15）。对渗碳淬火试样进行观察（图 3.16），测定渗碳的深度，并对渗碳后的试样利用硬度计测试试样的硬度（图 3.17）。

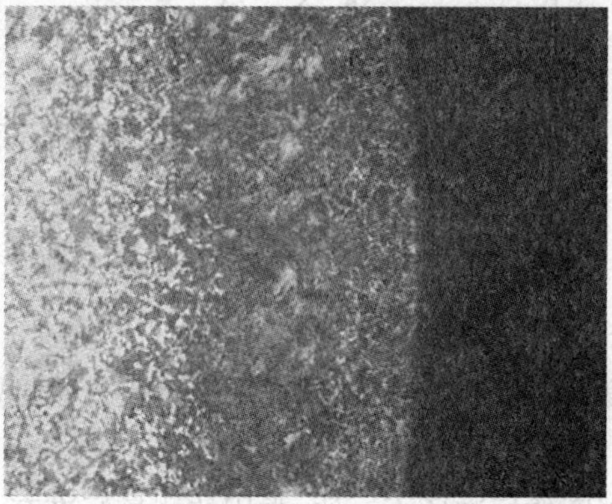

图 3.15　Q235 钢微机渗碳后缓冷组织（50 倍）

**2. 渗碳层深度测定**

工件渗碳后并在淬火前需要检查渗碳层的深度，检查方法有以下几种：

（1）宏观断口法

将渗碳层试样从渗碳炉中取出，自渗碳温度立即淬火，然后打断，断口上渗碳层部分呈银白色瓷状，未渗碳部分则为灰色纤维状，交界处的含碳量约为 0.4%，这样就能粗略地估计出渗碳层的深度。为了更好地显现渗碳层深度，可将试样断口磨平，用 4% 硝酸酒精浸蚀，腐蚀后渗碳层呈暗黑色，中心部分呈灰色，亦可粗略地测出渗碳层的深度，这种方法适用于淬火状态，也适用于退火状态。但是此种方法只能粗略地估计渗碳层的深度。

图 3.16　Q235 钢微机渗碳淬火组织(500 倍)

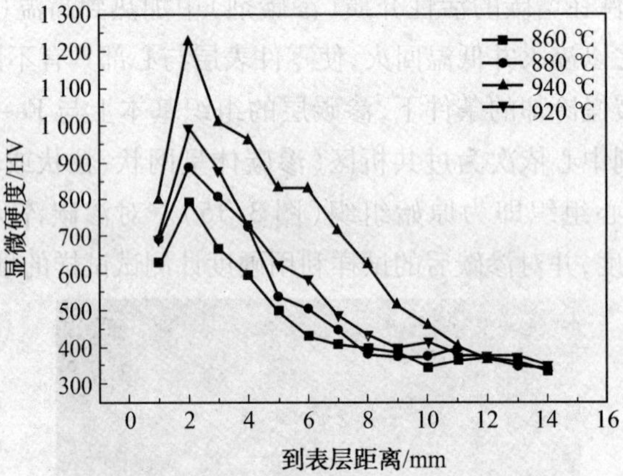


图 3.17　不同温度下 Q235 钢渗层表面到心部显微硬度变化曲线

(2)金相显微组织法

此法测量渗碳层深度,对低碳钢淬火的试样要进行正火,对低碳合金钢淬火的试样要进行等温退火。

目前对测量渗碳层深度的标准还不一致,常用的测量标准有:

①过共析+共析。这种测量方法采用较少,它适用于要求表面耐磨而心部机械性能要求不高的产品。

②过共析+共析+亚共析。

③过共析+共析+亚共析的 1/2。

④过共析+共析+亚共析的 1/3。

⑤过共析+共析+亚共析的 2/3。

⑥自表面测量至碳含量相当于 40 钢,即铁素体和珠光体各 50% 处。

⑦自表面测量至心部原始组织(合金渗碳钢)。

⑧渗碳淬火后直接测量法。这种方法只适用于低碳马氏体钢,如 18Cr2Ni4WA 属于此类钢,对于珠光体类型钢很少采用。

对于碳素渗碳钢来说,大多从表面测至过渡区1/2处为止,该处碳含量相当于40钢(平均0.4%C左右),即方法⑥。

对于拖拉机零件渗碳层可分为两部分:

①共析层深度:系指自样品表面量至最初发现铁素体的厚度。

②总层深度:系指自样品表面量至心部原始组织的整个厚度。

一般规定:

①渗碳后不经磨削加工的零件,共析层深度应大于总渗层深度的40%。

②渗碳后经磨削加工的零件,共析层深度应大于总渗层深度的50%。

## 3.4 常见问题分析和解决措施

**1. 渗碳层表面脱碳**

脱碳是指钢在加热时表面碳含量降低的现象。脱碳的实质是钢中碳在高温下与氧和氢等发生作用生成一氧化碳或甲烷。这些反应是可逆的,氧、氢、二氧化碳、水使钢脱碳,一氧化碳和甲烷可以使钢增碳。一般情况下,钢的氧化脱碳同时进行,当钢表面氧化速度小于碳从内层向外层扩散速度时发生脱碳,反之,当氧化速度大于碳从内层向外层扩散的速度时发生氧化,因此氧化作用相对较弱的氧化气氛中容易产生较深的脱碳层。微机渗碳时,由于设计不合理或操作不当也会出现氧化和脱碳现象,主要原因有以下几个方面:

①固体渗碳时密封不严。

②渗碳时炉体漏气,流量小,炉内压力小或出现负压。

③后期渗剂浓度减小过多造成碳势过低。

④渗碳后冷却过慢。

⑤淬火加热时保护不当等产生脱碳。

解决措施:

①提高气体渗碳炉的密封性,确保无空气进入。

②渗碳后零件应以较快的速度冷却或进行直接淬火,改善冷却条件以及淬火时加热保护。

**2. 渗碳层深度不够,渗碳层的碳浓度过低**

产生原因:

①渗碳温度太低,保温时间短。

②气体渗碳剂的滴量不足(浓度低)、炉气碳势低或炉子密封不严(漏气)。

③炉内气压偏低。

④表面被炭黑或灰覆盖,零件表面有氧化皮等。

⑤零件表面有氧化。

解决措施:

①调整渗碳工艺或重新进行渗碳处理。

②加大渗碳气氛的流量。

③对炉内气氛进行稀释或重新清理后渗碳。

④渗碳前进行表面清理。

**3. 渗碳层淬硬后有剥落**

产生原因：

①渗碳试样表面碳浓度梯度太陡或急剧变化，硬度不均。

②淬火时冷却介质选择不当。

解决措施：

①采用活性较弱的渗碳剂。

②合理制定和掌握渗碳过程中的扩散期。

③采用冷却比较缓慢的冷却介质。

④采用扩散退火处理后再进行淬火。

# 3.5 典型的渗碳技术实践训练

## 实训 20钢微机渗碳工艺设计及组织性能实践训练

### 一、实训目的

微机渗碳是材料表面工程领域中应用非常广泛的一项技术，是现阶段工厂的主要表面处理手段。通过实验使学生加深对课堂教学内容的理解，提高学生思考问题能力、解决问题能力和实际动手能力。要求学生掌握渗碳的基本原理，了解微机渗碳设备的工作原理，学会并掌握渗碳工艺设计，使学生熟悉和掌握微机渗碳的方法及设备的使用。

### 二、实训内容

1. 根据20钢的应用环境及性能要求，查询近期与渗碳相关文献，确定其热处理规范。正确对渗碳前的金属基材进行预备热处理，通常为正火或退火工艺。

2. 确定微机渗碳工艺及淬火+回火工艺。

3. 磨制金相试样，在光学显微镜下进行组织观察和性能测试。

### 三、实训要点

1. 渗碳炉如长时间未使用必须进行烘烤处理，200～600 ℃，约48 h。

2. 渗碳前应先检查仪器和实验设备是否完好。

3. 当炉温升至750 ℃后通入甲醇进行排气，800 ℃打开煤油开关。

4. 实验过程要时刻关注各参数变化和冷却水是否正常，每10 min观察一次，禁止无人看管设备。

5. 当氧势达到 950 mL 以上时候，点燃排气孔。

6. 实验结束后，待炉子冷却至 200 ℃以下方可关停风扇。

**四、实训装置**

| | |
|---|---|
| 1. 微机控制渗碳设备 | 一套 |
| 2. 冷却系统(水冷机) | 一套 |
| 3. 冷却油 | 一桶 |
| 4. 金相显微镜 | 一台 |
| 5. 抛光机 | 一台 |
| 6. 渗碳试件、砂纸 | 若干 |

**五、实训步骤**

1. 微机渗碳工艺流程(图 3.18)

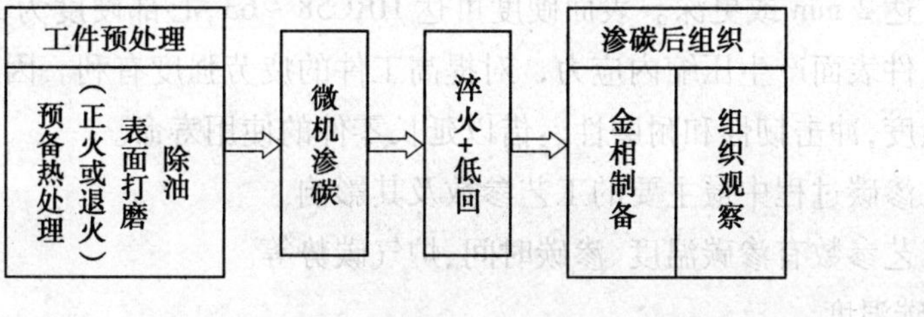


图 3.18 微机渗碳工艺流程

2. 实训流程

①预备热处理：查热处理手册，确定其预备热处理规范及渗碳工艺。

②试验制备：试样尺寸 $\phi$ 8×10 mm。

③试样表面处理：使用砂纸打磨试样表面，并用丙酮或酒精清洗表面油污。

④将试样用铁丝拴牢靠，从试样孔放入渗碳炉中。

⑤开启微机，打开渗碳工艺窗口并输入渗碳工艺，并点开始按钮，使渗碳炉处于工作状态。

⑥750 ℃通甲醇排气，800 ℃通入煤油，氧势达到 950 mL 后，点燃排气孔。

⑦实验结束后，进行一次淬火和直接淬火工艺，也可随炉冷却。

⑧磨制金相试样。

⑨进行组织观察、硬度测试。

**六、实训原理**

1. 微机渗碳的工作原理

渗碳(Carburizing/Carburization)是指使碳原子渗入到钢表面层的过程，也是使低碳钢的工件具有高碳钢的表面层，再经过淬火和低温回火，使工件的表面层具有高硬度和耐磨性，而工件的中心部分仍然保持着低碳钢的韧性和塑性。

渗碳工件的材料一般为低碳钢或低碳合金钢(含碳量小于 0.25%)。渗碳后，钢件表面的化学成分可接近高碳钢。工件渗碳后还要经过淬火，以得到高的表面硬度、耐磨性和疲劳强度，并保持心部有低碳钢淬火后的强韧性，使工件能承受冲击载荷。渗碳工艺广泛用于飞机、汽车和拖拉机等的机械零件，如齿轮、轴、凸轮轴等。

渗碳与其他化学热处理一样，也包含三个基本过程：

①使分解的渗碳介质产生活性碳原子。

②吸附活性碳原子被钢件表面吸收后即溶到表层奥氏体中，使奥氏体中含碳量增加。

③扩散表面含碳量增加便与心部含碳量出现浓度差，表面的碳遂向内部扩散。

碳在钢中的扩散速度主要取决于温度，同时与工件中被渗元素内外浓度差和钢中合金元素含量有关。渗碳零件的材料一般选用低碳钢或低碳合金钢(含碳量小于0.25%)。渗碳后必须进行淬火才能充分发挥渗碳的有利作用。工件渗碳淬火后的表层显微组织主要为高硬度的马氏体加上残余奥氏体和少量碳化物，心部组织为韧性好的低碳马氏体或含有非马氏体的组织，但应避免出现铁素体。一般渗碳层深度范围为0.8～1.2 mm，深度渗碳时可达2 mm或更深。表面硬度可达HRC58～63，心部硬度为HRC30～42。渗碳淬火后，工件表面产生压缩内应力，对提高工件的疲劳强度有利。因此渗碳被广泛用以提高零件强度，冲击韧性和耐磨性，借以延长零件的使用寿命。

2. 微机渗碳过程中最主要的工艺参数及其影响

主要工艺参数有渗碳温度、渗碳时间、炉气碳势等。

(1)渗碳温度

通常渗碳温度在880～930 ℃范围内，较低渗碳温度有利于减小渗碳淬火零件的变形和有利于浅层渗碳时渗碳层碳浓度和深度的控制。而渗碳温度高，则渗碳速度快，可缩短渗碳周期，节约能源。但是渗碳温度过高，会发生过热现象，导致晶粒异常粗大，故多数零件的渗碳温度为920 ℃左右。

(2)渗碳时间

在正常渗碳情况下，随着渗碳时间的延长，渗层浓度梯度变小，渗速降低。渗碳时间与渗层厚度的关系可表示为

$$d=k\sqrt{\tau} \tag{3.7}$$

式中 $d$——渗层厚度，mm；

$\tau$——渗碳时间，h；

$k$——常数。

这就是说，同一渗碳温度下，渗层深度随着时间延长而增加，但增加的程度越来越小。渗碳保温时间主要取决于要求获得的渗层厚度。当温度一定时，渗层厚度与保温时间之间存在着抛物线关系。

(3)炉气碳势

炉气碳势选定炉气碳势值并精确控制。炉气碳势高，则渗碳件表面含碳的质量分数高，浓度梯度大，因而可以提高渗碳速度。但是，过高的碳势会在渗碳层出现网状碳化物，使渗碳层脆性增大，这是不允许的。为此，在渗碳的工艺上出现了多段控制碳势的工艺方

法，即把渗碳时间分为两段：第一阶段采用较高碳势进行强渗，称为强渗期；第二阶段选择较低的碳势，让碳原子由渗层表面向内扩散，以降低渗层表面碳的质量分数并增加渗碳的深度，称为扩散期，有时不仅在强渗期和扩散期选用不同的碳势，而且采用不同温度，通常是强渗期选用较低温度，而扩散期采用较高温度，更有利于把渗碳的高速度和良好的渗碳质量结合起来。

应强调指出，渗碳前的预处理，对零件渗碳、淬火质量具有重要影响。例如，必须认真做好零件入炉前的清洗，彻底清除油污、锈迹和其他杂质。锻件毛坯或粗加工毛坯，应进行正火或调质处理，消除锻造组织缺陷和机械加工应力。

**七、实训数据及处理**

| 序号 | 渗碳材料 | 工艺参数 | | | | 硬度 | 组织形貌 | 备注 |
|---|---|---|---|---|---|---|---|---|
| | | 温度/℃ | 时间/min | 碳势/(C%) | 表面碳质量分数/% | | | |
| 1 | | | | | | | | |
| 2 | | | | | | | | |

**八、渗碳层组织和性能表征**

1. 使用洛氏硬度计对渗碳层进行硬度测试，使用维氏硬度计由表及里测试渗碳层硬度分布状态。

2. 使用金相显微镜对渗碳层进行组织观察。

**九、注意事项**

1. 渗碳过程中务必时刻关注循环水工作情况，防止烧损设备。

2. 渗碳结束后待炉子温度降至 200 ℃以下时才可离开，并关停风扇。

**十、思考题**

1. 制定出 20 钢合理的渗碳工艺。

2. 试样在渗碳前需要哪些预处理，有什么作用？

3. 渗碳过程都包括哪些阶段，这些阶段在渗碳过程中的作用有哪些？

## 习题与思考题

1. 哪些钢适合渗碳处理？

2. 钢材渗碳前进行哪些预处理？

3. 工件渗碳后还需要进行哪些热处理？

4. 工件淬火回火后，从表面到心部，渗碳层的组织分布是什么样的？

5. 微机渗碳工艺是如何实现对碳势的控制的？

6. 如何确定渗碳层厚度？

7. 制定出 20Cr、20CrMnTi、18Cr2Ni4WA 三种不同成分的钢种合理的渗碳工艺。

# 第4章　化学转化膜实践技术

## 4.1　概　述

### 4.1.1　化学转化膜概述

化学转化膜是通过金属与溶液界面上的化学或电化学反应,在金属表面形成的稳定的化合物膜层。按膜的主要组成物不同化学转化膜分为:氧化物膜、磷酸盐(化物)膜、铬酸盐膜和溶胶-凝胶膜等,这些膜层与基体结合牢固,具有优异的物理、化学及力学等性能,尤其具有耐腐蚀性能。

转化膜的形成实质上是一种人为控制的金属表面腐蚀过程,它不同于外加的膜层(如电镀层和化学镀层等),在形成时必须有基体金属的直接参与。转化膜形成的反应是非常复杂的,在总反应过程中包括电化学、物理化学和化学的过程,并且还可能有两次及以上反应和副反应发生。

化学转化膜作为金属制件的防护层,其防护功能主要依靠降低金属本身的化学活性,以提高它在环境介质中的热力学稳定性。除此之外,它也依靠金属表面上的转化产物对环境介质起隔离作用。化学转化膜几乎在所有金属表面上都能生成,它广泛应用于机械、冶金、仪器仪表、电子等制造工业领域,作为防腐蚀和其他功能性的表面覆盖层。铁路弹条、螺栓、螺母等紧固件,防腐蚀性能要求一般为库存期及运输过程中不允许腐蚀生锈。发黑处理后可满足此类零部件的防锈要求。图4.1为常温、碱性高温及余热发黑处理后的铁路弹条、螺栓、螺母实物图片。

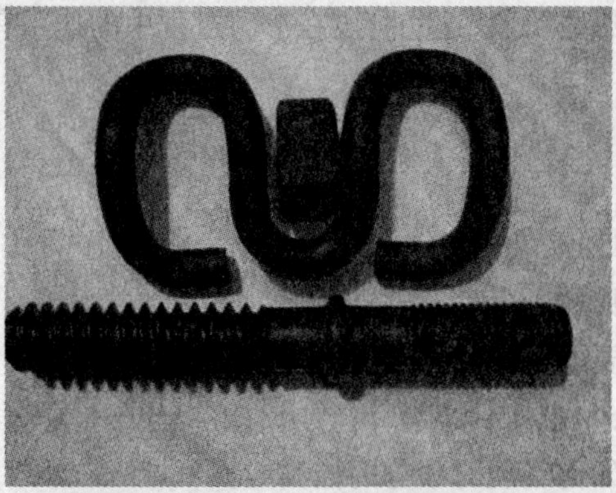

图4.1　经发黑处理的铁路紧固件

随着科学技术的发展，许多新物质、新材料在生产、生活中得到了发现与应用，但是金属作为一种不可或缺的资源，在现代制造业和结构设计中仍然是无法取代的，有着重要的地位。材料的综合特性包括强度、可加工性、可用性、成本以及重复利用性，就金属而言，要使其全部满足上述各项性能指标，已越来越困难，局限性颇多。就其防腐蚀和涂饰方面，油漆涂料就担负着重要的角色。而金属预处理的目的，不外乎防止腐蚀、改善油漆附着力、改善润滑状况以及改变电特性等。为了达到上述目的，需要改进金属表面的特性。在金属表面处理中，其预处理是最为关键的一步，涉及相当广泛的技术领域。

**1. 转化膜的性质和用途**

(1)用于防护和装饰

转化膜层对外界温度、湿度变化和腐蚀介质等具有较高的稳定性，连续覆盖于金属表面不使其裸露，并使其表面均匀一致，可以耐腐蚀、抗污染、防变色等。对金属表面或对其转化膜进行着色或其他处理，可以得到各种不同的颜色或外观效果，以满足人们对产品外观的不同审美要求及其他特殊要求。

(2)提高涂膜与基体的结合力

转化膜层与基体之间结合力良好，广泛用作涂层底层。

(3)耐磨减摩

如铝阳极氧化膜硬度大大高于铝或铝合金，使工件表面耐磨性大为提高。磷化膜本身摩擦系数小，且具有很好的持油性，在金属接触面间形成缓冲层，所以有效地减小了零件间的摩擦阻力和磨耗。

(4)适用于冷成型加工

金属表面进行磷化处理后再冷成型加工，如拉拔、冲击、挤压，减小拉拔力，延长拉拔或挤压模具寿命。

(5)电绝缘性

厚的磷化膜具有电绝缘性，磷化膜很早就用作硅钢板绝缘层。干的铝阳极氧化膜是绝缘体，其击穿电压依膜层厚度不同而不同。

**2. 转化膜技术的分类**

转化膜有很多种类，按其形成机理可分为化学转化膜和电化学转化膜；按其成分有氧化膜、磷酸盐膜、铬酸盐膜和草酸盐膜；按其用途则可分为功能性膜如耐磨、减摩、润滑、电绝缘、冷成型加工、涂层基底等及防护性、装饰性膜；以化学方法形成的有磷化膜、铬酸盐钝化膜、草酸盐膜、化学氧化膜等。这些方法广泛用于处理钢铁、铝、锌等金属材料。化学方法成膜不需采用电源设备，只需将工件浸渍于一定的处理溶液中，在规定的温度下处理数分钟即可形成转化膜层。以电化学方法也可在金属表面上形成转化膜，即以工件作为阳极，在一定的电解液中进行电解处理而形成氧化层，称为阳极氧化膜。本章重点介绍应用最多，最具有实用价值的金属材料转化膜技术。

### 4.1.2 化学转化膜技术的研究现状与发展趋势

化学转化膜作为金属零部件的防护层，其防护功能主要是依靠降低金属本身的化学活性，以提高金属在环境介质中的热力学稳定性。除此之外，也依靠其表面上的转化产物对环境介质的隔离作用。化学转化膜几乎在所有的金属表面都能形成。

化学转化膜技术的内容极其丰富，工艺方法层出不穷。传统工艺如磷化、发黑等向常温、无污染方向发展，新工艺则向保护性膜层、功能性膜层、催化性膜层方向发展，如微弧氧化、溶胶-凝胶成膜等。

## 4.2 化学转化膜技术原理

### 4.2.1 磷化处理原理

**1. 磷化分类**

磷化的分类方法很多，但一般是按磷化膜体系、磷化膜厚度、促进剂类型、磷化膜用途进行分类。

(1)按磷化膜体系分类

按磷化成膜体系主要分为锌系、锌钙系、锌锰系、锰系、铁系、非晶相铁系六大类。

(2)按磷化膜厚度分类

按磷化膜厚度(膜重)可分为次轻量级、轻量级、次重量级、重量级四种。次轻量级膜为 0.2~1.0 $g/m^2$，一般是非晶相铁系磷化膜，仅用于漆前打底，特别是变形大的工件涂漆前打底效果很好。轻量级膜为 1.1~4.5 $g/m^2$，广泛应用于漆前打底，在防腐蚀和冷加工行业应用较少。次重量级磷化膜为 4.6~7.5 $g/m^2$，由于膜重较大，膜较厚(>3 μm)，较少作为漆前打底(仅作为基本不变形的钢铁件漆前打底)，可用于防腐蚀及冷加工减摩润滑。重量级膜大于 7.5 $g/m^2$，不作为漆前打底用，广泛用于防腐蚀及冷加工。

(3) 按促进剂类型分类

由于磷化促进剂主要是以无机盐和有机氮化物为主，按促进剂的类型分有利于对槽液的了解。根据促进剂类型大体可决定磷化处理温度，如 $NO_3^-$ 促进剂主要就是中温磷化。促进剂主要分为硝酸盐型、亚硝酸盐型、氯酸盐型、有机氮化物型、钼酸盐型等主要类型。每一个促进剂类型又可与其他促进剂配套使用，又划出新的分支系列。硝酸盐型包括 $NO_3^-$ 型、$NO_3^-$/ $NO_2^-$(自生)；氯酸盐型包括 $ClO_3^-/NO_3^-$、$ClO_3^-/NO_2^-$；亚硝酸盐型包括 $NO_2^-$、$NO_2^-$/ $NO_3^-$、$NO_2^-/ClO_3^-$。有机氮化合物包括 R-$NO_2$/ $ClO_3^-$。钼酸盐型包括 $MoO_4^{2-}$/ $ClO_3^-$、$MoO_4^{2-}$/ $NO_3^-$、$MoO_4^{2-}$。不同促进剂体系的常、低温磷化性能见表 4.1。

表4.1 不同促进剂体系的常温磷化性能

| 促进剂体系 | $NO_3^-/NO_2^-$ | $NO_3^-/ClO_3^-/NO_2^-$ | $NO_3^-/ClO_3^-$ | $NO_3^-/ClO_3^-$ 有机硝基化合物 |
|---|---|---|---|---|
| 槽液沉渣 | 一般 | 多 | 多 | 一般 |
| 槽液颜色 | 无色-微蓝 | 无色-微蓝 | 无色 | 深棕色 |
| 槽液补加 | 经常补加 | 经常补加 | 定期补加 | 定期补加 |
| 槽液管理 | 简单方便 | 简单方便 | 一般 | 较难 |
| 成膜速度 | 快 | 快 | 较慢 | 一般 |

(4)按磷化膜用途分类

①防护-装饰涂层底层。由于磷化膜具有微孔结构,有良好的吸附能力,故被广泛用作油漆、电泳、静电喷漆、喷粉等涂装底层,提高了漆膜结合力和工件的耐蚀性。这种磷化膜一般要求膜质量为 0.5~3 g/m$^2$,膜厚为 0.5~3 μm,以微晶谷粒状、球状结晶为最好。

②防腐蚀膜层。用于钢铁工件防腐蚀磷化层,可采用 Zn 系、Mn 系、Zn-Mn 系磷化膜,膜的质量必须大于 10 g/m$^2$,磷化膜须涂防锈油、防锈剂。

③冷加工润滑用磷化层。Zn 系磷化膜有助于冷加工成型,单位面积膜的质量依使用目的而定:

ⅰ.用于钢丝、钢管的拉拔,磷化膜质量为 5~10 g/m$^2$;

ⅱ.用于冷挤压成型,膜质量大于 10 g/m$^2$;

ⅲ.用于非减壁深冲成型,磷化膜质量为 1~5 g/m$^2$;

ⅳ.减壁深冲成型,磷化膜质量为 4~10 g/m$^2$。

④减摩润滑用磷化膜。Mn 系磷化膜常用于降低摩擦系数,对于动配合间隙较小的工件如电冰箱活塞,膜质量为 1~3 g/m$^2$,动配合间隙较大的工件如减速箱齿轮,膜质量可选为 5~20 g/m$^2$。

⑤电绝缘用磷化膜。变压器、电机用硅钢片经磷化处理可提高绝缘性能,一般选用 Zn 系磷化,膜质量为 120 g/m$^2$,击穿电压为 240~380 V,经磷化后再涂绝缘漆,可提高至 1 000 V,且不影响其磁性能。

**2. 磷化膜形成原理**

磷化作为一种表面化学处理方法,是指将金属表面与含磷酸二氢盐的酸性溶液接触,通过化学与电化学反应形成一种稳定的、不溶性的无机化合物膜层的过程,这层膜称之为磷化膜。

磷化的过程一般认为是包括化学过程与电化学反应的过程,虽然科学家在这方面已做过大量的研究,由于不同磷化体系、不同基材的磷化反应机理比较复杂,至今仍未完全形成系统理论。早期人们用下面的化学反应方程式简单表述磷化成膜机理:

$$8Fe+5Me(H_2PO_4)_2+8H_2O+H_3PO_4 \longrightarrow Me_2Fe(PO_4)_2\cdot 4H_2O+$$

$$Me_3(PO_4)_2 \cdot 4H_2O+7Fe(HPO_4)+8H_2\uparrow$$

式中,Me 为 Mn、Zn 等。

Machu 等人经研究认为,钢铁在含有磷酸及磷酸二氢盐的高温溶液中浸泡,将形成以磷酸盐沉淀物组成的晶粒状磷化膜,并产生磷酸一氢铁沉渣和氢气。这个机理解释比较粗糙,不能完整地解释成膜过程。

随着对磷化技术应用研究的逐步深入,当今大多数学者比较赞同的观点是磷化成膜,主要由以下四个步骤组成。

第一步,酸的浸蚀与促进剂的氧化过程。

(1)酸的浸蚀使基体系金属表面 $H^+$浓度降低

$$Fe-2e \longrightarrow Fe^{2+} \tag{4.1}$$

$$2H^++2e \longrightarrow H_2\uparrow \tag{4.2}$$

(2)促进剂(氧化剂)加速:

$$Fe^{2+}+[O]\longrightarrow Fe^{3+}+[R]\,[O]+[H]\longrightarrow[R]+H_2O \tag{4.3}$$

$$Fe^{2+}+[O]\longrightarrow Fe^{3+}+[R] \tag{4.4}$$

式中 [O]——促进剂(氧化剂);

[R]——还原产物,由于促进剂氧化掉第一步反应所产生的氢原子,加快了反应式(4.1)的速度,进一步导致金属表面 $H^+$浓度急剧下降,同时也将溶液中的 $Fe^{2+}$氧化成为 $Fe^{3+}$。

第二步,磷酸根逐步离解过程,磷酸根的多级离解。

$$H_3PO_4 \longrightarrow H_2PO_4+H^+\longrightarrow HPO_4^{2-}+2H^+\longrightarrow PO_4^{3-}+3H^+ \tag{4.5}$$

由于金属表面的 $H^+$浓度急剧下降,导致磷酸根各级离解平衡向右移动。

第三步,磷酸盐固化成膜过程。

磷酸盐沉淀结晶成为磷化膜。当金属表面离解出的 $PO_4^{3-}$ 与溶液中(金属界面)的金属离子(如 $Zn^{2+}$、$Mn^{2+}$、$Ca^{2+}$、$Fe^{2+}$)达到溶液溶度积常数 $K_{sp}$时,就会形成磷酸盐沉淀

$$2Zn^{2+}+Fe^{2+}+2PO_4^{3-}+4H_2O \longrightarrow Zn_2Fe(PO_4)_2\cdot 4H_2O\downarrow \tag{4.6}$$

$$3Zn^{2+}+2PO_4^{3-}+4H_2O \longrightarrow Zn_3(PO_4)_2\cdot 4H_2O\downarrow \tag{4.7}$$

磷酸盐沉淀与水分子一起形成磷化晶核,晶核继续长大成为磷化晶粒,无数个晶粒紧密堆集成磷化膜。

第四步,磷酸盐沉淀终止反应过程。

磷酸盐沉淀的副反应将形成磷化沉渣

$$Fe^{3+}+ PO_4^{3-} \longrightarrow Fe(PO_4)\downarrow \tag{4.8}$$

以上机理不仅可解释锌系、锰系、锌钙系磷化成膜过程,而且还可指导磷化配方与磷化工艺的设计。综上机理可以看出,适当的氧化剂可提高反应式(4.3)的速度;较低的 $H^+$浓度可使磷酸根离解反应式(4.5)的离解平衡更易向右移动离解出 $PO_4^{3-}$;金属表面如存在活性点时,可使沉淀反应式(4.6)、(4.7)不需太大的过饱和,即可形成磷酸盐沉淀晶

核;而磷化沉渣的产生取决于反应式(4.1)与(4.3)。溶液 $H^+$浓度高,促进剂强均使沉渣增多,磷酸盐反应机理及成膜过程如图 4.2 所示。

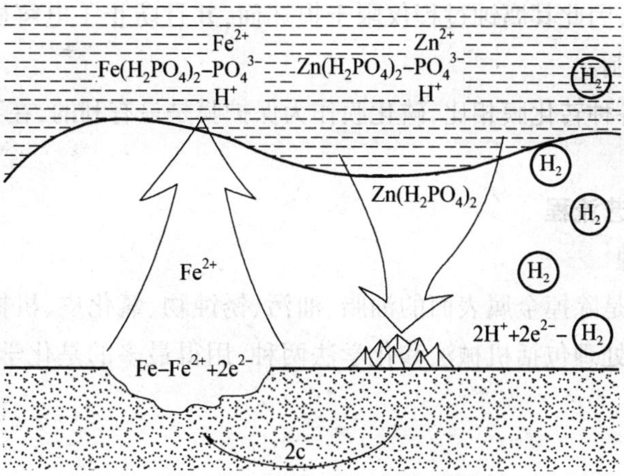


图 4.2　磷酸盐反应机理及成膜过程示意图

**3. 磷化膜的组成及性质**

磷化膜是由一系列大小不同的晶体组成的多孔结构,这种多孔的晶体结构使钢铁件表面的耐蚀性、吸附性、减磨性等性能得到改善。磷化膜的厚度一般为 1 ~ 50 μm,但实际使用中通常采用单位面积的膜质量来表示,根据膜质量可分为小于 1 g/m² 的为薄膜,1 ~ 10 g/m² 的为中等膜,大于 10 g/m² 的为厚膜。磷化膜在 200 ~ 300 ℃时仍具有一定的耐蚀性,当温度达到 450 ℃时,膜层防腐能力显著下降。磷化膜在大气、矿物油、苯、甲苯等介质中,有很好的抗蚀能力,但在酸、碱、海水及水蒸气中耐蚀性差。磷化处理后,其基体金属的硬度、磁性等均保持不变,但高强度钢在磷化处理后必须进行除氢处理。

磷化膜能够提高漆膜或其他有机涂料与金属的结合力及防护性,其主要原因大体上可归纳如下:

①磷化膜能够把金属基材表面的活性转化到最小的程度,把以后的腐蚀反应降到最低限度。

②磷化膜能给金属提供一个"粗糙面",给油漆或其他有机膜提供一个很好的咬合力,增强其附着力。

③由于磷化过程除去了工件面的各种无机污染物,如金属屑、轻微氧化物以及其他污物等,减少了影响附着力的内在不利因素;

④磷化膜作为一种屏障,终止了有机层与基体金属之间的化学反应,如皂化等。

⑤磷化膜为金属表面各点提供了一个同等的电化学电位,抑制了任何局部的阴极和阳极的"点腐蚀",从而消除了电化学腐蚀区,减少了电化学腐蚀。

⑥由于磷化膜能够提供一个同等的电化学电位,因此也抑制了漆膜或其他有机膜下面的腐蚀扩张,这应归于磷化膜的绝缘性。当未经磷化处理工件表面的金属或非金属涂层破损以后,基体金属裸露出来,在这些部位形成了微电池。由于在膜下形成的电解质及

金属的导电性、膜与金属之间的毛细现象,金属开始腐蚀并向各方向扩张,结果在膜下边形成腐蚀气泡。如果金属是经过磷化处理的,由于其他部位的金属被牢固地吸附在基体上的磷化膜所绝缘,因此其腐蚀过程仅限于损坏面,并且防止了电解质水平方向扩展,膜下的腐蚀受到了限制。

总之,和其他各种转化膜相比,磷化膜作为保护膜是最有利的,在某种情况下,其防护性大于金属镀层。

**4. 磷化处理工艺流程**

第一步:预处理

预处理的目的是除掉金属表面的油脂、油污、锈蚀物、氧化皮、机械杂质等,为磷化提供洁净的表面。预处理包括机械法和化学法两种,用得最多的是化学法。两种方法工序如下:

(1)机械法

①喷沙、抛丸除锈、除氧化皮。

②除油、脱脂、有机溶剂清洗。

③碱性清洗剂清洗。

④酸性清洗剂清洗。

(2)化学法

①除油、脱脂。

ⅰ. 有机溶剂清洗。

ⅱ. 碱性清洗剂清洗。

ⅲ. 酸性清洗剂清洗。

②除锈。

ⅰ. 盐酸常温除锈。

ⅱ. 硫酸中温除锈。

ⅲ. 除锈、除氧化皮、磷酸除锈、有机酸除锈。

③表面调整。

ⅰ. 草酸表面调整。

ⅱ. 胶体钛表面调整。

第二步:磷化处理

磷化处理是利用含有磷酸、磷酸盐和其他化学药品的稀溶液处理金属,使金属表面发生化学、电化学反应,转变为完整的、具有中等防腐蚀作用的不溶性磷酸盐层的方法。生产中常采用各种磷化处理技术满足不同的要求。依据化学溶液中参与成膜的金属离子的同异,分为不同体系的磷化,常用的有锌系、锌钙系、锌锰系、锰系、铁系、非晶相锌铁系类。

第三步:后处理

磷化后所作的进一步处理,与用磷化防锈、减摩、润滑、涂漆底层相对应的后处理是:

涂油涂脂增强防锈性能;硼砂或皂化处理,进一步增加润滑,降低加工摩擦力;涂漆形成长期的防腐蚀、防护、装饰性表面涂层体系。

**5. 磷化的发展状况和应用**

(1) 磷化的状况和发展趋势

磷化膜用作钢铁的防腐蚀保护膜,最早的记载是英国 Charles Ross 于 1869 年获得的专利(B. P. N0. 319)。这个专利提出的方法是把红热的钢铁投入磷酸中处理,使钢铁表面生成一层磷酸盐膜。而现代磷化处理技术则普遍认为是 Thimsa Watts Cosllett 发明的,于 1906 年获得了专利。至今为止,已有一百多年的历史了。现在磷化处理技术已广泛应用于汽车、船舶、军工、电器、机械等领域,其主要用途是防锈、耐磨减摩、润滑、涂漆底层等,从而较好地解决了钢铁在环境中的腐蚀问题。随着磷化技术的进步,现代磷化正朝着低温节能、工艺简便、投资耗料少、无毒无污染的方向发展,如磷化温度由原来的高温(>80 ℃)逐步降低到中温乃至室温(<30 ℃),磷化处理时间由最初的几个小时缩短到目前的几分钟。磷化处理方式也从开始的纯浸渍法发展到喷淋法、擦涂法以及浸喷混合法的自动化生产。磷化体系则由当初的单元体系(只有铁一种金属离子)发展到今天的多元体系(同时含有铁、锌、锰、镍、钙等多种金属离子)。磷化添加剂从无到有,大大改善了磷化膜的质量,提高成膜速度,已成为磷化液中不可缺少的成分,新技术新工艺逐渐取代了旧技术旧工艺,还出现了常温"四合一"磷化处理液,多功能磷化处理液能减少处理工序,降低劳动强度,但在膜的致密性和防腐性方面需进一步改善和提高。黑色金属的黑化和磷化相结合,在金属表面生成起到修饰、防护作用的共生膜,有着广阔的应用和推广价值。

近年来,磷化研究主要侧重于常、低温快速少渣磷化,同时膜层也由过去的粗晶、厚膜向微晶、薄膜发展,以此获得均匀细致、高耐蚀性的磷化膜,主要有以下几个方面:

①原位磷化技术。原位磷化剂(ISPRs:磷酸、苯基磷酸、磷酸、苯基磷酸、二苯基磷酸、磷酸二苯酯、2-氨乙基磷酸等)与金属基体反应生成磷酸盐层的同时,与有机涂料中的树脂反应生成 P—O—C 共价键。磷酸盐层使得金属基体和有机涂层更紧密地结合起来,增强了涂层对金属的附着力,同时磷酸盐与有机物形成的共价键可起到传统磷化工艺后处理的铬酸盐封闭作用,使得涂层具有更好的防护性能。将原位磷化试剂(ISPRs)直接加入有机涂层中,将金属磷化处理与有机涂层的涂覆结合起来,在一道工序中同时完成以前多道工序的任务,解决了传统磷化处理的金属制件表面只有 95 % ~99% 的覆盖磷化膜,从而解决了磷化/涂覆层耐蚀性不尽如人意的缺陷。

②添加有机加速剂及硅酸盐稳定剂磷化。考虑到加速剂与溶液中其他无机化合物和有机化合物的兼容性,研究了硝基甲烷、硝基脲、硝基脲烷等多种有机加速剂对磷化效果的影响。用$[Mg_6(Si_{7.4}Al_{0.6})O_{20}(OH)_4]Na_{0.6}\cdot xH_2O$ 和 $[Mg_6(Si_{5.4}Li_{0.6})Si_8O_{20}(OH_3F)_4]Na_{0.6}\cdot xH_2O$ 等硅酸盐片作为改善磷酸盐沉渣的稳定剂,其功效可与添加亚硝酸盐的磷化相媲美。

③无亚硝酸盐磷化。由于亚硝酸盐的致癌性,国际上已禁止此类促进剂的使用,因此兴起了多种新型促进剂的研制,如使用稀土类复合添加剂、钼酸盐类、过氧化氢、有机化合物和硫酸羟胺(HAS)等。

④发黑磷化。在传统的常温发黑磷化液中,亚硝酸盐、硒的毒性较大,且价格昂贵。新近有研究表明,使用钼-铜-硫体系、添加稀土元素或含钡盐的磷化液,可使磷化发黑的效果较好。同时国内外相继出现了钼系发黑液、铜硫系发黑液、锰系发黑液、磷化系发黑液等。

⑤电化学方法。采用电化学磷化方法,改善磷化膜性能,且极大地提高了漆后耐蚀性,满足了磷化过程中减少各种沉淀污染物的产生。

⑥生物电化学方法。采用生物电化学方法生成磷化膜,既减少了重金属、磷酸对环境所造成的污染,又降低了能耗。该方法属于一种交叉学科中的方法,对磷化的发展是一个有益的补充。

⑦含单体 TDP、MOP 溶液的磷化。采用含有 tridecylphosphate(TDP)和 methacryloxyethlphosphate(MOP)单体的溶液,对碳钢进行表面处理,舍弃了传统磷化中的重金属盐的使用,保护了环境。

⑧有机物为溶剂。以丙酮代替水作为溶剂进行磷化,丙酮的挥发性优点使磷化效果显著,且不含铬、镍等有毒成分。

⑨磷化工艺与有机化合物涂料相结合。近年来大量的研究集中在将金属表面磷化处理与有机涂料的涂装过程合二为一,由于有机磷化合物中的官能团与成膜聚合物相互作用,封闭后减少了“现场磷化处理”中出现的小气孔,增强了涂膜与基材之间的干附着力与湿附着力,可较好地解决水性涂料成膜时对金属基材的点蚀问题,同时提高与金属的附着力。尽管这些新的涂料尚未得到推广和应用,但提供了一个值得尝试和很有发展前景的研究方向。

(2)磷化的应用

磷化有其众多的用途,在工业上的用途可分为:

①防锈作用。钢铁磷化后其表面覆盖一层磷化膜,起防止钢铁生锈的作用,主要用于工序间和库存等室内的防锈,防锈期较短,一般不用于户外。

②耐磨减摩,冷加工润滑作用。承载运动件,如齿轮、轴承套、活塞环等在承载运动过程中,将会产生摩擦发热振动,其上覆盖一层磷化膜后,磷化膜的特殊晶粒结构和硬度提供的润滑性、抗热性、吸震性都能使运动件的摩擦性能人为地改观,因而这项技术一直在应用。通常,只有锰系磷化才具备上述性能。

在冷加工成型过程中,金属与金属间将产生相对摩擦运动,如果没有一层润滑层阻隔,冷加工是难以完成的。结晶型磷化膜覆盖在金属表面,提供润滑隔层,使得冷加工过程中摩擦力减少,模具使用寿命提高。

③涂漆底层。磷化的最大应用领域在于涂漆打底,约占磷化工业的60% ~70%。磷

化膜作为涂漆前的底层，能提高漆膜附着力和整个涂层体系的耐腐蚀能力，因而对磷化的研究也主要集中在此。涂漆前打底用的磷化一般是薄型磷化膜，要求磷化膜细致、密实，膜质量不超过 4.5 g/m²。磷化处理得当，可使漆膜附着力提高 2～3 倍，整体耐腐蚀性提高 1～2 倍。磷化体系包括锌系、锌锰镍系、锌钙系、非晶相轻铁系等，磷化温度为 30～70 ℃（也有极少数不加温），时间为 1～10 min。目前对金属表面装饰与保护约有 2%～3% 是通过表面涂装实现的，涂装前一般都要进行磷化处理。钢铁磷化膜广泛应用于涂装的底层、防腐、耐磨、减摩保护层。常温磷化是当前研究最活跃、技术进步最快的磷化技术，它克服了高、中温磷化的耗能大、成本高、效率低等缺点。常温磷化具有低能耗、低成本、低污染、速度快等特点。

### 4.2.2 氧化处理原理

**1. 钢铁碱性高温化学氧化原理**

钢铁氧化处理能在不改变被处理工件尺寸精度的情况下形成黑色氧化膜，这层膜可减少滑动面或支撑面的摩擦，有装饰及减少光反射的作用，经过防腐处理能提高零件的防腐蚀性能，是机械、兵器等行业普遍应用的一种表面处理技术。这种方法是将钢铁件置于添加氧化剂（如亚硝酸钠或硝酸钠）的热强碱溶液中进行处理。在高温下（>100 ℃），金属铁与氧化剂和强碱作用，生成亚铁酸钠（$Na_2FeO_2$）和铁酸钠（$Na_2Fe_2O_4$），两者相互反应生成磁性氧化铁（$Fe_3O_4$），具体反应如下

$$3Fe+NaNO_2+5NaOH = 3\ Na_2FeO_2+H_2O+NH_3\uparrow \quad (4.9)$$

$$6Na_2FeO_2+NaNO_2+5H_2O = 3Na_2Fe_2O_4+7NaOH+NH_3\uparrow \quad (4.10)$$

$$Na_2FeO_2+Na_2Fe_2O_4+2H_2O = Fe_3O_4+4NaOH \quad (4.11)$$

从上式可以看出，反应中氧化剂大量消耗，需要适量补加。苛性钠一般很少补加，虽然提高碱液浓度有利于亚铁酸钠（$Na_2FeO_2$）和铁酸钠（$Na_2Fe_2O_4$）的生成，但碱液浓度过高反过来会加速已生成的氧化膜的溶解。工业上为了获得优质的氧化膜，常使用两种浓度不同的氧化溶液进行两次氧化。另外，在新配的溶液里应适量加些废钢料或加入低浓度的旧溶液，以增加槽液中的铁离子，获得满意的膜层。

氧化初期是金属铁的溶解，并在界面处形成氧化铁的过饱和溶液，进一步在金属表面个别的点上生成氧化物的晶胞，这些晶胞逐渐增长，直到相互接触生成连续的薄膜。为了得到适宜的生长速度和厚度，必须控制晶胞的形成数量，而形成数量又取决于苛性钠的浓度和槽液的温度，当然氧化剂的浓度也有一定的影响。

磁性氧化铁 $Fe_3O_4$ 膜层非常致密，能牢固地与金属表面结合，厚度为 0.6～0.8 μm。它在较干燥的空气中是稳定的，而在水中或湿大气中保护作用较差，因此钢铁件在氧化发黑后常要进行钝化或浸油等后处理。

**2. 钢铁常温发黑原理**

传统的钢铁发黑是在 135～150 ℃的高温下处理 30～90 min，生产周期长，能耗大，劳

动条件差，环境污染严重。钢铁常温发黑是在常温条件下操作，节约能源，对环境的影响少。

常温发黑机理目前没有统一的模式，铜-硒系发黑的成膜机理一般认为是钢铁基体与铜离子发生置换反应，如

$$Fe+Cu^{2+}\longrightarrow Cu\downarrow+Fe^{2+} \quad (4.12)$$

析出的铜吸附在金属表面并形成 Cu-Se 原电池，加速成膜速度。在弱酸性条件下亚硒酸与 Fe、Cu 反应，即

$$3Cu+3H_2SeO_3\longrightarrow 2CuSeO_3+CuSe\downarrow+3H_2O \quad (4.13)$$

$$H_2SeO_3+3Fe+4H^-\longrightarrow FeSe\downarrow+H_2O \quad (4.14)$$

形成硒化铁、硒化铜等组成黑色的膜层。

**3. 有色金属及其合金的氧化原理**

(1)铝及其合金的化学氧化原理

化学氧化法因设备简单、成本低廉在铝及其合金的防护装饰方面占有重要的地位。铝及其合金经化学氧化处理后，所得膜层厚度为 0.5～4 μm，且多孔，具有良好的吸附性，可作为有机涂层的底层，但其耐磨性和耐腐蚀性均不如阳极氧化膜好。

铝浸在水中就会发生下列反应：

$$Al\longrightarrow Al^{+3}+3e^- \quad (4.15)$$

$$2H_2O+2e^-\longrightarrow 2OH^-+H_2\uparrow \quad (4.16)$$

$$Al^{+3}+2OH^-\longrightarrow AlOOH+H^- \quad (4.17)$$

$$2H^-+2e^-\longrightarrow H_2\uparrow \quad (4.18)$$

$$2AlOOH\longrightarrow \gamma\text{-}Al_2O_3\cdot H_2O \quad (4.19)$$

上述反应的结果是在铝表面上生成一层非常薄的氧化膜，要使氧化膜加厚，溶液必须提高温度且能适当地溶解膜层。当铝进入酸性或碱性溶液时，将同时发生膜的生成和溶解作用，得到一定厚度的膜层。铝及其合金的化学氧化处理通常采用碱性溶液加适当的抑制剂。

(2)铜及铜合金的化学氧化原理

利用化学氧化法可以在铜及铜合金的表面上得到具有一定装饰性外观和防护性能的氧化铜膜层，厚度一般为 0.5～2 μm。铜及铜合金氧化处理后，表面应涂油或清漆，以提高氧化膜的防护能力。

铜的化学氧化机理一般具有局部电池的电化学反应特征，在阳极上发生铜的氧化，其反应式如下

$$Cu\longrightarrow Cu^{+2}+2e \quad (4.20)$$

阴极上的反应是

$$2H_2O+2e^-\longrightarrow 2OH^-+2H$$

析出的氢随即被氧化剂氧化而生成水，接下来的反应促成了氧化铜转化膜的生成，即

$$Cu^{2+}+2(OH)^- \longrightarrow Cu(OH)_2 \quad (4.21)$$

$$Cu(OH)_2 \longrightarrow CuO+H_2O \quad (4.22)$$

在温度较高(如60 ℃)的条件下,上述反应将自左向右进行。

## 4.3 常见问题分析和解决措施

### 4.3.1 磷化处理常见问题和解决措施

**1. pH 值的影响**

成膜金属离子的浓度越低,所要求的溶液的 pH 值越大,反之随着成膜金属离子的浓度的提高,可适当降低溶液的 pH 值。

**2. 游离酸度的影响**

游离酸度是指磷化液中游离磷酸的含量,游离酸度太低不利于金属基体的溶解,因此也就不利于成膜。但如果游离酸度太高,则大大提高了磷化膜的溶解,也不利于成膜。

**3. 总酸度的影响**

总酸度主要是指磷酸盐、硝酸盐和游离酸的总和,反应磷化内动力的大小。总酸度高,磷化动力大,磷化成膜速度快,结晶细。如果总酸度过高,则产生的沉渣和粉末附着物多。如果总酸度过低,则成膜速度慢,结晶粗大。

**4. 酸值比的影响**

酸值比是磷化必须控制的重要参数,它是总酸度和游离酸度的比值,表示总酸度和游离酸度的相互关系。酸值比小,意味着游离酸太高;反之,则意味着游离酸太低。随着温度升高,酸值比变小,随着温度降低,酸值比增大。一般在常温下控制在(20~25)∶1。

**5. 促进剂(加速剂)的影响**

(1)氧化性促进剂

氧化性促进剂有两个十分重要的作用:一是限制甚至停止氢气的析出,这个作用限于金属/溶液的界面处,决定磷化膜形成的速度,是磷化液具有的良好性能所必需的;二是使溶液中的某些元素,特别是还原性化合物发生化学转化,如把二价的铁离子氧化成三价铁,生成不溶性磷化铁,从而控制磷化液中亚铁离子的含量。此外,还可以迅速氧化初生态的氢,可以大大减轻金属发生氢脆的危险。

(2)硝酸盐的影响

硝酸盐是常用的氧化剂,可直接加入到磷化液中。$NO_3^-/PO_4^-$比值越高,磷化膜形成越快,但过高会导致膜泛黄。单一使用$NO_3^-$会使磷化膜粗大。

(3)亚硝酸盐的影响

亚硝酸盐是常用的促进剂,常与$NO_3^-$配合使用,以亚硝酸钠的形式加入到磷化液中。但亚硝酸盐不稳定,易分解,用亚硝酸盐做促进剂的磷化液都使用双包装,使用时定量混合,并定期补加。亚硝酸盐含量少,促进作用弱,含量过高,则沉渣过多,形成的膜粗厚,易泛黄。一般质量浓度为(0.7~1)g/L。

(4)金属离子促进剂的影响

磷化液中添加的金属离子(如 $Cu^{2+}$、$Ni^{2+}$、$Mn^{2+}$等),有利于晶核的形成和晶粒细化,加速常温磷化的进程。极少量的铜盐会大幅度提高磷化速度。但铜离子的添加量一定要适度,否则铜膜会代替磷化膜,其性能下降。镍离子是最有效、最常用的磷化促进剂,它不仅能加速磷化膜的形成,细化结晶,而且能提高磷化膜的耐腐蚀性能。

## 4.3.2 钢铁常温发黑常见问题和解决措施

**1. 花斑现象**

在常温发黑过程中经常遇到的问题就是工件表面在发黑处理后颜色不均,严重时甚至出现花斑现象,出现此现象主要原因是:

①工件表面预处理不好,没有彻底清洗干净,有残留的油渍、锈斑。解决此现象的办法是在发黑前彻底清洗工件。清洗要求分为两种,一是用金属清洗剂洗净工件表面的油污;二是用盐酸(建议用15%以上的盐酸水溶液)清除工件表面的氧化物使表面活化,水洗后立即进行发黑处理。

②在发黑过程中工件紧压在一起,妨碍了药液与工件表面的均匀接触。解决此现象的办法是用工装、挂具将工件分离,并在发黑过程中不断活动工件,使其各部位表面能均匀接触药液。

③已经出现花斑的工件必须重新进行酸洗后,才能再次进行补救发黑处理。

**2. 颜色不正**

常温发黑处理后的工件表面颜色应为正黑色,有时会由于处理不当而出现偏蓝或偏红色。出现此现象的主要因素是:

①由于钢的种类不同,金属成分也不同,药液与金属的不同成分进行化学反应时会形成不同颜色的化合物,解决此问题的办法是适当调整药液的成分和配比,不同钢种的材料要分开进行发黑处理。

②工件表面如有未清除的锈斑或氧化层也会出现颜色不均匀的现象,解决此现象的办法是将工件重新酸洗处理,然后再次进行发黑处理。

**3. 膜层不牢**

出现此类现象的主要原因是:

①发黑前工件除油清洗不彻底,凡是机械加工的工件都必须进行清洗,不可用砂纸打磨代替清洗。

②发黑处理的时间过长,使工件表面的发黑层过厚,形成一个发黑浮层,故附着力差。解决的办法是在工件发黑达到要求时,及时终止发黑过程。

③工件酸洗后清洗不彻底,将残酸带到发黑液中,造成局部反应过度,解决此现象的

办法是工件在酸洗后要用清水冲洗干净,然后再进行发黑处理。

④工件表面有浮锈,这可能是工件没有酸洗或酸洗后放置时间过长造成的。解决的办法是工件在酸洗后 1 min 内及时进行发黑处理。

⑤常温发黑和传统的碱性高温发黑有所不同,常温发黑后的工件在 24 h 内仍在进行后期反应。因此检查发黑膜的附着力应在 24 h 后进行,随着有效时间的延长,膜层的附着力会越来越好。

**4. 发黑液失效快**

发黑液失效快的主要原因是:

①药液使用不当,发黑液一般是由多种成分混合而成,药液配好后其中的一些成分会起反应。尤其是使用过的药液,留在药液中的铁元素会继续和药液反应,消耗药液中的有效成分,降低药液的使用寿命。解决的办法是配好的药液不要长时间存放,应及时使用,最好现配现用。发黑件最好集中处理,一次性使用效果会更好。

②工件清洗后将过多的水分带入药液,致使药液稀释,解决的办法是水洗后的工件沥水后再放入发黑液中处理。

③药液存放不当,光照、高温、低温冷冻都可能使常温发黑液有效成分变化,解决的办法是保存发黑液时,应放在阴暗处,避免高温、低温冷冻。

④药液使用不当,工件处理不好。工件在发黑处理前一定要进行清洗处理,带入酸性、碱性物质都可能影响药液效果。解决的办法是仔细清洗,避免带入酸性、碱性物质。

**5. 发黑后的工件生锈**

发黑后的工件生锈的主要原因是:

①发黑后的工件不进行脱水防锈处理会很快变色,甚至整体变为黄色(好似生锈)。解决的办法是发黑后的工件一定要进行脱水防锈处理(在脱水油中浸泡数分钟),即使已经变色的工件浸油后仍会变黑。

②发黑后的工件用一般油脂涂覆,未进行脱水防护处理时工件表层的水分子被封在油膜里面,时间一长易出现由里向外的生锈现象,解决的办法是使用专用置换脱水防锈油。

## 4.4 化学转化膜处理液的配制及工艺检测

### 4.4.1 磷化处理液的配制及工艺实践

**1. 钢铁磷化液的配制及磷化处理工艺规范**

当钢铁件进行磷化处理时,视溶液组成、工作温度、搅拌状况(包括喷淋法)和处理时间等成膜条件的不同,可以得到膜质量为(0.1~45) $g/m^2$(甚至更高)的膜层。

钢铁磷化处理的主要实施方法有三种:浸渍法、喷淋法和浸喷组合法。浸渍法适用于高、中、低温磷化工艺,可处理任何形状的工件,并能得到比较均匀的磷化膜。喷淋法适用于中、低温磷化工艺,可处理大面积工件。

磷化工艺按温度分主要有高温磷化(90~98 ℃)、中温磷化(50~70 ℃)和常温磷化(20~25 ℃)3 种。表 4.2 为钢铁的磷化处理配方及工艺规范。

**表 4.2 钢铁的磷化处理配方及工艺规范(g/L)**

| 配方及工艺条件 | 高温 | | 中温 | | 常温 | |
|---|---|---|---|---|---|---|
| | 1 | 2 | 3 | 4 | 5 | 6 |
| 磷酸二锰铁盐 | 30~40 | | 40 | | 40~65 | |
| 磷酸二氢锌 | | 30~40 | | 30~40 | | 50~70 |
| 硝酸锌 | | 55~65 | 120 | 80~100 | 50~100 | 80~100 |
| 硝酸锰 | 15~25 | | 50 | | | |
| 亚硝酸钠 | | | | | | 0.2~1 |
| 氧化钠 | | | | | 4~8 | |
| 氟化钠 | | | | | 3~4.4 | |
| 乙二胺四乙酸 | | | 1~2 | | | |
| 游离酸度(点) | 3.5~5 | 6~9 | 3~7 | 5~7.5 | 3~4 | 4~6 |
| 总酸度(点) | 36~50 | 40~58 | 90~120 | 60~80 | 50~90 | 75~95 |
| 温度/℃ | 94~98 | 88~95 | 55~65 | 60~70 | 20~30 | 15~35 |
| 时间/min | 15~20 | 8~15 | 20 | 10~15 | 30~45 | 20~40 |

注:点数相当于滴点 10 mL 磷化液,使指示剂在 pH 3.8(对游离酸度)或 pH 8.2(总酸度)变色时所消耗浓度为 0.1 mol/L 氢氧化钠溶液的毫升数

高温磷化处理的优点是磷化膜的耐腐蚀性能及结合力好,但它的槽液加温时间长,溶液挥发量大,游离酸度不稳定,磷酸盐结晶粗细不均匀。中温磷化的游离酸度较稳定,容易掌握,磷化时间短,生产效率高,磷化膜的耐腐蚀性能与高温磷化基本相同。缺点是溶液较复杂,调整较困难。常温磷化的优点是不需要加热,药品消耗少,溶液稳定,缺点是磷化时间较长,工件表面除油必须干净。

磷化处理方法与工艺流程:工件除油→水洗→除锈→水洗→磷化→自然晾干。

(1) 前处理液配方

①除油液配方。

NaOH:30 g/L;$NaH_2PO_4$:35 g/L;$Na_2CO_3$:30 g/L;水玻璃:5 g/L;OP 乳化剂:2 mL/L;温度:80~90℃。

②酸洗除锈液配方。

盐酸:150 g/L;温度:室温;时间:1~2 min。

③表调液配方。

草酸($C_2H_2O_2$):5 g/L;温度:室温;时间:1 min。

(2)促进剂的选择

常温磷化必须在促进剂存在的条件下磷化反应才能进行。磷化促进剂是使成膜速度和耐蚀性提高的添加剂。一些氧化性物质、还原性物质、重金属盐化合物和有机化合物等均可以作为磷化的促进剂。重金属盐型促进剂理论上讲,在磷化液添加铜、镍、钴等电极电位比铁正的重金属盐,均有利于晶核生成和晶核细化。铜盐不仅催化硝酸盐的分解,促进氧化反应,而且由于扩大了钢铁表面上的阴极区而加速磷化膜的形成,铜盐的加速效应基于下列反应

$$8H^{+}+6e+2NO_3^{2-}\longrightarrow 4H_2O+2NO \tag{4.23}$$

$$Fe-2e\longrightarrow Fe^{2+} \tag{4.24}$$

$$Cu^{2+}+2e\longrightarrow Cu \tag{4.25}$$

沉淀的铜按下列反应溶解在硝酸里

$$Cu+2H_2NO_3\longrightarrow Cu(NO_3)+2H_2O+NO \tag{4.26}$$

或者写成

$$Cu+H_2NO_3\longrightarrow Cu^{3+}+2[HO]^{-}+NO \tag{4.27}$$

众所周知,硝酸盐的加速作用与其按下述反应还原为 NO 有关

$$8H^{+}+6e+2NO_3^{-}\longrightarrow 4H_2O+2NO \tag{4.28}$$

比较式(4.25)和式(4.27)可以清楚地看出铜对硝酸还原反应的催化效应。实验发现,铜盐对磷膜的生成具有显著作用,但应控制好浓度。若浓度过高,则出现置换铜现象,降低磷化膜的质量。镍盐和钴盐的加入也有利于磷化膜的加速形成,相对来讲,量大时可能形成磷酸镍(钴)晶核,对磷化膜初期胶体形态有益,增加活性点,并成为膜的组成,提高磷化膜的耐蚀性,但其加速成膜速度效果不如铜盐,为此,采用铜盐和镍盐的混合加速剂,效果良好,促进剂 NaF 具有缓冲作用,能有效地稳定磷化液的 pH 值,有效稳定溶液的酸度环境。由于 $F^-$ 的电负性很强,易与溶液中的 $H^+$ 结合生成 HF,使 $H^+$ 浓度减少,则有利于反应向生成沉淀(磷化膜的主要成分)的方向进行,使成膜加速

$$3Zn(H_2PO_4)_2\longrightarrow Zn_3(PO_4)_2\downarrow+4H_3PO_4 \tag{4.29}$$

当磷化液中游离酸度降低时,HF 又会将离子 $H^+$ 释放出来,使游离酸度增加,因此可看出氟化钠有稳定溶液 pH 值的作用,促进剂柠檬酸是一种效果较好的络合剂及缓冲剂。柠檬酸是一种在不含氧化剂的磷化液中可单独作为加速剂的有机酸。这是由于柠檬酸分子中存在着—COOH 和—OH 两种活性基团,它可与 $Fe^{2+}$ 构成可溶性络合物,加速反应 $Fe\longrightarrow Fe^{2+}+2e$ 的进行,也加速了铁的溶解,故成膜速度加快,因而在溶液中可适量加入柠檬酸。同时,柠檬酸在磷化过程中,可作为络合剂和 pH 缓冲剂。在上述磷化过程中,磷化液中既没有气体也没有沉淀产生,在开始磷化的 2 min 后就可以看到有磷化膜生成,约 20 min 即可形成较为完整的磷化膜。随柠檬酸含量的增加,磷化膜膜厚也相应增大,但这种趋势在刚开始时较为明显,随着柠檬酸含量的进一步增加开始变得不明显。从硫

酸铜点滴试验可以看出来，随着柠檬酸的加入量的增加，膜的耐腐蚀程度逐渐增加，但是，当加入量大于2.5 g/L 时耐腐蚀程度下降，这说明磷化膜厚度虽然有所增加，但是膜的致密度可能已经降低。所以得到的结论为：柠檬酸的加入量为1.0～2.5 g/L 时是成膜质量最好的加入量，也同时证明了柠檬酸是一种很有效的促进剂。

柠檬酸在具有促进磷化作用的同时，其主要用途还兼有减少沉淀、细化结晶和降低膜重，使表面污垢沉积等功能，所以可将其称为稳定剂或者络合剂、细化剂等。

(3)总酸度、游离酸度的测定

①游离酸度的测定。用移液管吸取10 mL 试液于250 mL 锥形烧瓶中，加50 mL 蒸馏水，加2～3 滴甲基橙指示液。用氢氧化钠标准液滴定至溶液呈橙色，即为终点，记下消耗氢氧化钠标准液毫升数 $A$。

②总酸度的测定。用移液管吸取 10 mL 试液于 250 mL 锥形烧瓶中，加 50 mL 蒸馏水，加2～3 滴酚酞指示液。用氢氧化钠标准液滴定至溶液呈粉红色，即为终点，记下消耗氢氧化钠标准液毫升数 $B$。

③计算方法。酸度点的数按下列公式计算

$$游离酸度=10A\times C/(0.1\ V) \tag{4.30}$$

$$总酸度=10B\times C/(0.1\ V) \tag{4.31}$$

式中 $A$、$B$——滴定时耗去氢氧化钠标准液毫升数，mL；

$C$——氢氧化钠标准液实际浓度，mol/L；

$V$——取样毫升数，mL。

④总酸度和游离酸度的影响。总酸度和游离酸度是工艺中的重要参数，对磷化膜质量影响很大，在实际生产中需经常测定。总酸度维持体系的 $H^+$浓度，使体系反应稳定，总酸度过高，成膜速度快，膜层粗糙，附着力差；若太低，磷化能力较弱，所以总酸度要保持在一定浓度范围。游离酸点越高，除锈效果越好，同时也稳定了槽液，延长了磷化液的使用寿命，但游离酸度过高，加大析氢，界面层磷酸盐不易饱和，晶核形成困难，膜层结晶粗大，抗蚀性降低，表面发粘，因此要控制好游离酸度和总酸度。

ⅰ.总酸度。将10 mL 处理液用吸管吸到三角烧杯中，加入5～6 滴指示剂酚酞，用滴定液0.1% NaOH 滴定颜色从无色到粉色为终点。

ⅱ.游离酸度。将10 mL 处理液用吸管吸到三角烧杯中，加入2～3 滴指示剂溴酚蓝，用滴定液0.1% NaOH 滴定颜色从黄色到蓝色为终点。

控制总酸度的意义在于使磷化液中成膜离子浓度保持在必要的范围内。控制游离酸度的意义在于控制磷化液中磷酸二氢盐的离解度，把成膜离子浓度控制在一个必须的范围。磷化液在使用过程中，游离酸度会有缓慢的升高，这时用碱来中和调整。单看游离酸度和总酸度是没有实际意义的，必须一起考虑。

不同pH 值磷化液的磷化过程中，随着pH 值的增大，电位更低，表明pH 值低时，自由酸度大，导致析氢明显，从而使电极电位更正；而pH 值增大时，自由酸度小，析氢趋弱，电极电位变得更低。因而,可认为 pH 值对磷化的影响很大,在磷化过程中,必须注意控制好 pH 值。总酸度、游离度也对成膜质量有一定的影响,因而 pH 值对成膜质量也有影响。

(4)磷化膜的质量检验

对涂装打底用于磷化工件的磷化膜的质量检验,根据国家标准 GB/T6 807—2001《钢铁工件涂装磷化处理技术条件》,主要质量指标有三项:外观、磷化膜质量、耐蚀性。

①外观。磷化后工件的颜色应为浅灰色到灰黑色或彩色;膜层应结晶致密、连续和均匀。磷化后的工件具有下列情况或其中之一时,均为允许缺陷:轻微的水迹、钝化痕迹、擦白及挂灰现象;由于局部热处理、焊接以及表面加工状态的不同而造成颜色和结晶不均匀;在焊缝处无磷化膜。磷化后的工件具有下列情况之一时,均为不允许缺陷:疏松的磷化膜层;有锈蚀或绿斑;局部无磷化膜(焊缝处除外);表面严重挂灰。

②磷化膜质量。磷化膜质量应符合 GB/T6807—2001 所列数值,用电化学的方法测试膜厚和膜质量。不同体系磷化膜膜质量及特征见表 4.3。

**表 4.3 磷化膜分类及特征**

| 磷化膜类别 | 磷化膜基本组成 | 铁基体单位面积膜每 $m^2$ 质量/g | 结晶类型及特征 |
|---|---|---|---|
| 锌系 | $Zn_2Fe(PO_4)\cdot 4H_2O$<br>$Zn_3(PO_4)_2\cdot 4H_2O$ | 1~40 | 定型晶体结构,树枝状、针状,空隙较多 |
| 锌钙系 | $Zn_2Ca(PO_4)_2\cdot 4H_2O$<br>$Zn_2Fe(PO_4)\cdot 4H_2O$<br>$Zn_3(PO_4)_2\cdot 4H_2O$ | 1~15 | 紧密颗粒状,有时存在大的针状,空隙较少 |
| 锌锰系 | $Zn_2Fe(PO_4)\cdot 4H_2O$<br>$Zn_3(PO_4)_2\cdot 4H_2O$<br>$(Mn、Fe)_5H_2(PO_4)\cdot 4H_2O$ | 1~40 | 颗粒-树枝-针状混合晶型,空隙较少 |
| 锰系 | $(Mn、Fe)_5H_2(PO_4)\cdot 4H_2O$<br>$Mn_3(PO_4)_2\cdot 3H_2O$ | 1~40 | 紧密颗粒状,空隙较少 |

不同配方、不同工艺所获得的磷化膜的形貌不同。图 4.3 为锌系中温磷化膜层的扫描照片。图 4.4 为氟化钠和柠檬酸催化的锌系常温磷化膜层的扫描照片。

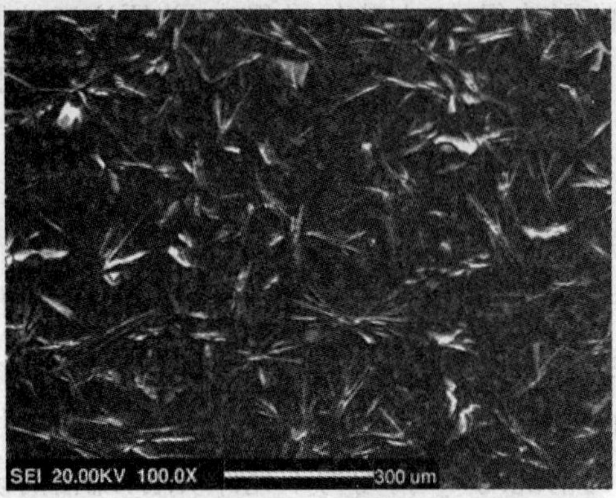


图 4.3　锌系中温磷化膜层的扫描照片

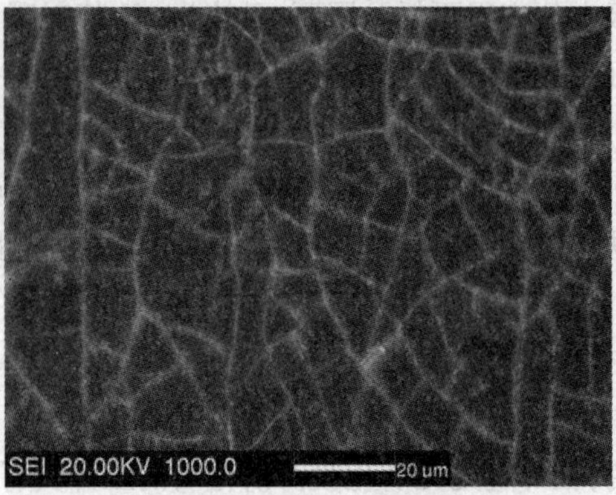


图 4.4　氟化钠和柠檬酸催化的锌系常温磷化膜层的扫描照片

③耐蚀性。硫酸铜点滴试验,点滴实验按 GB6807—1986 中 3.3.2 进行。在常温下,在磷化表面滴一滴检验溶液,同时启动秒表,观察液滴从天蓝色变为淡红色的时间。3% NaCl 溶液浸渍试验,按 GB6807—1986 中 3.3.1 进行,将处理后的试样浸入 3% NaCl 的水溶液中,在常温下,保持规定的时间取出,洗净,吹干,目视检查试片表面是否出现锈蚀。观察试样出现锈迹的时间,见表 4.4。

**表 4.4　不同膜层保护钢的试样经盐水浸泡的耐腐蚀性能**

| 保护膜 | 在 3% NaCl 溶液中首先出现锈蚀的时间/h |
|---|---|
| 无覆膜 | 0.1 |
| 磷化膜 | 1.0 |

## 4.4.2　发黑液配制及工艺规范

### 1. 钢铁碱性高温发黑液配制及工艺规范

碱性氧化法一般分为单槽法和双槽法,其工艺规范见表 4.5 和表 4.6。

**表 4.5　单槽法钢铁氧化配方及工艺规范(g/L)**

| 组成及工艺条件 | 1 | 2 |
|---|---|---|
| 氢氧化钠(NaOH) | 550 ~ 650 | 600 ~ 700 |
| 亚硝酸钠($NaNO_2$) | 150 ~ 200 | 200 ~ 250 |
| 重铬酸钾($K_2Cr_2O_7$) | | 25 ~ 32 |
| 温度/℃ | 135 ~ 145 | 130 ~ 135 |
| 时间/min | 15 ~ 60 | 15 ~ 20 |

**表 4.6 双槽法钢铁氧化配方及工艺规范(g/L)**

| 组成及工艺条件 | 1 | | 2 | |
|---|---|---|---|---|
| | 第一槽 | 第二槽 | 第一槽 | 第二槽 |
| 氢氧化钠(NaOH) | 500~600 | 700~800 | 500~650 | 700~800 |
| 亚硝酸钠($NaNO_2$) | 100~150 | 150~200 | | |
| 硝酸钠($NaNO_3$) | | | 100~150 | 150~200 |
| 温度/℃ | 135~140 | 145~152 | 130~135 | 140~150 |
| 时间/min | 10~20 | 45~60 | 15~20 | 30~60 |

单槽法操作简单,使用较广泛,其中配方 1 为通用氧化液,形成的发黑膜层美观光亮,但膜层较薄。配方 2 氧化速度快,膜层致密,但光亮度稍差。

双槽法发黑是在两个浓度和工艺条件不同的氧化溶液中进行两次氧化处理。这样处理形成的氧化膜较厚,耐腐蚀性较高,而且还能消除工件的红色挂灰。双槽法发黑配方 1 获得蓝黑色氧化膜,致密,耐腐蚀性高。配方 2 可获得较厚的黑色氧化膜,浸油处理后耐腐蚀性也较高。

**2. 钢铁的常温发黑液的配制及工艺规范**

钢铁常温发黑剂自 20 世纪 80 年代中期在国内开发以来,市场发黑剂商品逐渐增多,配方各不相同,但操作工艺基本一样。一般为除油→热水洗→清水洗→强腐蚀除锈→清水洗→弱腐蚀除锈→清水洗→常温发黑→清水洗→后处理。铜-硒系常温发黑剂配方见表 4.7。

**表 4.7 铜-硒系常温发黑剂配方及工艺规范(g/L)**

| 组成及工艺条件 | 1 | 2 | 3 |
|---|---|---|---|
| 硫酸铜($CuSO_4 \cdot 5H_2O$) | 3 | 3 | 10~20 |
| 亚硒酸($H_2SeO_3$) | | 8~10 | |
| 二氧化硒($SeO_2$) | 20 | | 25~35 |
| 氯化铁($FeCl_2 \cdot 4H_2O$) | | 4~6 | |
| 硝酸铵($NH_4NO_3$) | | | 5~15 |
| 温度 | 常温 | 常温 | 常温 |
| 时间/min | 10~30 | 10~30 | 10~30 |

常温发黑过程中应注意的几个问题:

①与传统的碱性发黑不同,钢铁零件发黑前的除油、除锈、表面活化处理极为重要,其表面不允许有任何残留油污,因为常温发黑液为弱酸性,对工件不具备除油能力。

②在发黑过程中,应注意观察零件表面颜色的变化,即零件表面黑色均匀,将零件提

出液面用手轻触,手上浮色即可。如有浮色说明发黑时间过长,应缩短发黑时间。如发黑膜不均匀,应放回发黑液中继续发黑至表面均匀为止。

③后处理脱水封闭,最好的方法是采用脱水防锈油处理。

### 4.4.3 化学氧化处理液的配制及工艺规范

**1. 铝及其合金化学氧化处理液的配制及工艺规范**

铝及其合金的化学氧化工艺方法采用著名的 MBV 方法,其配方见表 4.8。

**表 4.8 MBV 配方(质量分数)及工艺规范(g/L)**

| 配方及工艺条件 | 无水碳酸钠 | 铬酸钠 | 重铬酸钠 | 温度/℃ | 时间/min |
|---|---|---|---|---|---|
| 1 | 50 | 15 | | 90 ~ 95 | 5 ~ 10 |
| 2 | 60 | | 15 | 90 ~ 95 | 5 ~ 10 |

碱性化学氧化膜层组成为 $75\%\ Al_2O_3 \cdot H_2O+25\%\ Cr_2O_3 \cdot H_2O$。以 MBV 法为基础修改的配方有 EW 法(此法获得无色或浅色的膜)、LW 法(加入磷酸二氢钠)、Pylumin 法(加入重金属碳酸盐,如碱性碳酸铬)和 Alork 法。如果工件比较清洁,工件可不进行预处理,所形成的这类转化膜经过水玻璃封孔后具有较好的耐腐蚀性能。

**2. 铜及其合金化学氧化处理液的配制及工艺规范**

铜及其合金的化学氧化是在含有碱和氧化剂的溶液中进行的,表 4.9 是典型的铜及其合金的化学氧化配方与工艺规范。

**表 4.9 铜及其合金的化学氧化配方与工艺规范**

| 配方及工艺条件 | 1 | 2 |
|---|---|---|
| 过硫酸钾/($g \cdot L^{-1}$) | 10 ~ 20 | |
| 氢氧化钠/($g \cdot L^{-1}$) | 45 ~ 50 | |
| 碱式碳酸铜/($g \cdot L^{-1}$) | | 40 ~ 50 |
| 氨水/($mL \cdot L^{-1}$) | | 200 |
| 温度/℃ | 60 ~ 65 | 15 ~ 40 |
| 时间/min | 5 ~ 10 | 5 ~ 15 |

配方 1 的溶液采用过硫酸盐,它是一种强氧化剂,在溶液中分解为硫酸和极活泼的氧原子,使金属表面氧化,生成黑色的氧化铜保护膜。此溶液适用于纯铜零件的氧化处理,为保证质量,铜合金零件氧化前应先镀一层厚度为 3 ~ 5 μm 的纯铜。溶液的缺点是稳定性较差,使用寿命短,溶液配制后应立即使用。

配方 2 的溶液适用于黄铜零件的氧化处理,能得到亮黑色或深蓝色的氧化膜。为防止溶液恶化,装挂夹具只能用铝、钢、黄铜等材料制成,不能用纯铜。

# 4.5 典型化学转化膜技术实践训练

## 实训 钢铁常温磷化实践训练

### 一、实训目的

钢铁常温磷化是材料表面工程领域中应用非常广泛的一项技术，通过实验使学生加深对课堂教学内容的理解，培养学生提高思考问题、解决问题和实际动手能力。要求学生熟悉和掌握常温磷化液配方、磷化工艺流程，使学生能够理解磷化的基本原理和掌握磷化工艺及其应用。

### 二、实训内容

正确对磷化前的金属基材进行处理，配制常温磷化液、预处理、磷化、磷化膜厚度测量、结构观察，分析磷化参数对磷化过程及磷化膜层的影响。

### 三、实训要点

1. 磷化前试件要进行除油、除锈，一般除油用碱或丙酮、酒精及专用金属清洗剂，除锈用不同浓度的硫酸或盐酸。

2. 配制磷化液时要先准备一定精度的天平、量杯、量筒，然后再按配方称量药品，如果药品溶解过慢可以适当加热以加快溶解速度。

3. 磷化操作过程中，应避免用手直接接触试件。

4. 除油、除锈过程中，注意酸、碱的正确使用，以免受伤。

5. 每道工序完成后一定注意用清水把试件冲洗干净。

### 四、实训装置

| | |
|---|---|
| 1. 量杯、量筒 | 若干个 |
| 2. 天平 | 一台 |
| 3. 塑料容器 | 若干个 |
| 4. 水浴锅 | 一套 |
| 5. 加热电炉 | 一台 |
| 6. 温度计 | 若干个 |

### 五、实训步骤

1. 磷化工艺流程(图4.5)

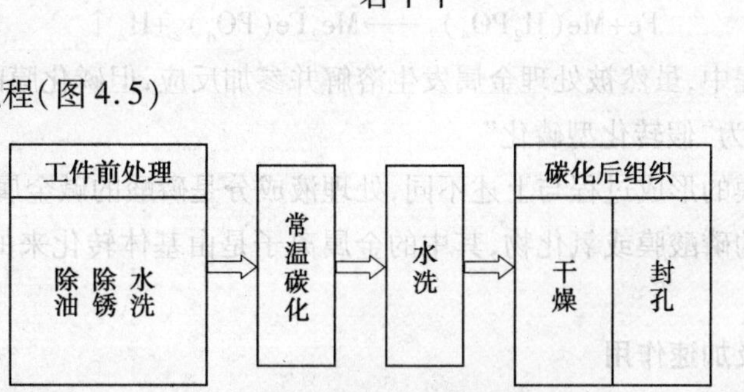


图4.5 磷化工艺流程图

2. 实训流程

①选择常温磷化配方:实训选用锌系磷化,亚硝酸钠为催化剂。

②确定磷化参数:根据具体情况选择合适的游离酸度和总酸度及磷化时间等参数。

③基体表面处理:锈蚀严重的试件可进行喷砂处理。

④基体表面除油:根据表面状况,用碱或丙酮、酒精及专用金属清洗剂对基体表面进行除油处理,用清水清洗。

⑤基体表面除锈:用不同浓度的硫酸或盐酸对试件进行除锈处理,用清水清洗。

⑥试件的磷化处理:将处理好的试样装在挂具上,进行磷化处理。

⑦磷化层后处理:包括干燥、封孔处理等。

⑧磷化层性能测试:一般包括结合强度、孔隙率和耐腐性等。

## 六、实训原理

磷化膜是由金属表面与稀磷酸及磷酸盐溶液接触而形成的。

1. 磷化膜的形成

当金属浸入稀磷酸溶液中,会生成一层磷酸亚铁膜(锌、铝等)。但这种膜的防护性能差,通常的磷化处理是在含有 Zn、Mn、Ca、Fe 等离子的酸性溶液中进行。以假转化型磷化为例,形成过程分为以下两个阶段。

第一阶段:将钢铁件仔细清洗干净浸入酸性磷化液中,金属表面在溶液中溶解,发生反应

$$Fe+2H_3PO_4 \longrightarrow Fe(H_2PO_4)_2+H_2\uparrow$$

第二阶段:金属与溶液界面处 pH 值升高,使得此处可溶性的磷酸(二氢)盐向不溶性的磷酸盐转化,并沉积在金属表面成为磷化膜

$$Me(H_2PO_4)_2 \longrightarrow MeHPO_4+H_3PO_4$$

$$3Me(H_2PO_4)_2 \longrightarrow Me_3(PO_4)_2+4H_3PO_4$$

其中,Me 代表 Zn、Mn、Ca、Fe 等二价金属离子。对膜层成分进行分析,发现磷化膜中除含有溶液中的金属离子和磷酸根外,还含有铁,基体金属铁也可与磷酸二氢盐发生反应

$$Fe+Me(H_2PO_4)_2 \longrightarrow FeHPO_4+MeHPO_4+H_2\uparrow$$

$$Fe+Me(H_2PO_4)_2 \longrightarrow Me_2Fe(PO_4)_2+H_2\uparrow$$

此类磷化过程中,虽然被处理金属发生溶解并参加反应,但磷化膜的金属离子主要由溶液提供,所以称为“假转化型磷化”。

转化型磷化膜的形成过程与上述不同,处理液成分是磷酸的碱金属盐或铵盐,沉积的膜层是基体金属的磷酸膜或氧化物,其中的金属离子是由基体转化来的,称为“转化型磷化”。

**2. 形成过程及加速作用**

磷化过程不仅是化学过程,而且还有电化学过程。磷化反应速度是阳极面积的函数

$$-dA/dt=KA$$

式中　$t$——时间；

$A$——$t$ 时间内存在的阳极面积；

$K$——反应速率常数，是温度、金属性质，及表面状态、溶液组成的函数。

$K$ 与温度的关系为

$$K=K_{max}\exp(-E_a/RT)$$

式中　$E_a$——活化能。

为了加快磷化速度，提高磷化膜质量，通常的方法是：

①加入氧化剂，如 $NO_3^-$、$NO_2^-$、$ClO_2^-$ 等，能除去成膜时产生的氢离子和亚铁离子。

②加入电位比铁高的金属离子，如 $Cu_2^+$、$Ni_2^+$、$Co_2^+$，它们通过电化学反应沉积在基材表面上，扩大阴极面积，加速磷化过程。

**七、实训数据及处理**

实训数据及处理，见表 4.10。

**表 4.10**

| 序号 | 磷化配方 | 工艺参数 | | | | 外观 | 磷化层形貌 | 备注 |
|---|---|---|---|---|---|---|---|---|
| | | 游离酸度/点 | 总酸度/点 | 磷化时间/min | 温度/℃ | | | |
| 1 | | | | | | | | |
| 2 | | | | | | | | |

**八、磷化膜性能测试**

1. 选取合适的方法对磷化层的物理性能进行测试。
2. 选取合适的方法对磷化层的耐腐蚀性能进行测试。

**九、注意事项**

1. 除油、除锈过程中，注意酸、碱的正确使用，以免受伤。
2. 集中收集废酸、废碱及废的磷化液，防止污染环境。

**十、思考题**

1. 常温磷化液总酸度、游离酸度单位点的含义是什么？
2. 常温磷化游离酸度指什么？
3. 常温磷化总酸度指什么？
4. 影响磷化膜厚度和性能的因素有什么？

## 习题与思考题

1. 什么是化学转化膜？
2. 常用化学转化膜的技术有哪些？
3. 说明化学转化膜工艺的技术特点。

4. 用化学反应式说明钢铁的磷化膜形成机理。

5. 说明钢铁磷化膜性能特点和应用。

6. 比较钢铁常温磷化与中、高温磷化在配方上的特点。

7. 用化学反应式说明钢铁高温碱性发黑机理。

8. 如何实现对大型钢铁零部件的局部磷化?

9. 钢铁常温发黑技术的进展。

10. 铝及其合金常用表面处理技术有哪些?

# 第5章　化学镀实践技术

## 5.1　概　述

### 5.1.1　化学镀概述

化学镀是一种新型的金属表面处理技术，该技术以其工艺简便、节能、环保日益受到人们的关注。化学镀使用范围很广，镀层均匀，装饰性好。在防护性能方面，能提高产品的耐蚀性和使用寿命；在功能性方面，能提高加工件的耐磨导电性、润滑性能等特殊功能，因而成为全世界表面处理技术的一个新发展。

20 世纪 80 年代，欧美等工业化国家在化学镀技术的研究，开发和应用得到了飞跃发展，平均每年有 15% ~20% 表面处理技术转为使用化学镀技术，使金属表面处理得到更大的发展，并促使化学镀技术进入成熟时期。为了满足复杂的工艺要求，解决更尖端的技术难题，化学镀技术不断发展，引入多种合金镀层的化学复合技术，即三元化学镀或多元化学镀技术，得到了一些成果。例如在 Ni-P 镀层中，引入 SiC 或 PTFE 的复合镀层比单一的 Ni-P 镀层有更佳的耐磨性及自润滑性能。在 Ni-P 镀层中引入金属钨，使 Ni-W-P 镀层进一步提高硬度，在耐磨性能方面得到很好的效果。在 Ni-P 镀层中引入铜，使 Ni-Cu-P 镀层有较好的耐蚀性能，还有 Ni-Fe-P、Ni-Co-P、Ni-Mo-P 等镀层在电脑硬碟及磁声记录系统中及感测器薄膜电子方面得到广泛的应用。

化学镀技术由于工艺本身的特点和优异的性能，用途相当广泛。中国在 20 世纪 80 年代才开始在化学镀方面进行探讨，国家在 1992 年分布了国家标准（GB/T 13913—92），称之为自催化 Ni-P 镀层。中国已将化学镀技术广泛用在汽车工业、石油化工行业、电子、纺织、印刷、食品、机械、航空航天、军事工业等各种行业；电子、通信等高科技产品的应用和迅速发展，为化学镀提供了广阔的市场。

2000 年以后，一方面由于国家注重环保，另一方面中国的工业发展对金属表面处理要求提高了，加快了化学镀这一技术的发展，国家的高新技术目录也新增了化学镀。化学镀虽然在中国的起步比较晚，但近年发展相当快，有些性能的技术指标完全可以与欧美的相媲美，加上价格低，适应中国企业的工艺流程，发展前景备受瞩目。

目前中国化学镀研究在北方，推广应用主要在广东。在广东应用化学镀的企业占全国三分之一以上，其中一些上规模的企业，具有技术抗衡，同时价格具有相当的竞争力。

化学镀镍的工业应用主要围绕着它的几大特点：

①均镀、深镀能力（也就是对各种几何形状，尤其是深孔、盲孔工件的表面镀覆，主要

针对其无孔不入的特点)。

②优异的防腐性能(也就是化学镀层非晶态的特点,特别是在油田化工设备、海洋、岸基设备等上的镀覆)。

③良好的可焊性(尤其是对在镀层表面进行锡焊的工件的镀覆)。

④高硬度与高耐磨性能(主要是对汽配、摩配、各种轴类、钢套、模具的表面镀覆)。

⑤电磁屏蔽性能(主要对计算机硬盘、飞机接插件等电子元器件的表面镀覆)。

⑥适应绝大多数金属基体表面处理的特性(主要对铝及铝合金、铁氧体、钕铁硼、钨镍钴等特殊材料的表面镀覆)。

化学镀镍具有大规模应用的低成本,操作简便性,以及清洁生产的环境效应。化学镀镍是一项标准的清洁生产工艺,所谓清洁生产就是指采用无污染少污染的原材料及没有污染或少污染的生产工艺,把污染源消灭在产品的制造过程中,而不是像传统的生产工艺,先污染后治理,浪费人力、物力、财力,也浪费资源,资源是我国可持续发展的关键,也是未来几年化学镀镍进行大规模工业应用的关键。

### 5.1.2 化学镀液的研究现状与发展趋势

化学镀技术的核心是镀液的组成及性能,所以近20年来化学镀技术飞速发展,得益于人们对镀液配方的大量研究,使得化学镀镍磷溶液的工艺多样化,镀层性能也不尽相同。但不论何种工艺配方,都应以工业应用的实用性为中心,镀层要满足一定的工艺要求,同时要确保一定的镀速,镀液的稳定性又要好。

目前评价镀液稳定性的方法主要有三种:

**1. 氯化钯稳定性实验**

将1 mL的100 mg/L的氯化钯溶液加入到50 mL,温度为(60±1) ℃的样品镀液中,测得镀液由清至出现沉淀的时间,即氯化钯稳定性的标尺。

**2. 稳定常数**

稳定常数是指在化学镀镍正常操作规范下,沉积到镀层上的镍量占镀液中消耗镍量的百分比,即为溶液的稳定常数。用公式表示如下

$$b = m_1/m_2 \times 100\% \tag{5.1}$$

式中 $m_1$——沉积到镀件上的金属镍量;

$m_2$——镀液中消耗的金属镍量。

**3. 使用寿命**

镀液使用寿命的定义为:当补充添加的金属镍量等于开缸液中的金属镍量时为一个循环周期,镀液极限循环次数即为其使用寿命,也可以用施镀能力来表征其使用寿命。施镀能力是指单位体积的镀液(1 L)在单位面积(1 $dm^2$)所能施镀的总厚度。

三种稳定性评价方法各有利弊,氯化钯稳定性实验可以进行快速测定,表征了化学镀镍液不发生自然分解的趋势,但与镀液的实际使用寿命不一定一致。稳定常数则说明了

镀液在施镀过程中对局部不稳定因素干扰的承受能力,同样也不能准确评价镀液的稳定性。使用寿命代表了化学镀镍溶液不发生自然分解、实际工作的能力,是化学镀镍工作者最为关注的一项指标,但它无法表征只在催化表面有用沉积的效率。因此要科学严谨地评价镀液的稳定性,应同时采用稳定常数和镀液的使用寿命。

影响镀液寿命的主要原因是镀液中亚磷酸盐($H_2PO_3^-$)的积累,化学镀镍磷的主要反应为

$$H_2O+Ni^{2+}+H_2PO_2^- \longrightarrow Ni + H_2PO_3^-+2H^+ \tag{5.2}$$

当 $H_2PO_3^-$ 在镀液中的质量浓度达到 150 g/L 以上时,易达到 $Ni(H_2PO_3)_2$ 的沉积点。众所周知,在施镀过程中,化学镀镍溶液处于热力学不稳定状态,亚磷酸镍微粒一旦在镀液中沉积出来,就会成为催化活性微粒,造成镀液快速分解。这种恶性的镀液寿命终止,大多数情况是由于亚磷酸盐的积累,使沉积速率下降,镀层磷含量上升,镀层外观及性能下降导致镀液的强制性寿命终止,因此要提高镀液的稳定性,一方面可以从镀液本身的配方入手,即选择合适的络合剂、稳定剂等以及它们的合理配比,研制高稳定性镀镍工艺:另一方面就是在施镀过程中,或施镀后使用化学的或物理的方法去除亚磷酸盐,使化学镀液再生。“再生”的实质就是除去镀液中还原剂的反应产物,常用的方法有以下几种:

①间隔取液法。采取一定时间抽取部分溶液后,再补充新溶液。

②冷冻法。采用降低温度使镀液中的有害副产物达到结晶点析出。

③离子交换树脂法。用经过次亚磷酸钠处理过的碱性离子交换树脂来处理老化液中的亚磷酸盐,使老化液中的亚磷酸盐与离子交换树脂上的次亚磷酸盐进行交换,以除去亚磷酸盐。

④氢氧化钙法。向老化液中添加氢氧化钙使其与亚磷酸根生成亚磷酸钙沉淀,进而将其分离而除去亚磷酸盐。

⑤氧化法。向老化液中添加过氧化氢水溶液,使亚磷酸根氧化成磷酸根,再添加氢氧化钙使其生成磷酸钙沉淀而分离除去亚磷酸盐。

但这些方法既麻烦又不适用。随着络合剂、稳定剂的大量出现,经过试验研究、筛选、复配以后,新发展的镀液均采用“双络合、双稳定”,甚至双络合、双稳定、双亚磷酸根容忍量,最高达(600~800) g/L $NaH_2PO_3 \cdot 5H_2O$,这就使镀液寿命大大延长,一般均能达到5~6个周期,甚至10~12个周期,镀速达到17~25 μm/h。这样,无论从产品质量和经济效益角度考虑,镀液已不值得进行“再生”,而直接进行废液处理。相对于镀液再生来说,改进镀液配方更能节约成本,这导致了化学镀镍配方的多样性。近年来,为了改善镀层质量,减少环境污染,已改用新型有机稳定剂,很少使用重金属离子,从而显著提高了镀层的耐蚀性能。

# 5.2 化学镀原理、镀液组成及工艺控制

## 5.2.1 化学镀原理

电镀是利用外电流将电镀液中的金属离子在阴极上还原成金属的过程。而化学镀是不依赖外加电流,仅靠镀液中的还原剂进行氧化还原反应,在金属表面的催化作用下使金属离子不断沉淀于金属表面的过程。由于化学镀必须在具有自催化性的材料表面进行,因而化学镀又称“自催化镀”。由置换反应或其他化学反应,而不是自催化还原反应获得金属镀层的方法,不能称为化学镀。

化学镀过程中,还原金属离子所需的电子由还原剂 $R^{n+}$ 供给,电子转移情况可表述为

$$R^{n+} \longrightarrow R^{(n+x)+} + xe^- \quad (5.3)$$

$$Me^{x+} + xe^- \longrightarrow Me \quad (5.4)$$

化学镀溶液的组成及其相应的工作条件,必须使反应只限制在具有催化作用的制件表面上进行,而溶液本身不应自发地发生氧化还原反应作用,以免溶液自分解,造成溶液很快失效。如果被镀金属(如镍、钯)本身是反应的催化剂,则化学镀过程就具有自动催化作用,使上述反应不断进行,这时,镀层厚度也逐渐增加,可获得一定厚度的镀层。除镍外,钴、铑、钯等具有自动催化作用。对于不具有自动催化表面的制品,如塑料、玻璃、陶瓷等非金属,通常需经过特殊的预处理,是其表面活化具有催化作用,才能进行化学镀。

化学镀与电镀相比具有如下特点:

(1) 化学镀镀层的分散能力非常好,无明显的边缘效应,几乎不受工件复杂外形的限制,因此镀层厚度均匀,特别适合在形状复杂工件、管件内壁、腔体内、深孔件、盲孔件等表面施镀。而电镀镀件上各部位的金属镀层的厚度,决定于这些部件上电力线的分布,因此很难做到镀层厚度均匀。

(2) 通过活化、敏化等前处理,利用化学镀可以在非金属材料(如塑料、玻璃、陶瓷及半导体等)表面上沉淀金属镀层,因而化学镀是使非金属表面金属化的常用方法,也是非金属电镀中必不可少的获得底层的工艺方法。而电镀只能在金属等导体表面上施镀。

(3) 化学镀工艺设备简单,操作时不需要电源及电极系统,只需将工件正确悬挂在镀液适中即可。

(4) 化学镀层通常比较致密,孔隙率较低,与基体结合能力强,有光亮或半光亮的外观,某些化学镀镀层还具有特殊的性能。

(5) 化学镀与电镀相比,溶液稳定性差,溶液的维护、调整和再生比较麻烦,材料成本高。

随着化学镀的深入研究开发,它的许多优点正不断显现出来,化学镀正获得越来越广泛的工业应用。目前在工业上已经成熟而普遍应用的化学镀主要是化学镀镍和化学镀铜。

### 5.2.2 化学镀镍的机理和特点

**1. 化学镀镍的机理**

化学镀镍是用还原剂把溶液中的镍离子还原沉淀在具有催化活性的表面上。化学镀镍可以选用多种还原剂，目前工业上应用最普遍的是以次磷酸钠为还原剂的化学镀镍工艺，其反应机理普遍被接受的是“原子氢理论”和“氢化物理论”。

(1) 原子氢理论

原子氢理论认为，溶液中的 $Ni^{2+}$ 靠还原剂次磷酸钠($NaH_2PO_2$)放出的原子态活性氢还原为金属镍，而不是 $H_2PO_2^-$ 与 $Ni^{2+}$ 直接作用。

首先是在加热条件下，次磷酸钠在催化剂表面上水解释放出原子氢，或由催化脱氢产生，即

$$H_2PO_2^- + H_2O \longrightarrow HPO_3^{2-} + 2H + H^+ \tag{5.5}$$

$$H_2PO_2^- \longrightarrow PO_2^- + 2H \tag{5.6}$$

然后，吸附在活性金属表面上的 H 原子还原 $Ni^{2+}$ 为金属 Ni 沉淀在工件表面，即

$$Ni^{2+} + 2H \longrightarrow Ni + 2H^+ \tag{5.7}$$

同时次磷酸根被氢原子还原出磷，或发生自身氧化还原反应沉淀出磷，即

$$H_2PO_2^- + H \longrightarrow H_2O + OH^- + P \tag{5.8}$$

$$3H_2PO_2^- \longrightarrow H_2PO_3^- + H_2O + 2OH^- + 2P \tag{5.9}$$

$H_2$ 的析出既可以是由 $H_2PO_2^-$ 水解产生，也可以是由原子态的氢原子结合而成，即

$$H_2PO_2^- + H_2O \longrightarrow H_2PO_3^- + H_2 \tag{5.10}$$

$$2H \longrightarrow H_2\uparrow \tag{5.11}$$

(2) 氢化物理论

氢化物理论认为，次磷酸钠分解不是放出原子态氢，而是放出还原能力更强的氢化物离子(氢的负离子 $H^-$)，镍离子被氢的负离子所还原。

在酸性镀液中，$H_2PO_2^-$ 在催化表面上与水反应，即

$$H_2PO_2^- + H_2O \longrightarrow H_2PO_3^- + H^+ + H^- \tag{5.12}$$

在碱性溶液中，则为

$$H_2PO_2^- + 2OH^- \longrightarrow HPO_3^- + H^- + H_2O \tag{5.13}$$

镍离子被氢负离子所还原，即

$$Ni^{2+} + 2H^- \longrightarrow Ni + H_2\uparrow \tag{5.14}$$

氢负离子 $H^-$ 同时可与 $H_2O$ 或 H 反应放出氢气：

酸性镀液 $$H^+ + H^- \longrightarrow H_2\uparrow \tag{5.15}$$

碱性镀液 $$H_2O + H^- \longrightarrow H_2\uparrow + OH^- \tag{5.16}$$

同时有磷还原析出，即

$$2H_2PO_4^- + 6H^- + 4H_2O \longrightarrow 2P + 5H_2 + 8OH^- \qquad (5.17)$$

**2. 化学镀镍的特点**

迄今为止,化学镀镍的发展已有60多年的历史。经过半个多世纪的研究开发,化学镀镍已进入发展成熟期,其目前的现状可概括为:技术成熟,性能稳定,功能多样,用途广泛。

用化学镀镍沉积的镀层,有一些不同于电沉积层的特性:

①以次磷酸钠为还原剂时,由于有磷析出,发生磷与镍的共沉积,所以化学镀镍层是磷呈弥散态的镍磷合金镀层,镀层中磷的质量分数为1%～15%,控制磷含量得到的镍磷镀层致密、无孔,耐蚀性远优于电镀镍。以硼氢化物或氨基硼烷为还原剂时,化学镀镍层是镍硼合金镀层,硼的质量分数为1%～7%,只有以肼作还原剂得到的镀层才是纯镍层,含镍量可达到99.5%以上。

②硬度高,耐磨性良好。电镀镍层的硬度仅为160～180 HV,而化学镀镍层的硬度一般为400～700 HV,经适当热处理后还可进一步提高到接近甚至超过铬镀层的硬度,故耐磨性良好,更难得的是化学镀镍层兼备了良好的耐蚀与耐磨性能。

③化学稳定性高,镀层结合力好。在大气中以及在其他介质中,化学镀镍层的化学稳定性高于电镀镍层的化学稳定性。与通常的钢铁、铜等基体的结合良好,结合力不低于电镀镍层与基体的结合力。

④由于化学镀镍层含磷(硼)量的不同及镀后热处理工艺的不同,镀镍层的物理化学特性,如硬度、抗蚀性能、耐磨性能、电磁性能等具有丰富的变化,是其他镀种少有的,所以化学镀镍的工业应用及工艺设计具有多样性和专用性的特点。

由于化学镀镍层具有优良的综合物理化学性能,该项技术已经在电子、计算机、机械、交通运输、能源、化学化工、航空航天、汽车、冶金、纺织、模具等各行业获得了广泛的应用。

### 5.2.3 化学镀镍溶液的配方组成

目前广泛应用的化学镀镍溶液,大致分为酸性镀液和碱性镀液两种类型。化学镀镍溶液的组分虽然根据不同的应用有相应的调整,但一般是由主盐、还原剂、络合剂、缓冲剂、稳定剂、加速剂、表面活性剂等组成,以下分别讨论各组成成分的作用。

**1. 主盐**

化学镀镍溶液的主盐是提供金属镍离子的可溶性镍盐,在化学还原反应中为氧化剂。可供采用的镍盐有硫酸镍($NiSO_4 \cdot 7H_2O$)、氯化镍($NiCl_2 \cdot 6H_2O$)、醋酸镍[$Ni(CH_3COO)_2$]、氨基磺酸镍[$Ni(NH_2SO_3)_2$]及次磷酸镍[$Ni(H_2PO_2)_2$]等。早期曾以氯化镍为主盐,但由于$Cl^-$的存在会降低镀层的耐蚀性,同时产生拉应力,所以目前已不再使用。又因醋酸镍及次磷酸镍的价格昂贵,所以目前使用的主盐是硫酸镍。由于制备工艺的不同有两种结晶水的硫酸镍:$NiSO_4 \cdot 6H_2O$和$NiSO_4 \cdot 7H_2O$。常用的为$NiSO_4 \cdot 7H_2O$,其相对分子质量为280.88,绿色结晶,100 ℃时在100 g水中的溶解度为478.5 g,配成的溶液为深绿色,

pH 值为4.5。

从动力学上分析,随着镀液中 $Ni^{2+}$ 浓度增加,沉积速率应该增加。但实验表明,由于络合剂的作用,主盐浓度对沉积速率影响不大(镍盐的浓度特别低时例外)。一般化学镀镍溶液配方中镍盐质量浓度维持在 20 ~40 g/L,或者说含镍 4 ~8 g/L。

镍盐的浓度过高,以至于有一部分游离的 $Ni^{2+}$ 存在于镀液中时,镀液的稳定性下降。镍盐与还原剂的比例对镍的沉积速率有影响,他们均有一个合理范围。$Ni^{2+}$ 与 $H_2PO_2^-$ 的物质的量之比应在 0.30 ~0.45 之间,这样才能保证化学镀镍溶液既有最大的沉积速率,又有良好的稳定性。

**2. 还原剂**

化学镀镍所用的还原剂有次磷酸钠、硼氢化钠及肼等几种,在结构上他们的共同特征是含有两个或多个活性氢,还原 $Ni^{2+}$ 就是靠还原剂的催化脱氢作用进行的。用次磷酸钠得到 Ni-P 合金镀层,用硼氢化钠得到 Ni-B 合金镀层,用肼则得到纯镍镀层。

化学镀镍中,多数使用次磷酸钠还原剂,因为其价格低廉,镀液容易控制,而且 Ni-P 合金镀层性能优良。次磷酸钠在水中易溶解,水溶液 pH 值为 6,次磷酸盐离子的氧化还原电位为-1.065 V(pH=7)和-0.882 V(pH=4.5),在碱性介质中为-1.57 V,因此次磷酸盐是一种强的还原剂。

研究表明,只有在络合剂比例适当的条件下,次磷酸盐浓度变化对沉积速率才有影响。随着次磷酸盐浓度的增加,镍的沉积速率上升。但次磷酸盐的浓度也有限制,它与镍盐浓度的物质的量之比不应大于4,否则容易造成镍层粗糙,甚至诱发镀液瞬间分解。一般次磷酸钠的质量浓度为 20 ~40 g/L。

研究同时表明,在保证化学镀镍液有足够稳定性的情况下,尽量高的 pH 值有利于提高镍沉积速率和次磷酸钠的利用率,但同时镀层中的磷量降低。

**3. 络合剂**

化学镀镍溶液中的络合剂除了控制可供反应的游离 $Ni^{2+}$ 浓度外,还能抑制亚磷酸镍沉积,提高镀液的稳定性,延长镀液寿命,有些络合剂还兼有缓冲剂和促进剂的作用,提高镀液的沉积速率,影响镀层的综合性能功能。化学镀镍的络合剂一般含有羟基、羧基、氨基等,常用的络合剂有乳酸、乙醇酸(羟基乙酸)、苹果酸、氨基乙酸(甘氨酸)和柠檬酸等。碱性化学镀镍溶液中的络合剂有柠檬酸盐、焦磷酸盐和氨水等。

通常每种镀液都有一种主络合剂,配以其他的辅助络合剂。不同种类的络合剂及不同的络合剂用量,对化学镀镍的沉积速率影响很大。合理选择络合剂及其用量不仅可在同样条件下获得更高的镀层沉积速率,而且可以使镀液稳定,使用寿命长。从根本上说,化学镀镍溶液在工作中是否稳定,不是单纯依赖镍溶液中是否加入某种稳定剂,而更主要的是取决于络合剂的选择、搭配、用量是否适合。因此选择络合剂不仅要使镍层沉积速率快,而且要使镀液稳定性好,使用寿命长,镀层质量好。

络合剂的浓度至少应能络合全部镍离子,因此乳酸、乙醇、乙醇酸和氨基乙酸的物质

的量浓度至少应为 $Ni^{2+}$ 物质的量浓度的两倍，而酒石酸和柠檬酸的物质的量浓度至少应与的物质的量浓度相等。若络合剂浓度不足以络合全部 $Ni^{2+}$，会导致溶液游离的 $Ni^{2+}$ 浓度过高，镀液的稳定性下降，镀层的质量变差。

**4. 缓冲剂**

在化学镀镍反应中，除了有镍和磷的析出之外，还有氢离子产生，从而导致溶液的 pH 值会不断降低，这不但使沉积速率变慢，也对镀层质量产生影响，因此，在化学镀镍溶液中必须加入缓冲剂，使溶液具有缓冲能力，即在施镀过程中使溶液的 pH 值不至变化太大，能维持在一定范围内。化学镀镍中常用的缓冲体系及其 pH 值范围列于表 5.1。

**表 5.1　化学镀镍溶液缓冲体系及其 pH 值范围**

| 缓冲体系 | pH 值范围 | 缓冲体系 | pH 值范围 |
|---|---|---|---|
| 乙酸/乙酸钠 | 3.7~5.6 | 磷酸二氢钾/硼砂 | 5.8~9.2 |
| 丁二酸/硼砂 | 3.0~5.8 | 硼酸/硼砂 | 7.0~9.2 |
| 丁二酸氢钠/丁二酸钠 | 4.8~6.3 | 氯化铵/氨水 | 8.3~10.2 |
| 柠檬酸氢钠/氢氧化钠 | 5.8~6.3 | 硼砂/碳酸钠 | 9.2~11.0 |

**5. 稳定剂**

化学镀镍溶液是一个热力学不稳定体系，在施镀过程中，如因加热方式不当导致局部过热，或因镀液调整补充不当导致局部 pH 值过高，以及因镀液污染或缺乏足够的连续过滤导致杂质的引入或形成等，都会触发镀液在局部发生激烈的自催化反应，产生大量 Ni-P黑色粉末，从而使镀液在短期内发生分解，因此镀液中应加入稳定剂。

稳定剂的作用在于抑制镀液的自发分解，使施镀过程在控制下有序进行。稳定剂能有限吸附在微粒表面抑制催化反应从而遮蔽催化活动中心，阻止微粒表面的成核反应，但不影响工件表面的正常的化学镀过程。但必须注意的是，稳定剂是一种化学镀镍毒化剂，即反催化剂，只需加入微量就可以抑制镀液自发分解。稳定剂不能使用过量，过量后轻则降低镀速，重则不再起镀，因此必须慎重使用。

化学镀镍中常用的稳定剂有以下几种：

重金属离子，如 $Pb^{2+}$、$Sn^{2+}$、$Cd^{2+}$、$Zn^{2+}$、$Bi^{3+}$ 等。

第Ⅵ族元素 S、Se、Te 的化合物，如硫脲、硫化硫酸盐、硫氰酸盐等。

某些含氧化合物，如 $AsO^{2-}$、$MoO_4{}^{2-}$、$NO^{2-}$、$IO^{3-}$ 等。

某些不饱和有机物，如马来酸等。

**6. 加速剂**

在化学镀镍溶液中能提高镍沉积速率的成分称为加速剂。它的作用机理被认为是活化次磷酸根离子，促进其释放原子氢。化学镀镍中的许多络合剂兼有加速的作用。$F^-$ 是常用的加速剂，但必须严格控制其浓度，用量大不仅会降低沉积速率，还对镀液稳定性有影响。

研究表明，许多作为化学镀镍中的稳定剂的物质，当它以更微量存在于镀镍液中的时候，可以起到加速作用。如硫脲加量至 5 mg/L 时，作为稳定剂作用，当添加量降低至 1 mg/L时，则有加速剂的作用。

**7. 其他组分**

在化学镀镍溶液中，除了以上主要成分外，有时还加入表面活性剂以抑制底层针孔，加入光亮剂以提高镀层光亮度。但电镀镍溶液中常用的表面活性剂十二烷基硫酸钠，易使镀层出现不完整的斑污，不适用于化学镀镍溶液。

### 5.2.4 化学镀镍的工艺因素控制

**1. 镀液化学成分的影响**

化学镀液溶液中的镍盐、还原剂、络合剂和稳定剂等主要成分对化学镀过程以及镀层性能的影响是十分重要而且是复杂多变的。化学镀镍实际操作中，不仅需要使某一化学成分维持在最佳范围内，而且需要使其他各种相关化学成分及工艺保持在相应的最佳范围内。

**2. 温度的影响**

镀液温度对于镀层的沉积速率、镀液的稳定性以及镀层的质量均有重要影响。

化学镀的催化反应一般只能在加热条件下实现，许多化学镀镍的单个反应步骤只有在 50 ℃以上才有明显的反应速率，特别是酸性次磷酸盐溶液，操作温度一般都在 85 ~ 92 ℃之间。镀速随温度升高而增快，一般温度升高 10 ℃，沉积速率就加快一倍。但需要指出的是，镀液温度过高，又会使镀液不稳定，容易发生自分解，因此应该根据实际情况选择合适的温度，并经常保持这一温度。一般碱性镀液温度较低，它在较低温度的沉积速率比酸性镀液快；但温度增加，镀速提高不如酸性镀液快。

温度除了影响镀速外，还会影响镀层质量。温度升高，镀层快，镀层中含磷量下降，镀层的应力和孔隙率增加，耐蚀性能降低，因此，化学镀镍过程中温度控制均匀十分重要。最好维持溶液的工作温度变化在±2 ℃内，若适度过程中温度波动过大，会发生片状层，镀层质量不好并影响镀层结合力。

**3. pH 值的影响**

pH 值对镀液、工艺及镀层的影响很大，它是工艺参数中必须严格控制的重要因素，在酸性化学镀镍过程中，pH 值使沉积速率及镀层的含磷量下降。pH 值变化还会影响镀层中应力的分布。pH 值高的镀液得到的镀层含磷量低，表现为拉应力；反之，pH 值低的镀液得到的镀层含磷量高，表现为压应力。

对每一个具体的化学镀镍溶液，都有一个最理想的 pH 值范围，而化学镀镍过程中，随着镍-磷的沉积，$H^+$不断生成，镀液的 pH 值不断下降，因此，生产过程之中必须及时调整，维持镀液的 pH 值，使其波动范围控制在±0.2 范围内。调整镀液 pH 值，一般使用稀释过的氨水或氢氧化钠，在搅拌的情况下谨慎进行。采用不同的碱液调整 pH 值时，对镀液的影响也不同。用氨水调整镀液 pH 值时，除了中和镀液 $H^+$ 外，镀液中的氨分子与镀液中的 $Ni^{2+}$ 及络合物还会生成复合络合物，降低了镀液中游离的 $Ni^{2+}$ 浓度，有效抑制了亚磷酸酸镍的沉淀，提高了镀液的稳定性。

**4. 搅拌的影响**

对镀液进行适当的搅拌会提高镀液稳定性及镀层质量。首先搅拌可防止镀液局部过热，防止补充镀液时局部组分浓度过高，局部 pH 值剧烈变化，有利于提高镍液的稳定性。另外，搅拌加快了反应产物离开工件表面的速率，有利于提高沉积速率，保证镀层质量，镀层表面不易出现气孔等缺陷。但过度搅拌也是不可取的，因为过度搅拌容易造成工件局部漏镀，并使容器壁和底部沉积上镍，严重时甚至造成镀液分解。此外，搅拌方式和强度还会影响镀层的含磷量。

**5. 装载量的影响**

镀液装载量是指工件施镀面积与使用面积之比。化学镀镍施镀时，装载量对镀液稳定性影响很大，允许装载量的大小与施镀条件及镀液组成有关。每种镀液在研制过程中都规定有最佳装载量，施镀时应按规定投放工件并及时补加浓缩液，这样才可以收到最佳的施镀效果。一般镀液的装载量在 0.5 ~ 1.5 $dm^2/L$。装载量过大，即催化面积过大，则沉积反应剧烈，易生成亚磷酸镍沉淀而影响镀液的稳定性和镀层性能；装载量过小，镀液中微小的杂质颗粒便会成为催化活性中心而引发沉淀，容易导致镀液分解，因此为保证施镀的最佳效果，应将装载量控制在最佳范围内。

**6. 化学镀液老化的影响**

化学镀镍溶液有一定的使用寿命。镀液寿命以镀液的循环周期来表示，即镀液中全部 $Ni^{2+}$ 耗尽和补充 $Ni^{2+}$ 至原始浓度为一个循环周期。随着施镀的进行，不断补加还原剂，$HPO_3^{2-}$ 浓度越来越大，到一定量以后超过 $NiHPO_3$ 溶解度，就会形成 $NiHPO_3$ 沉淀，镀液出现浑浊。虽然加入络合剂可以抑制 $NiHPO_3$ 沉淀析出，但随着周期性延长，即使存在大量络合剂也不能抑制沉淀析出，镍沉淀速率急剧下降，镀层性能变坏，此时说明镀液已经达到寿命，应该废弃。

**7. 在不同基体材料上施镀**

化学镀镍可以直接沉淀在具有催化作用的金属材料（如镍、钴、钯、铑）上和电位较镍为负的金属材料（如铁、铝、镁、铍、钛）上。后一类金属是首先靠溶液中的化学置换作用，在其表面上产生接触镍，因镍自身是催化剂，从而使沉积过程能继续进行下去。

对催化作用且电位较镍为正的金属材料（如铜、银等），可以用引发起镀法，即用清洁的铁丝或铝丝接触镀件表面，使其成为短路电池，此时被镀件作为阴极，表面首先沉淀出镍层，使化学镀镍反应得以进行下去；亦可瞬间通以直流电流作为引镀。另外一种方法是将被镀件先在酸性氯化钯稀释溶液中短时间浸泡（例如，在 0.1 g/L $PdCl_2$ 和 0.2 g/L HCl 溶液中浸泡 20 s），经彻底漂洗后得以进行化学镀镍。

在非金属材料上化学镀镍，其表面必须经过特殊的前处理，除去油污和脱模剂，在经过化学敏化、活性处理(一般是利用钯的成核作用),使之具有催化活性,才能浸入化学镀镍溶液中镀镍。

## 5.3 化学镀镍的配制及工艺实践

### 5.3.1 化学镀镍液的配制与维护

**1. 化学镀镍液的配制**

化学镀镍溶液必须用蒸馏水或去离子水配制,配置程序一般为:

①按配制镀液的体积分别称量出计算量的各种药品。

②将各种药品分别预先溶解好,并过滤,由于镍盐在室温水中溶解速度很慢,所以需要用热水并在不断搅拌下溶解。

③在镀槽中注入约 1/2 计算量的蒸馏水,一次加入预先溶解好并经过过滤的络合剂、金属主盐。

④加入缓冲剂、加速剂等组分。

⑤在搅拌条件下加入先溶解好并经过过滤的还原剂。

⑥测量 pH 值,并指搅拌下调整到工艺规定范围。

⑦补充蒸馏水到计算量。

⑧加入稳定剂。

配制溶液时应注意不能将主盐及还原剂的浓度混合,以避免分解。

**2. 化学镀的维护**

化学镀镍在使用过程中,镀液成分不断消耗,pH 值不断变化,为保证化学镀镍工艺正常进行以及稳定的镀层质量,对镀液的补加和维护是十分重要的。

化学镀的维护管理主要是指在使用过程中,保护镀液施镀温度和调整 pH 值,随时补加镀液成分,及时清除沉淀物和污染物等,以维持镀液在最佳工作状态,防止镀液的自发分解和过早老化。

一般引起镀液的自发分解的主要原因是:镀液中存在具有催化活性的杂质颗粒,镀液局部过热,局部 pH 值过高,局部还原剂浓度过高,以及镀液组分失衡等。为此金属镀件经化学除油、化学除锈等前处理后,应彻底清洗干净,以防酸碱液及除锈液等杂质带入镀镍液中而是 pH 值发生变化。新配制的镀液及补充镀液应充分过滤,并在电镀过程中,采取措施防止室内粉尘落入镀槽内,以防止将活性中心带入镀槽。为避免镀液局部过热,应避免使用内浸式的加热棒加热镀液,也不宜对镀槽直接使用电炉加热,应采用水浴间接加热方式。为防止沉积出片状镀层,要严格控制工作温度,波动不超过±2 ℃。为避免镀液局部 pH 值过高或局部组分浓度过高。不允许将化学品直接加入生产镀液,不允许用镀液溶解化学药品,不允许用酸或碱直接调整生产中镀液的 pH 值。

由于化学镀镍是一种自催化沉积过程,如果镀液中存在固镀液体微粒杂质,这些杂质就可能成为催化活性中心,轻者造成镀层粗糙,重者引起镀液分解。为了保证镀液性能和镀层质量,应保证化学镀液循环过滤,滤径尺寸不大于 5 μm,不定期更换滤袋滤芯。

补充调整镀液时,应该从镀槽中取一部分镀液,冷却后分别预先用水溶解好的主盐、还原剂及其他药品,用稀氨水调整 pH 值,过滤后,加热到工作温度,再放回镀槽,以保持镀液的最佳工作状态。补充主盐、还原剂、络合剂及其他药品时,必须按照分析数据补充。

连续进行化学镀镍后,槽壁及槽底上有镍的沉淀存在,它会成为溶液自然分解的活性中心,必须及时除去(可用硝酸溶解)。一般每个工作班清除一次。

### 5.3.2 化学镀镍溶液稳定性测定

**1. 氯化钯加速实验**

取待测化学镀镍液 50 mL 盛于 100 mL 的试管中,浸入已经恒温至(60±1)℃的水浴中,注意使试管内溶液面低于恒温水浴面约 2 cm。半小时后,再搅拌下,用移液管量取浓度为 $100\times10^{-6}$的氯化钯溶液 1 mL 于试管内。记录自注入氯化钯溶液至试管内到化学镀液开始出现混浊(沉淀)所经历的时间,以秒表示。

**2. 稳定常数实验**

① 称量镀件施镀前后的质量之差 $m_1$,即是沉积到镀件上的金属镍量。

② 先用量筒测量施镀后镀液的实际体积 $V$,再按化学镀镍溶液中镍含量的测定的方法测量施镀后的镀液中镍离子的浓度 $C_{Ni}$,按下式计算镀液中消耗的镍量

$$m_2 = m_0 - C_{Ni}V \tag{5.18}$$

③ 沉积到镀件上的金属镍量占镀液中消耗的金属镍量的百分比就是稳定常数,用公式表示如下

$$b = m_1/m_2 \times 100\% \tag{5.19}$$

式中 $m_0$——施镀前镀液中含金属镍量,g;

$m_1$——沉积到镀件上的金属镍量,g;

$m_2$——镀液中消耗的金属镍量,g;

$b$——稳定常数,%。

**3. 化学镀镍溶液中镍含量的测定**

(1) 操作步骤

①准确量取 10 mL 待测镀液置于 250 mL 锥形瓶内,加去离子水 50 mL。

②加 pH=10 的缓冲液 20 mL 及紫脲酸胺少许约 0.2 g。

③用 0.05 mol/L 的 EDTA 二钠盐标准溶液滴定至溶液由棕黄色转紫色为终点(0.04 mL/滴)。

(2)计算公式

①镍离子浓度计算公式为

$$C_{Ni}/(g \cdot L^{-1}) = 5.88(VM)EDTA \quad (5.19)$$

②6 结晶水硫酸镍浓度计算公式为

$$C_{NiSO_4 \cdot 6H_2O}/(g \cdot L^{-1}) = 260.28(VM)EDTA \quad (5.20)$$

式中 $M$——标准 EDTA 溶液的浓度,mol/L;

$V$——耗用标准 EDTA 溶液的体积,mL。

(3)试剂配制

①缓冲液(pH=10):54$NH_4Cl$+(300~350) mL 浓氨水,稀释至 1 L。

②0.05 mol/L 标准 EDTA 溶液:称取分析纯 EDTA 二钠盐 20 g,以水加热溶解后,冷却,稀释至 1 L。

③紫脲酸胺指示剂:该药品固体粉末与氯化钠 1∶100 混合并研细。

## 5.3.3 钢件表面预处理

基本工艺路线:预处理→化学碱液除油(30~50 min)→水洗→丙酮除油(5~20 min)→蒸馏水冲洗→10% HCl 活化(0.5~1 min)→水洗→去离子水清洗→施镀→冷水冲洗→烘干。

**1. 预处理**

处理试样的表面,一般采用金相砂纸磨制,使得试样表面光滑,尽量减少划痕。

**2. 除油、除锈**

将试样放入化学碱液除油(30 min 左右),然后用清水冲洗;接下来将试样放入丙酮中(10 min 左右),使用超声波振荡清洗除油,然后用清水冲洗干净。

**3. 活化**

试样放入 10% 稀 HCl 中浸泡 0.5~1 min,脱去表面氧化膜,提高镀层的结合力。

## 5.3.4 化学镀镍配方和工艺

**1. 以次磷酸钠为还原剂**

以次磷酸钠为还原剂的化学镀镍溶液用得最广,尤其是酸性镀液,与碱性镀液相比具有溶液稳定、镀液温度高、沉积速率快、易于控制、镀层性能好等优点,应用较多、较早,也比较成熟。此类镀液一般含镍 5~7 g/L、次磷酸钠 20~40 g/L、有机酸及其盐类 20~40 g/L,pH 为 4~5,温度为 85~95 ℃,沉积速率为 10~30 μm/h,镀层中含磷量为 5%~14%。

碱性化学镀镍溶液的 pH 值容易波动,但允许的 pH 值工作范围较宽,镀液成本较低,获得的镀层含磷量比酸性镀液要低,镀层不光亮,孔隙较多,镀层沉积速率不快。但由于所用工作温度不高,特别适合在塑料、半导体等不适合在酸性溶液或较高温度下施镀的材料上沉积。此类镀液,由于 pH 值高,为避免沉淀析出,必须使用大量的络合能力强的络合剂,如柠檬酸盐、焦磷酸盐等。

表 5.2 和表 5.3 列举了若干以次磷酸钠为还原剂的化学镀镍溶液配方及工艺，仅供参考。实践中，应当结合具体实际化学镀的基本原理，进行试验，补充、改善已有的镀液配方。

**表 5.2 以次磷酸钠为还原剂的酸性化学镀镍工艺**

| 镀液组成及工艺条件 | 配方 | | | | | | |
|---|---|---|---|---|---|---|---|
| | 1 | 2 | 3 | 4 | 5 | 6 | 7 |
| 硫酸镍($NiSO_4 \cdot 7H_2O$)/($g \cdot L^{-1}$) | 25 | 24 | 20～25 | 25 | 20～34 | 28 | 23 |
| 次磷酸钠($NaH_2PO_2 \cdot H_2O$)/($g \cdot L^{-1}$) | 30 | 24 | 20～25 | 20 | 20～35 | 30 | 15 |
| 醋酸钠($CH_3COONa$)/($g \cdot L^{-1}$) | — | — | 12 | — | — | — | — |
| 羟基乙酸钠($CH_3OHCOONa$)/($g \cdot L^{-1}$) | 10 | — | — | — | — | — | — |
| 柠檬酸钠($Na_8C_6H_8O_7$)/($g \cdot L^{-1}$) | — | — | 12 | — | — | — | — |
| 柠檬酸($C_6H_8O_7$)/($g \cdot L^{-1}$) | — | — | — | — | — | 15 | — |
| 苹果酸($C_4H_6O_5$)/($g \cdot L^{-1}$) | — | — | — | — | 18～35 | — | 15 |
| 丁二酸($C_4H_6O_4 \cdot 6H_2O$)/($g \cdot L^{-1}$) | — | — | — | — | 16 | — | 12 |
| 丙酸($CH_3CH_2COOH$)/($g \cdot L^{-1}$) | — | 2 | — | — | — | — | — |
| 乳酸($C_3H_6O_3$)/($g \cdot L^{-1}$) | — | 33 | — | 25 | — | 24 | 20 |
| 硼酸($H_3BO_3$)/($g \cdot L^{-1}$) | | — | — | 10 | — | — | — |
| pH 值 | 5 | 4.5 | 4.1～5.1 | 4.4～4.8 | 4.5～6.0 | 4.8 | 5.2 |
| 温度/℃ | 90 | 95 | 80～90 | 88～92 | 85～95 | 87 | 90 |
| 沉积速率/($\mu m \cdot h^{-1}$) | 20 | 17 | 10 | 10～12 | — | — | — |

**表 5.3 以次磷酸钠为还原剂的碱性化学镀镍工艺**

| 镀液组成及工艺条件 | 配方 | | | | | |
|---|---|---|---|---|---|---|
| | 1 | 2 | 3 | 4 | 5 | 6 |
| 硫酸镍($NiSO_4 \cdot 7H_2O$)/($g \cdot L^{-1}$) | 20 | 30 | 25 | 3 | 33 | 30 |
| 次磷酸钠($NaH_2PO_2 \cdot H_2O$)/($g \cdot L^{-1}$) | 15 | 25 | 30 | 30 | 17 | 30 |
| 柠檬酸钠($Na_8C_6H_8O_7$)/($g \cdot L^{-1}$) | 30 | 50 | | | 84 | 10 |
| 焦磷酸钠($Na_4CP_2O_7 \cdot 2H_2O$)/($g \cdot L^{-1}$) | | | 50 | 60 | | |
| 三乙醇胺[$N(CH_2CH_2OH)_3$]/($g \cdot L^{-1}$) | | | | 100 | | |
| 氯化铵($NH_4Cl$)/($g \cdot L^{-1}$) | | | | | 50 | 30 |
| pH 值 | 7 | 8 | 9～11 | 1 | 9.5 | 8 |
| 温度/℃ | 8.5 | 90 | 75 | 35 | 88 | 45 |
| 沉积速率/($\mu m \cdot h^{-1}$) | 45 | | 20 | 3 | 10 | 8 |

表5.2中配方1是比较常用的低磷化学镀镍配方，沉淀速率快，镀层较光滑，一般用于薄的防护装饰性镀层，不需后续热处理。配方2、4、6为中磷化学镀镍配方，配方3、5、7为高磷镀镍配方，其中配方5为常用的高磷化学镀镍配方，镀层含磷在8%～12%左右，镀层组织形貌如图5.1所示，Ni-P镀层呈致密、均匀的胞状结构，Ni-P镀层的XRD衍射曲线证实（图5.2），Ni-P镀层为典型的非晶组织，具有良好的耐磨、耐蚀性能，但镍沉积速率慢，镀层容易出现粗糙。

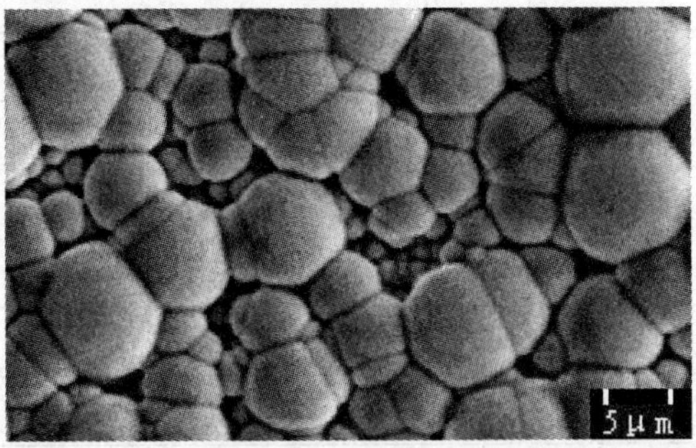


图5.1 Ni-P镀层扫描电镜照片

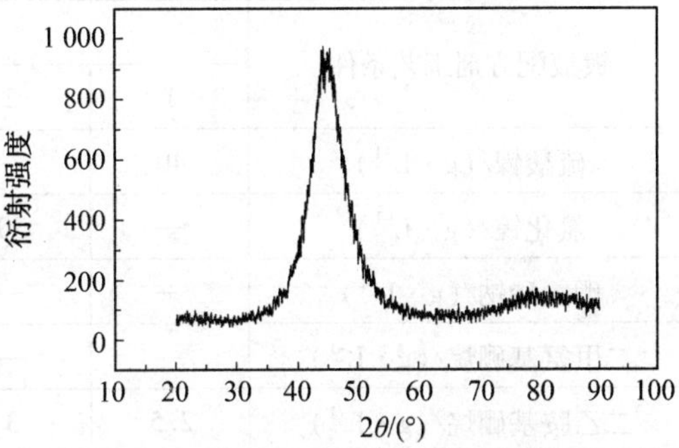


图5.2 Ni-P镀层的XRD衍射图谱

**2. 以硼化物为还原剂**

常用作化学镀镍还原剂的硼化物为硼氢化钠和氨基硼烷，氨基硼烷包括二甲氨基硼烷（DMAB）、二乙胺基硼烷（DEAB）、三甲氨基硼烷等。

用含硼还原剂得到的镀层是Ni-B合金，成分在90%～99.9% Ni之间变动。镀层属无定形结构，但在400%热处理1 h后，则转变为结晶型镍硼化合物（$Ni_3B$）。

由于镍硼镀层孔隙率极低，因此具有优良的抗蚀性和化学稳定性。含硼量小于1%的镀层有良好的可焊性能，含硼量低于0.5%的镀层与纯镍的性能相似。含硼量为1%～5%的镍硼镀层熔点为1 450 ℃，比镍磷合金镀层（890 ℃）高得多。随着含硼量的增加，其熔点逐步下降，电阻率增大。含硼量为5%的镀层，在刚镀好时是非磁性的。而含硼量小于0.5%的镀层，在刚镀好时就具有磁性，但经热处理后，其矫顽力（$H_c$）和剩磁都无明显变化。$BH_4^-$还原能力很强，其标准电位约-1.24 V。以$BH_4^-$作还原剂时反应过程可表示为

$$2Ni^{2+}+4H_2O+2BH_4^- \xlongequal{} 2Ni+B+B(OH)_4+3H^++9/2H_2\uparrow \quad (5.22)$$

氨基硼烷是无色无味至黄色液体，有时成无色固体，其化学和热稳定性随碳链增长及氮原子处的烷基基团增加而提高。用氨基硼烷作还原剂时反应过程可表示为

$$3Ni^{2+}+2R_2HNBH_3+6H_2O \xlongequal{} 3Ni+3H_2\uparrow+2R_2HN+2H_3BO_3+6H^+ \quad (5.23)$$

与硼氢化钠相比，氨基硼烷是比较弱的还原剂，还原效果远不如硼氢化钠好，故只作镀薄层用，不用它直接生产耐磨镀层。但使用氨基硼烷作还原剂的镀液也有许多优点，例如可以在较低的工作温度及较宽的pH范围内操作；由于该还原剂无更多的氧化产物堆积，因此理论上该镀液有无限长的寿命，可以无限制再生；该镀液极其稳定；镀速在6～

9 μm/h，与 $Ni^{2+}$浓度关系不大，主要取决于还原剂。此外，对于次磷酸钠无催化活性的金属（如铜、银、不锈钢等），在氨基硼烷作为还原剂的镀液中都可以具有足够的催化活性。硼氢化物和氨基硼烷虽然是很强的还原剂，但在价格上比次磷酸盐贵得多，因而在实际应用中受到一定的限制。

表 5.4 列出了以硼化物为还原剂的化学镀镍液的配方及工艺条件，供参考。

**表 5.4　硼化物为还原剂的化学镀镍工艺规范**

| 镀液配方剂工艺条件 | 配方 | | | | | |
|---|---|---|---|---|---|---|
| | 1 | 2 | 3 | 4 | 5 | 6 |
| 硫酸镍/($g \cdot L^{-1}$) | 40 | — | 30 | 50 | 25 | — |
| 氯化镍/($g \cdot L^{-1}$) | — | 30 | — | — | — | 30 |
| 硼氢酸钠/($g \cdot L^{-1}$) | — | — | — | — | — | 0.6 |
| 二甲氨基硼烷/($g \cdot L^{-1}$) | — | — | 3.5 | 2.5 | 4 | — |
| 二乙胺基硼烷/($g \cdot L^{-1}$) | 2.5 | 3 | — | — | — | — |
| 柠檬酸钠/($g \cdot L^{-1}$) | 10 | 10 | — | 25 | — | — |
| 琥珀酸钠/($g \cdot L^{-1}$) | — | 20 | — | — | — | — |
| 乙酸钠/($g \cdot L^{-1}$) | — | — | — | — | 40 | — |
| 异丙醇/($g \cdot L^{-1}$) | — | 50 | — | — | — | — |
| 氢氧化钠/($g \cdot L^{-1}$) | — | — | — | — | — | 40 |
| 乙二胺/($g \cdot L^{-1}$) | — | — | — | — | 20 | 60 |
| 丁二酸钠/($g \cdot L^{-1}$) | 20 | — | — | — | — | — |
| 丙二酸二钠/($g \cdot L^{-1}$) | — | — | 34 | — | — | — |
| 硼酸/($g \cdot L^{-1}$) | 15 | — | — | — | — | — |
| 乳酸/($g \cdot L^{-1}$) | — | — | — | 25 | — | — |
| 硫脲/($mg \cdot L^{-1}$) | — | — | — | — | 1 | — |
| pH 值 | 8.5 | 5~7 | 5.5 | 6~7 | 7 | 14 |
| 温度/℃ | 30 | 70 | 77 | 40 | 40 | 90~95 |

**3. 以肼为还原剂**

以肼（联氨）为还原剂的化学镀镍溶液所得的镀镍层纯度较高，含镍量可达 99.5% 以上，有较好的磁性能，可用于生产磁性膜，特别适用于沉积纯镍的场合。此外，肼的氧化物是水和氧，不存在有害物质的积累，所以不会造成像以前次磷酸钠、硼化物为还原剂时，由于氧化物的积累而导致镀液性能逐渐恶化直至无法使用的问题。但是以阱为还原剂的化学镀镍层外观、抗蚀性、硬度、耐磨性都不如镍-磷和镍-硼合金镀层。

用肼作还原剂的化学镀镍反应过程为

$$Ni^{2+}+N_2H_4+2OH^- \longrightarrow Ni+N_2\uparrow+2H_2O+H_2\uparrow \quad (5.24)$$

以肼为还原剂的化学镀镍的典型工艺规范见表5.5。

**表5.5 以肼为还原剂的化学镀镍工艺规范**

| 镀液配方剂工艺条件 | 配 方 | | | |
|---|---|---|---|---|
| | 1 | 2 | 3 | 4 |
| 硫酸镍/$(g\cdot L^{-1})$ | 14 | — | — | — |
| 氯化镍/$(g\cdot L^{-1})$ | — | — | — | 5 |
| 醋酸镍/$(g\cdot L^{-1})$ | — | 60 | 75 | — |
| 肼/$(g\cdot L^{-1})$ | 19 | 100 | 100 | 30 |
| 酒石酸钾钠/$(g\cdot L^{-1})$ | — | — | — | 7 |
| 羟基乙酸/$(g\cdot L^{-1})$ | — | 60 | 58 | — |
| $Na_2EDTA/(g\cdot L^{-1})$ | — | 25 | 23 | — |
| 磷酸氢钠/$(g\cdot L^{-1})$ | 35 | — | — | — |
| 磷酸钾/$(g\cdot L^{-1})$ | 85 | | — | — |
| pH 值 | 12 | 11 | 10.7 | 10 |

### 5.3.5 镀层性能检测

**1.镀层外观质量检测**

(1)镀层表面缺陷检测

镀层表面不允许有针孔、麻点、起皮、起泡、斑点、海绵状镀层、雾状、阴阳面、树枝状镀层及毛刺、起瘤、烧焦等缺陷,检测时应严格区分,实际生产以目测评定其特征。

①针孔。指镀层表面似针尖样的小孔,其实密集分布虽不相同,但在放大镜下观察时,一般其大小、形状均相似。

②麻点。指镀层表面不规则的凹陷孔,其形状、大小、深浅不一。

③起皮。指镀层成片状脱离基体或镀层的缺陷。

④起泡。指镀层表面隆起的小泡,其大小、疏密不一,其与基体分离。

⑤斑点。指镀层表面的色斑、暗斑等缺陷,其特征随镀层外观色泽而异。

⑥海绵状镀层。指镀层与基体结合不牢固,松散多孔的缺陷。

⑦雾状。指镀层表面存在的程度不一的云雾状覆盖物,多产生于光亮镀层表面。

⑧阴阳面。指镀层表面局部亮度不一或色泽不匀的缺陷。

⑨树枝状镀层。指镀层表面有粗糙、松散的树枝状或不规则突起的缺陷。

(2)缺陷检测操作

①检测条件。检测镀层表面缺陷一般是采用目测法。为了便于观察,防止外来因素的干扰,目测法应在外观检测工作台上或外观检测箱中进行。工作台或检测箱的尺寸大

小可按实际需要确定。

外观检测工作台采用自然照明时，试样应放置在无反射光的白色平台上，利用顺方向自然散射光检测。若外观检测工作台或检测箱采用人工照明时，应采用照度为 300 lx 的近似自然光(相当于 40 W 荧光灯 500 mm 处的照度)，下面放一白色打字纸，进行目测。

检测时，试样和人眼的距离不小于 300 mm。对于重要的和有特殊要求的工作，允许 2 ~5 倍放大镜检测。

②检测步骤。检测前，先用脱脂棉蘸酒精或汽油擦净试样表明的油污和脏物，但不要擦伤镀层。然后将试样放在工作台或检测箱的试样架上，按检测要求进行检测。检测时，操作者要集中精力，仔细观察镀层表面有无各种不允许的缺陷，并根据产品的质量技术标准作出正确的评定。表面缺陷程度要用文字说明，必要时进行外观封样，以备日后对照检测。

③镀层的外观要求。各种镀层结晶应均匀、细致、平滑，颜色符合要求。允许镀层表面有轻微水印，颜色稍不均匀以及不影响使用和装饰的轻微缺陷。各种镀层的外观均有具体要求。检测时应按不同镀种的具体外观要求作出正确的评定。

(3)镀层表面光亮度检测

①测光亮度经验评定法。目测光亮经验评定法的分级参考标准如下：

一级(镜面光亮)：镀层表面光亮如镜，能清晰地看出面部五官和眉毛。

二级(光亮)：镀层表面光亮，能看出面部五官和眉毛，但眉毛部分发糊。

三级(半光亮)：镀层稍有亮度，仅能看出面部五官轮廓。

四级(无光亮)：镀层基本上无光泽，看不清面部五官轮廓。

目测光亮经验评定法级检测条件与步骤，同表面缺陷目测检测法，检测结果按上述参考标准评定。因受人为因素影响，评定结果有时会有争议，必要时可采取封样对照，供评定时参考。

②样板对照法。标准光亮度样板制作标准如下。

一级光亮样板：经过机械加工标定粗糙度为 0.04 μm$<Ra<$0.08 μm 的铜质(或铁质)试片，再经电镀半光亮镍，套铬后抛光而成。

二级光亮样板：经过机械加工标定粗糙度为 0.08 μm$<Ra<$0.16 μm 的铜质(或铁质)试片，再经电镀光亮镍，套铬后抛光而成。

三级光亮样板：经过机械加工标定粗糙度为 0.16 μm$<Ra<$0.32 μm 的铜质(或铁质)试片，再经电镀光亮镍，套铬后抛光而成。

四级光亮样板：经过机械加工标定粗糙度为 0.32 μm$<Ra<$0.64 μm 的铜质(或铁质)试片，再经电镀光亮镍，套铬后抛光而成。

检测和评定：

将被检测工件在规定的检测条件下(与表面缺陷目测检测法相同)，反复与标准光亮度样板比较，观察两者反光性能，当被检测镀层的反光性与某一标准光亮度样板相似时，该标准发亮样板的光亮度级别即为检测镀层的光亮度级别。

注意事项：

标准光亮样板应妥善保存，防止保存不善而改变表面状态。

使用时，应将标准光亮度样板用清洁软布小心擦拭，使其表面洁净，并呈现规定的反光性能，擦拭时不要损伤表面状态。

标准光亮样板使用期一般为一年，到期应更新。

检测时，被测工件表面要用脱脂棉蘸酒精或汽油擦净试样表面的油污和脏物，不可损伤表面状况。

**2. 镀层孔隙率检测**

贴滤纸法检测镀层孔隙率：

(1)检测试液配制

配制检测试液所需的各种成分，应采用化学纯试剂，并用蒸馏水配制而成。

(2)检测方法与操作

①试样准备。将试样待检测部位用有机溶剂或氧化镁膏仔细擦拭脱脂，并用蒸馏水洗净，最后用滤纸吸干或放在清洁的空气中晾干。若电镀或化学镀后紧接着进行检测的试样，可不必脱脂。

②根据受检试样的基体和镀层种类，将滤纸浸入选定的检测试液中，待滤纸浸透后，取出贴于受检试样的检测部位表面上，滤纸与镀层表面之间不得残留空气泡，同时可不断补加检测试液，直至规定时间后，揭下滤纸，用蒸馏水冲洗干净，置于洁净的玻璃板上晾干，即可计算孔隙率。

**3. 镀层结合力检测**

(1)检测方法与操作

①弯曲试验法。本方法适用于薄片工件镀层结合力检测，具体操作如下：

将试样沿一个直径等于试样厚度的轴，受力弯曲 180°后，用 4 倍左右的放大镜观察试样的弯曲部位，镀层不起皮，不离开，即镀层结合力合格；否则为不合格。或者反复弯曲 180°后，用 5 倍放大镜检测时，镀层虽发生龟裂，但不起皮，不离开，则镀层结合力合格。

将试样用台虎钳夹持固定，采用工具使试样反复弯曲 180°，直至试样断裂，观察镀层断面的情况，必要时可用小刀挑镀层与基体的界面，如镀层不出现起皮后离开现象，即镀层结合力合格；否则不合格。

②锉刀试验法。本法使用与不易弯曲的工件和大型工件镀层结合力检测，其操作方法为：将试样用台虎钳加持固定后，用锉刀锉削试样的边缘，锉刀面与试样镀层表面呈 45°，从基体金属向镀层方向锉。

重复多次上述操作后，观察锉削的部位，试样表面的镀层以不离开为合格；否则为不合格。

③划痕试验法。本法适用中等硬度以下及较薄镀层结合力检测。其操作方法是用刀

刃口为30°的硬质钢刀或刀片，在试样镀层上划出间距为1~2 mm的平行线4~6条或划出边长为1 mm的正方形方格。划线的压力应使钢刀一次划穿镀层直至基体，同时注意按一个方向划。划痕后，观察试样镀层，在划口或划痕线交叉处镀层未出现离开或起皮，即为合格；否则不合格。

④缠绕试验法。本法适用于各类线材镀层结合力检测。其具体操作如下：

ⅰ.对于直径小于1 mm的线材，将缠绕在一根直径为线材3倍的轴上，对于直径大于1 mm的线材，则缠绕在与线材直径相同的轴上，各缠绕成10~15扎紧密靠近的线圈。缠绕后，观察试样镀层的变化，若未出现镀层呈片状或粉末状离开即为合格；否则不合格。

ⅱ.对于厚度小于5 mm，宽度不大可以缠绕的带材试样，将其缠绕在一根直径为带材厚度3~5倍的轴上，缠绕数圈后，观察试样镀层情况，必要时用3~5倍放大镜检查试样弯曲处，若镀层未产生起皮或离开即为合格；否则不合格。

⑤挤压实验法。本法适用于连接、挤压等小型工件。其操作方法是将试样用台虎钳夹紧动，摇动台虎钳手摇臂将工件挤扁，观察若镀层不出现起皮或离开即为合格；否则不合格。

⑥加热实验法。本法适用于在使用环境中受热或经受较大温差变化的镀层结合力检测。其具体操作如下：

ⅰ.检测温度。不同的金属基体与镀层组合，采用加热实验法检测镀层结合力时，所采用的检测温度不同，见表5.6。同时，对某些易氧化的镀层要放在惰性气体或适当的液体中加热。

**表5.6 不同镀层的检测温度**

| 镀层＼基体金属检测温度/℃ | 铜，镍，铬，镍+铬，锡+镍 | 锌，铬 | 金，银 |
|---|---|---|---|
| 钢铁 | 300±10 | 190±10 | 250±10 |
| 铜及其合金 | 250±10 | 190±10 | 250±10 |
| 锌合金 | 150±10 | 190±10 | 150±10 |
| 铝及其合金 | 220±10 | 190±10 | 220±10 |

ⅱ.加热时间与操作步骤。用蘸有酒精或汽油的脱脂棉擦净试样镀层表面的油污和脏物，干燥后放入恒温箱式炉中加热至表5.6中规定的检测温度范围，并在此范围下保温1.5~2 h，然后取出试样，置于空气中自然冷却，或立即投入室温冷水中骤冷，待试样冷却至室温后检测镀层结合力。

ⅲ.结果评定。经以上加热和骤冷后的试样，其镀层无起泡、起皮或离开现象，即为合格。必要时记录下加热温度范围、保温时间及冷却方式，以备检测参考。

(2)检测方式选择

以上介绍了六种检测镀层结合力的方法与操作,具体应用时,应综合考虑镀层特性、基体材料、镀层厚度以及基体的热处理的要求和设备条件等因素后选用一种方法,不可将同一种方法在各镀层和各种情况下滥用。各种镀层结合力检测方法见表5.7,供参考。

**表5.7 镀层结合力检测方法**

| 检测方法 | 镉 | 锌 | 铜 | 镍 | 铬 | 镍+铬 | 锡 | 银 | 金 | 锡-镍合金 | 塑料 |
|---|---|---|---|---|---|---|---|---|---|---|---|
| 弯曲试验法 | | | √ | √ | √ | √ | | | | √ | √ |
| 锉刀试验法 | | | √ | √ | | √ | | | | √ | √ |
| 划痕试验法 | √ | √ | √ | √ | | √ | √ | √ | √ | | √ |
| 缠绕试验法 | | | √ | √ | √ | √ | | | | √ | √ |
| 挤压试验法 | √ | √ | √ | √ | | | | | | | |
| 加热试验法 | √ | √ | √ | √ | √ | √ | √ | | | √ | |

注:"√"表示推荐方法

**4. 千分尺法测试镀层脆性**

在不锈钢基体上,按技术要求镀覆一层欲测的金属镀层,镀后将镀层剥离下来,从镀层中间剪出一个狭条,用千分尺度量镀层厚度 $T$(mm),然后将镀层弯曲成"U"字形,嵌入千分尺中,慢慢转动千分尺测微螺杆,直至镀层脆性断裂,读出千分尺计数 $2R$(mm)。然后按下式进行计算

$$B=T/2R \tag{5.25}$$

试验结果:若 $B=0.5$,说明镀层韧性好,脆性小。考虑到镀层的孔隙,只要镀层不断裂并接近 $B=0.5$,即说明镀层韧性好,越接近0.5,即说明镀层脆性越小。

**5. 硬度检测**

由于化学镀层硬度较高,且镀层较薄,应该用显微维氏或显微努氏硬度实验检验镀层硬度。

对镀层要求:用显微维氏硬度时,镀层厚度应为压痕对角线长度的1.4倍;用显微努氏硬度计测量时,镀层厚度应为压痕对角线长度的0.4倍。被测试的化学镀层应光滑平整、无油污,并严格按金相试片要求进行制备。

# 5.4 常见问题分析和解决措施

## 5.4.1 不良镀层的退除

化学镀镍如出现鼓泡、起壳、粗糙、尺寸超差、硬度不符合要求等缺陷应退除重镀。化学镍层的退除可采用机械切削、电解和非电解退镀等方法。机械切削和电解退镀比较快,

但不适用于几何形状复杂、尺寸精度比较高的场合。化学退镀法无电场分布不均匀的影响,操作比较简单,是退镀的首选方法。在选择化学退镀工艺时,应对退镀效率、退镀成本、环境保护和对基本金属的腐蚀性等因素综合考虑。

**1. 碱性化学退镍溶液**

碱性化学退镍溶液的共同点是含有硝基化合物,而且用量较高,这是因为他们有比较大的溶解度和对镍、金等金属有比较好的退除性能,但溶液总游离碱和镍络合剂的浓度不得太高,否则会对基本金属产生过钝化腐蚀。该法适用于普通碳钢制件上的镍层,碱性化学退镍溶液组成及工艺见表5.8。

**表5.8 碱性退镍溶液配方及工艺**

| 化学工艺及工艺条件 | 配方1 | 配方2 | 化学成分及工艺条件 | 配方1 | 配方2 |
|---|---|---|---|---|---|
| 间硝基苯磺酸钠/($g \cdot L^{-1}$) | 60 | 75~80 | 柠檬酸钠/($g \cdot L^{-1}$) | — | 10 |
| 氰化钠/($g \cdot L^{-1}$) | — | 75~80 | 乙二胺/($g \cdot L^{-1}$) | 120 | — |
| 氢氧化钠/($g \cdot L^{-1}$) | 60 | 60 | 温度/℃ | 75~80 | 85~95 |

**2. 酸性化学退镍溶液**

①铜及铜合金制件上化学镀镍层退镍溶液配方及工艺见表5.9。退至为深棕色,清洗后用NaCN溶液除膜。

**表5.9 铜及铜合金制件上化学镀镍层退镍溶液配方及工艺**

| 化学成分及工艺条件 | 配方1 | 配方2 | 化学工艺及工艺条件 | 配方1 | 配方2 |
|---|---|---|---|---|---|
| 硫酸铁/($g \cdot L^{-1}$) | — | 50~10 | 硫酸/($g \cdot L^{-1}$) | 100~120 | 66% |
| 硝酸/($g \cdot L^{-1}$) | — | 33% | 硫氰酸钾/($g \cdot L^{-1}$) | 0.5~1 | — |
| 间硝基苯磺酸钠/($g \cdot L^{-1}$) | 60~70 | — | 温度/℃ | 80~90 | 室温 |

②不锈钢制件的化学镀镍层,采用稀$HNO_3$溶液退除。

③铝及铝合金制件的化学镀镍层,采用浓硝酸溶液(密度不低于1.42 $g/cm^3$,质量分数不低于72%)退除。

退镀前制件应先烘干,防止带入水分而降低硝酸浓度,导致基本金属被腐蚀。

## 5.4.2 废液处理(化学沉淀法)

**1. 原理**

化学沉淀法是常用的处理含重金属废水的方法,采用苛性钠、石灰、纯碱调节老化液的pH值大于8,则可以生成$Ni(OH)_2$,通过静止后分离出沉渣,达到老化液中去除镍的目的,另外,硫化亚铁、不溶性淀粉黄原酸酯(ISX)等也可以作为沉淀剂用于含镍废水的处理,以上通常是处理镍质量浓度小于500 mg/L的含镍废水。化学镀镍老化液中磷可以采用化学氧化沉淀法处理,即利用高锰酸钾、过氧化氢等氧化剂破坏镀液中的络合剂和使次亚磷酸根等氧化成磷酸根，然后再用沉淀剂使磷酸盐沉淀，从而减少废液中总磷的排放量。化学沉淀法处理含镍、磷废水会产生大量沉渣，如处理不当会产生二次污染，目前对沉渣的处理除填埋外没有更好的方法。

**2. 实验步骤**

量取废液→加热→添加质量分数为15%的氢氧化钙至废液pH值10～12→搅拌保温1 h→添加沉淀物→过滤→温度下降到50 ℃用稀硫酸调节溶液pH 8.0→添加$Ca(ClO)_2$粉末（$w_{(Ca(ClO)_2}:w_{(P)}=3.5:1.0$的比例）→搅拌2 h→添加适量沉淀剂→沉淀过滤。

①镍离子的去除：把废液加热到80 ℃，添加15%的氢氧化钙至废液pH 10～12，搅拌保温1 h，沉淀过滤，为加快沉淀可添加适量的沉淀剂。

②经过步骤①的过滤后的废液，边搅拌边加入$Ca(ClO)_2$粉末，反应一段时间后，停止搅拌，沉淀过滤。

③测量废液中的镍和磷含量。

## 5.5 典型化学镀镍工艺实践训练

### 实训 钢和铜化学镀镍实践训练

**一、实训目的和要求**

化学镀镍是材料表面工程领域中近年来应用广泛的一项技术，通过实训加深对课堂教学内容的理解，培养学生提高思考问题、解决问题和实际动手的能力。使学生了解并掌握化学镀镍液的配制钢和铜的前处理技术、化学镀镍技术、镀层后处理技术、镀层性能检测技术和废液处理等。学生掌握化学镀镍的操作过程并加深对化学镀镍原理的认识。

**二、实训内容**

掌握对化学镀镍前的金属基材进行合理的前处理技术，正确配制化学镀镍液，掌握镀镍层厚度测量技术，观察镀镍层组织结构，分析镀液组分和工艺参数对化学镀镍过程及镀层的影响。

**三、实训要点**

1. 化学镀前试件要进行除油、除锈等前处理，一般除油用碱或丙酮、酒精及专用金属清洗剂，除锈用不同浓度的硫酸或盐酸。

2. 配制化学镀镍液时需要准备一定精度的天平、量杯、量筒等，然后再按配方称量药品，注意镍盐和还原剂应分别溶解；同时如果试剂溶解过慢可以适当加热以提高试剂溶解速度。

3. 除油、除锈过程中，使用酸、碱时注意安全防护，以免受伤。

4. 化学镀前处理中活化操作过程中，注意掌握时间，否则影响镀层质量。

5. 化学镀工艺流程中每道工序完成后一定用冷热水把试件冲洗干净，才能进入下一道工序。

**四、实训主要装置**

1. 恒温水浴锅　　一台
2. 天平　　一台
3. 塑料容器　　若干个
4. 量杯、量筒 、烧杯　　若干个
5. 加热电炉　　一台
6. 温度计　　若干个
7. pH 计　　一台

**五、实训步骤**

1. 化学镀镍工艺流程(图 5.3)

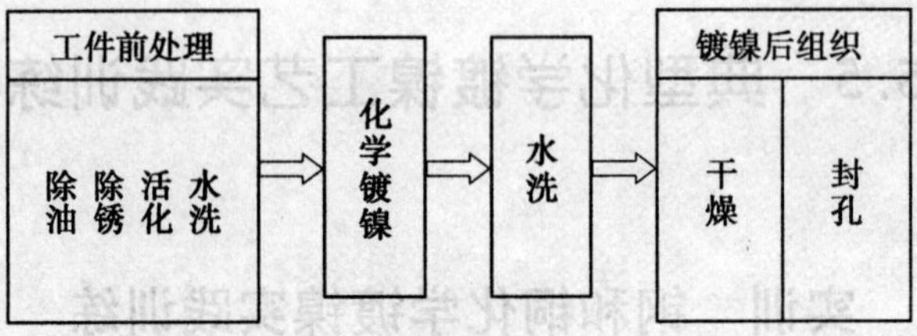


图 5.3　化学镀镍工艺流程

2. 实训流程

①选择化学镀配方，化学镀镍液的配制及稳定性测试：实训选用酸性化学镀，次磷酸钠为还原剂。

②确定工艺参数：根据具体情况选择合适的加热温度、pH 值及镀镍时间等参数。

③基体表面清理：对锈蚀严重、有氧化皮的试件可先进行喷砂处理或者砂纸打磨清理。

④基体表面除油：根据表面状况，用碱或丙酮、酒精及专用金属清洗剂对基体表面进行除油处理，用冷热水清洗。

⑤基体表面除锈：用不同浓度的硫酸或盐酸对试件进行除锈处理，用冷水、热水清洗。

⑥试件的化学镀镍处理：将处理好的试样装在挂具上，进行化学镀镍处理。

⑦化学镀层后处理：包括干燥、封孔处理等。

⑧化学镀镀层组织观察：化学镀镀层的组织形貌。

⑨化学镀镀层性能测试：一般包括结合强度、孔隙率、耐腐性、硬度等。

**六、实训原理**

化学镀（Electroless Plating）也称无电解镀，是在无外加电流的情况下借助合适的还原剂，使镀液中金属离子还原成金属，并沉积到零件表面的一种镀覆方法。

化学镀镍是用还原剂把溶液中的镍离子还原沉积在具有催化活性的表面上。化学镀镍可以选用多种还原剂，目前工业上应用最普遍的是以次磷酸钠为还原剂的化学镀镍工艺，其反应机理普遍被接受的是“原子氢理论”和“氢化物理论”。

**七、实训数据及处理**

实训数据及处理见表5.10。

**表5.10 实训数据及处理表**

| 序号 | 镀镍配方 | 工艺条件 | | | | 外观 | 镀镍层形貌 | 镀镍层硬度 | 备注 |
|---|---|---|---|---|---|---|---|---|---|
| | | pH值 | 温度/℃ | 镀镍时间/min | 沉积速度/($\mu m \cdot h^{-1}$) | | | | |
| 1 | | | | | | | | | |
| 2 | | | | | | | | | |

**八、镀层组织和性能表征**

1. 镀层外观检测和显微组织分析。

2. 选取合适的方法对镀层的结合力、硬度等进行测试。

3. 选取合适的方法对镀层的孔隙率进行测试。

**九、注意事项**

1. 除油、除锈过程中，正确使用酸、碱，并注意安全防护，以免受伤。

2. 废酸、废碱及废弃的化学镀镍液应注意集中收集进行废液处理，防止污染环境。

**十、思考题**

1. 酸性和碱性化学镀镍工艺有什么不同？

2. 把一块铁试样和一块铜试样用一根铁丝串起来放到化学镀镍槽中，请问：

①两试样能镀上镍吗？

②哪一块先镀上镍？

3. 在生产中，如发现镀液存在分解倾向时，应采取什么措施？

## 习题与思考题

1. 影响镀液稳定性的因素有哪些？

2. 化学镀镍镀液组分主要有哪些？其作用如何？

3. 镀液稳定性如何评价？

4. 简述化学镀镍的主要特点。

5. 简述化学镀镍的主要应用。

# 第6章　电刷镀实践技术

## 6.1 概　　述

### 6.1.1 电刷镀技术概述

电刷镀是依靠一个与阳极接触的垫或刷提供电镀需要的电解液，电镀时，垫或刷在被镀的阴极上移动的一种电镀方法。电刷镀使用专门研制的系列电刷镀溶液、各种形式的镀笔和阳极，以及专用的直流电源。工作时，工件接电源的负极，镀笔接电源的正极，靠包裹着的浸满溶液的阳极在工件表面擦拭，溶液中的金属离子在零件表面与阳极相接触的各点上发生放电结晶，并随时间增长镀层逐渐加厚。由于工件与镀笔有一定的相对运动速度，因而对镀层上的各点来说，是一个断续结晶的过程。

电刷镀镀层的形成从本质上讲和槽镀相同，都是溶液中的金属离子在负极（工件）上放电结晶的过程。但是，和槽镀相比，电刷镀中镀笔和工件有相对运动，因而被镀表面不是整体同时发生金属离子还原结晶，而是被镀表面各点在镀笔与其接触时发生瞬时放电结晶。因此，电刷镀技术在工艺方面有其独特之处，其特点可归纳如下：

①设备简单，不需要镀槽，便于携带，适用于野外及现场修复。尤其对于大型、精密设备的现场不解体修复更具有实用价值。

②工艺简单，操作灵活，不需要镀的部位不需用很多的材料保护。

③操作过程中，阴极与阳极之间有相对的运动，故允许使用较高的电流密度，一般为 300～400 $A/dm^2$，最大可达 600 $A/dm^2$。它比槽镀使用的电流密度大几倍到几十倍。

④镀液中金属离子含量高，所以镀积速度快（比槽镀快 5～50 倍）。

⑤溶液种类多，应用范围广。目前已有一百多种不同用途的溶液，适用于各个行业不同的需要。

⑥溶液性能稳定，使用时不需要化验和调整；无毒，对环境污染小；不燃，不爆，储存、运输方便。

⑦配有专用除油和除锈的电解溶液，所以表面预处理效果好，镀层质量高，结合强度大。

⑧有不同型号的镀笔，并配有形状不同、大小不一的不溶性阳极，对各种不同几何形状以及结构复杂的零部件都可修复。某些阳极也可使用可溶性阳极。

⑨费用低，经济效益大。

⑩镀后一般不需要机械加工。

⑪一套设备可在多种材料上刷镀,可以镀几十种镀层。获得复合镀层非常方便,并可用叠层结构得到大厚度镀层。

⑫镀层厚度的均匀性可以控制,既可均匀镀,也可以不均匀镀。

电刷镀技术可用于下列场合:

①修补槽镀产品的缺陷。

②修复加工超差件及零件的表面磨损,恢复其尺寸精度和几何形状精度。

### 6.1.2 电刷镀技术发展概述

电刷镀技术是适应生产的需要而产生的,并随着生产的发展而发展起来的一项表面镀技术。电刷镀几乎是和电镀同时发展起来的。早在19世纪末,为了修补电镀零件表面的缺陷,有经验的电镀工人用破布包缠阳极蘸取电镀液在零件上没有镀层的部位反复抹擦,该部位很快就形成了镀层。这种在现场用擦抹的方法填补镀层的修复方法,被称为填(塞)镀、擦镀、局部镀、接触镀、修饰镀和刷镀等。到了20世纪50年代左右,法国、英国和美国开始应用电刷镀技术并陆续获得了专利。除此之外,电刷镀技术在苏联、日本、瑞士等国家也得到了发展,但应用不太多。

在我国,早在20世纪60年代以前就有电镀厂采用"抹镀"修复电镀次品和废品,但发展规模都不大。直到20世纪70年代随着改革开放的贯彻执行,我国的电刷镀技术才得到迅速的发展。一些大专院校、科研院所纷纷进行研究和应用,将该技术分别称为:无槽电镀、镀焊、涂镀、金属涂镀、快速电镀、快速笔涂电镀、刷镀、刷子电镀等。1984年全国电刷镀技术协作组根据国际标准IS02080—1981中的写法"Brush Electro-Plating"。将这一技术统一称为"电刷镀"。我国也在国家标准GB3138—1982中将这项技术规定为"电刷镀",对其进行了准确定义,即"电刷镀是依靠一个与阳极接触的垫或刷提供电镀需要的电解液,电镀时,垫或刷在被镀的阴极上移动",并把它列为国家"六五""七五""八五"计划期间重点推广的新技术项目。

20世纪80年代,电刷镀技术经历了一个引进、消化与推广的过程。电刷镀技术应用于国民经济的各行各业,解决了许多国家重点工程中的维修难题。例如,在国家重点工程30万吨乙烯工程中应用电刷镀技术在紫铜板刷镀银镀层,累计刷镀954个表面,共6 470 $dm^2$,这样的大面积刷镀银工程在国内尚属首次,全部费用仅为槽镀的15%;在汕头海湾大桥和西陵长江大桥的建筑过程中,采用电刷镀技术结合减摩技术解决了悬索鞍座高空纵向推移的关键技术,保证了大桥按时建成通车,这在中外桥梁建筑史上写下了新的一页。电刷镀的应用实例还很多,电刷镀在机车、履带车辆、农机和工程机械上得到了应用,在航天装置、飞机上得到了应用,在模具、工夹量具方面,在矿山、石油、冶金方面,在纺织、印染、造纸业方面,在船舶、战舰等方面的应用都有力地促进了电刷镀技术的发展。电刷镀以其方便、灵活、快速、廉价地制取多种优质镀层的特点,在工业领域得到了越来越多的应用,目前已成为一种独立、可靠、实用的表面工程技术,并取得了很大的经济效益与社会效益。

## 6.2 电刷镀原理、设备、镀液组成及工艺

### 6.2.1 电刷镀原理

电刷镀工作原理如图6.1所示。电刷镀镀层的沉积结晶基本原理与有槽电镀相同，其结晶过程分为两个步骤进行：

①溶液中金属离子在阴极上放电，变为中性质点(分子或原子)。

②原子在晶格中分配排列——晶核的生成和长大是同时进行的。

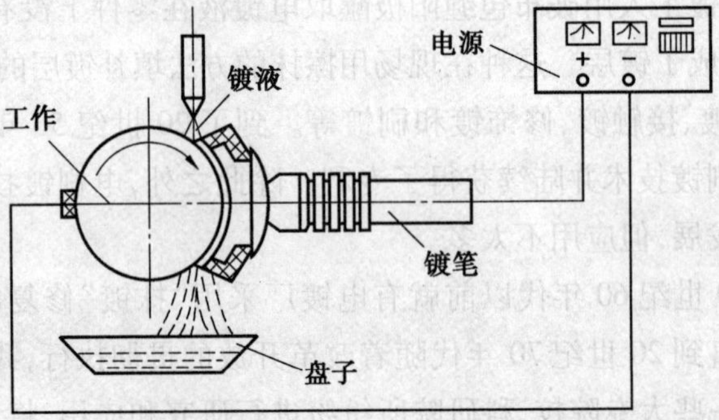


图6.1 电刷镀工作原理图

金属离子在阴极表面放电变为中性质点后，并不直接进入晶格，而是沿着晶体表面进行着不规则的热运动。在运动时，可能遇到许多相同的质点，这些质点就聚集形成晶核沉积在均匀地进行，但仅在整个面上迅速移动的活跃部分进行。这些被称为成长面上的活跃部分就是晶体的顶角和棱角处。因为这些尖端处的电流密度和静电引力都比晶体其他部分大得多，同时位于晶体顶点和棱角处的原子最不饱和，最为活泼，并有较高的吸附能力。当表面有一镀层形成后，其上的棱角和阶面又成为新的活跃部分，金属离子又在其上形成晶核，并不断长大，形成新的镀层。随着时间的增加，镀层就不断加厚，直至镀成所需要的尺寸。

### 6.2.2 电刷镀设备

现代的电刷镀技术要求有专用的设备和工辅具。它主要包括电源装置、一整套齐备的镀笔工具和可更换的阳极及包裹材料。还有夹持零件转动的转胎、输液泵和其他辅助工具。

**1. 电源**

(1)对电源的要求

电源是实施电刷镀的主要设备，是用来提供电能的装置。因此，必须达到下列设计要

求：

①电源必须具备变交流电为直流电的功能，并要求有平直或缓降的外特性（图6.2），即要求负载电流在较大范围内变化时，电压的变化很小；

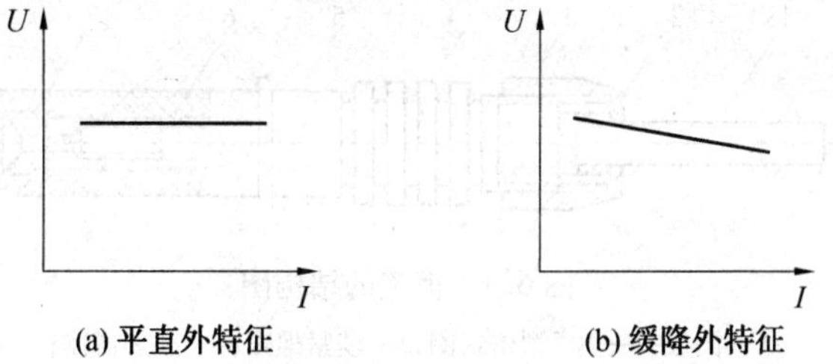


图6.2 电源外特性

②输出电压应能无级调节，以满足各道工序和不同溶液的需要。常用电源电压可调节为0～30 V的大功率电源，最高电压可达到50 V。

③电源的自调性强，输出电流应能随镀笔和阳极接触面积的改变而自动调节。

④电源应装有直接或间接地测量镀层厚度的装置，以显示或控制镀层的厚度。

⑤有过载保护装置。当超载或短路时，能迅速切断主电路，保护设备和人身安全。

⑥输出端应现场和野外使用，电源应体积小，质量轻，工作可靠，操作简单，维修方便。

（2）电源组成

目前，国内有许多厂家生产电刷镀电源，现以装甲兵工程学院生产的ZKD系列电源ZKD-Ⅲ为例，它主要由整流装置、安培小时计、过载保护电路及其他一些辅助电路组成，其组成如图6.3所示。

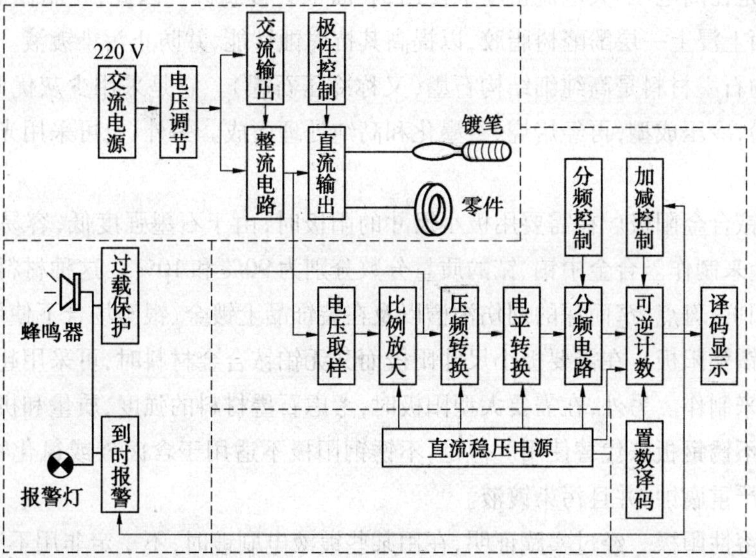


图6.3 电源组成示意图

**2. 阳极及镀笔**

镀笔由阳极与手柄(包括导电杆、散热器、绝缘手柄等)组成,镀笔结构如图 6.4 所示。

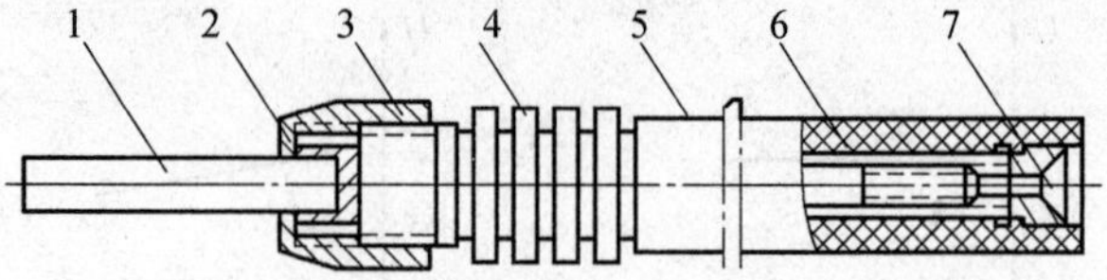


图 6.4　镀笔的结构图

1—阳极;2—“0”型密封圈;3—锁紧螺帽;4—散热器体;

5—绝缘手柄;6—导电杆;7—电缆插座

(1) 阳极

①阳极材料。电刷镀技术的进步与阳极材料的发展是密切相关的。从理论上讲,凡是金属都可以作为阳极材料。最初,人们就是利用包裹着金属作为阳极,镀什么金属层就是用同种金属做阳极。但这种可溶性阳极在高电流密度下,很快就产生钝化,使电流急剧下降,大大降低了沉积速度。这是因为所用阳极材料中含有其他金属杂质,在连续通电时形成高阻膜所致。

ⅰ. 石墨阳极。应用不溶性材料作阳极是现代电刷镀技术的重要特点。这些不溶性材料大多数是用经过专门提纯,除去了大量金属杂质的高密度石墨做成的。这种石墨纯度高,结构细腻,均匀,导电性好,耐高温电解浸蚀。它给阳极的制作、镀笔的研制和使用、提高镀液的沉积速度以及对工艺规范的选择都带来很大的方便。但石墨阳极经过长期使用后,特别是在高电压、大电流密度下使用,表面也会被腐蚀。因此,在制作阳极时,常常在石墨表面上浸上一层酚醛树脂胶,以提高其抗腐蚀性能,并防止污染镀液。

常用的石墨材料是高纯细结构石墨(又称冷压石墨)。它是采用少灰优质材料配制,经混压磨粉,冷压成型,再经焙烧、石墨化和高纯处理而成。另外,也可采用光谱石墨材料做阳极。

ⅱ. 铂铱合金阳极。在需要用极小尺寸的阳极时,由于石墨强度低,容易断,所以,可用铂铱合金来制作。合金中铂、铱的质量分数分别为 90% 和 10%。这种材料的阳极一般是在填补凹坑、斑点、窄而深的划伤沟槽以及在装饰品上镀金、银等场合下使用。

ⅲ. 不锈钢阳极。在需要极小尺寸阳极而又无铂铱合金材料时,可采用超低碳不锈钢棒、片或丝来制作。另外,在需要大型阳极时,考虑石墨材料的强度、质量和机械加工等因素,也可用不锈钢板来代替使用。但是,不锈钢阳极不适用于含卤族或氰化物的镀液中。否则,会被严重腐蚀,并且污染镀液。

ⅳ. 可溶性阳极。经过实践证明,在用某些镀液电刷镀时,不一定非用不溶性阳极,用可溶性阳极效果也很好。例如在电刷镀铁及铁合金时,用钢棒制作阳极即可使用。由于在这种镀液中添加了阳极防钝化剂,所以有效地解决了可溶性阳极的易钝化现象,提高了沉积速度,降低了电刷镀成本。

v.其他材料阳极。某些场合下,还可以用这些材料做阳极,铂、钛、表面镀铂的钛、表面镀铂的不锈钢、表面包铂或镀铂的铌。

②阳极的选择。为适应不同形状和不同尺寸工件的需要,可将石墨阳极制作成圆柱、半圆、月牙、平板、方条、线状等各种形状(表6.1)。如有特殊要求还可专门制作。

**表6.1 阳极形状及用途**

| 规格型号 | 形状 | 用途 | 规格型号 | 形状 | 用途 |
|---|---|---|---|---|---|
| SM Ⅰ | 圆柱 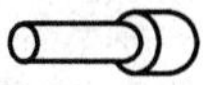 | 内径或小平面 | SM Ⅴ | 带状  | 平面或印制电路板 |
| SM Ⅱ | 圆棒  | 内径 | SM Ⅵ | 平板 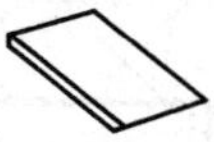 | 平面 |
| SM Ⅲ | 半圆  | 内径或平面 | PI | 线状 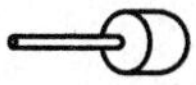 扁条 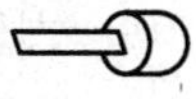 | 沟槽、凹坑小平面 |
| SM Ⅳ | 月牙  | 外径 | | | |

(2)镀笔杆

镀笔杆用来连接阳极和电源电缆。其与阳极相接的部分是用不锈钢制作的散热器。由于导电杆本身的电阻和金属离子在阴极上放电时会产生热量传到阳极上,故要用散热器及时把这部分热量散发掉,以免镀层局部过热而脱落。镀笔杆与电源电缆相连的部分一般是用紫铜棒做的,与散热器以螺纹相接。紫铜杆外面套着绝缘手柄,是为使用安全和方便设计的。各种型号的镀笔杆与所允许使用的电流值分别见图6.5和表6.2。

**表6.2 各种型号镀笔的允许使用电流**

| 镀笔型号 | 允许使用电流/A | 配用电缆截面积/$mm^2$ |
|---|---|---|
| ZDB-1(Ⅰ型、Ⅱ型) | 25 | 6 |
| ZDB-2号 | 50 | 10 |
| ZDB-3号 | 90 | 16 |
| ZDB-4号 | 25 | 6 |

在选用镀笔杆时,应与所选用的阳极尺寸及形状相适应,不同型号和形状的阳极应选用相应型号的镀笔杆(表6.3)。

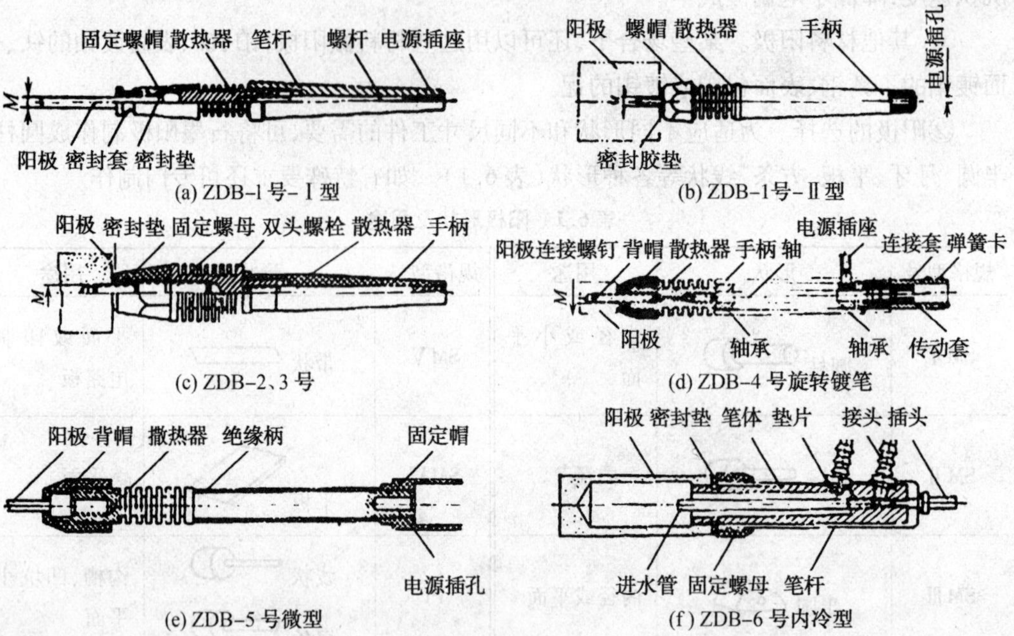


图6.5 镀笔杆分类

**表6.3 各种形状的阳极与所适用的镀笔型号**

| 阳级型号 | 阳极形状 | 适用的镀笔型号 |
|---|---|---|
| SMⅠ | 圆柱 | ZDB-1号Ⅰ型,4号 |
| SMⅡ | 圆棒 | ZDB-1号Ⅱ型,2号、4号 |
| SMⅢ | 半圆 | ZDB-1号、2号 |
| SMⅣ | 月牙 | ZDB-2号、3号 |
| SMⅤ | 带状 | ZDB-1号、2号、3号 |
| SMⅥ | 平板 | ZDB-1号、2号、3号 |
| PI | 扁条、线状 | ZDB-5号 |

(3)阳极与镀笔杆的连接方式

制作镀笔时,通常是将阳极和镀笔杆分开来做,然后用一定的方式使其连接。连接方式主要有下列两种:

①螺母锁紧式。这种连接方式是用一个尼龙绝缘螺母将阳极压紧在散热器上。用该种方式连接的,通常是尺寸较小、直径在10 mm以下的圆棒形阳极。阳极被固定压紧的一端是一个直径比阳极大2~3 mm、厚度为5~10 mm的台肩。台肩是用不锈钢做成的,在中心车出一个深5~6 mm、直径与阳极相同的凹槽,然后将石墨阳极插入槽中用导电胶黏接成一体。

②螺纹连接法。用螺纹连接阳极和镀笔杆是最常用的方式。大部分石墨阳极如平板

形、月牙形、半圆形、直径在20 mm以上的圆棒形等都用螺纹连接的。方法是先在阳极工作面的背面或侧面钻一个10~30 mm的孔,孔深约10~30 mm,并事先制作出长为10~30 mm的与镀笔导电杆螺纹相匹配的圆螺母,然后用导电胶将螺母黏入阳极孔内,经固化后,拧到镀笔杆上即可使用。

(4)阳极的包裹及包裹材料

①包裹阳极的作用与包裹材料。目前使用的阳极,其外表面如不用适当的材料包裹,是不允许直接用来刷镀的。常用的包裹材料主要是医用脱脂棉,或涤纶棉套,或人造毛套等(表6.4)。包裹时,一般先在阳极表面上包一层适当厚度的脱脂棉花,外面再用涤纶棉套或人造毛套裹住。

**表6.4 包裹材料规格及用途**

| 材料名称 | 规格/mm | 用途 |
|---|---|---|
| 医用脱脂棉 | — | 所有阳极的内层包裹 |
| 涤纶棉套 | $\phi$20 | 包裹$\phi$15~40 mm的圆柱及相应尺寸的其他形状阳极 |
| | $\phi$40 | 包裹$\phi$40~60 mm的圆柱及相应尺寸的其他形状阳极 |
| | $\phi$60 | 包裹$\phi$60~80 mm的圆柱及相应尺寸的其他形状阳极 |
| | $\phi$80 | 包裹$\phi$80~100 mm的圆柱及相应尺寸的其他形状阳极 |
| | $\phi$100 | 包裹$\phi$100~150 mm的圆柱及相应尺寸的其他形状阳极 |
| 人造毛套 | 厚5~10 | 包裹大面积和特殊形状的阳极 |
| 白的确良 | — | 包裹大面积和特殊形状的阳极 |

阳极包套的作用是储存镀液,防止阳极与工件直接接触短路,以免烧伤工件。同时对阳极表面腐蚀下来的石墨粒子和其他杂质起到机械过滤作用。

②阳极的包裹方法。阳极的包裹主要是将与工件接触的表面包起来。但对不同形状的阳极,应采用不同的方法包裹。

包裹圆柱、平板形阳极的步骤和方法(图6.6)是:

ⅰ.将脱脂棉花撕成片状(厚约3~6 mm)。

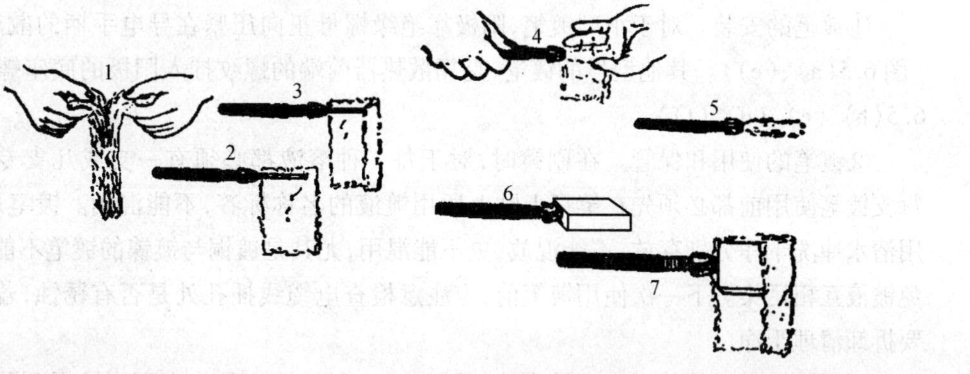


图6.6 圆柱、平板形阳极包裹步骤和方法示意图

ⅱ.根据阳极形状和大小,用剪刀将棉花剪成条状。

ⅲ.用棉花条沿阳极外表面包裹。棉片的开头与收尾应扯成楔形,使棉套紧密均匀。包裹棉片时,应注意包裹方向。刷镀内孔的阳极,包裹方向应与阳极转动方向相反或与工件运动方向一致,以免工作时因摩擦而使棉套松脱。

ⅳ.选择适当尺寸的涤纶棉套套住棉花,并用橡皮筋捆紧,以提高棉套的耐磨性。对于较大尺寸的阳极,最外面可用专用的人造套或白的确良布包裹,并用针线缝住。

包裹月牙形和大圆柱形阳极时,可根据阳极的形状和大小,先选好棉片,并与外套叠在一起,然后沿阳极外表面四周拢起(图6.7),再用橡皮筋捆住即可。

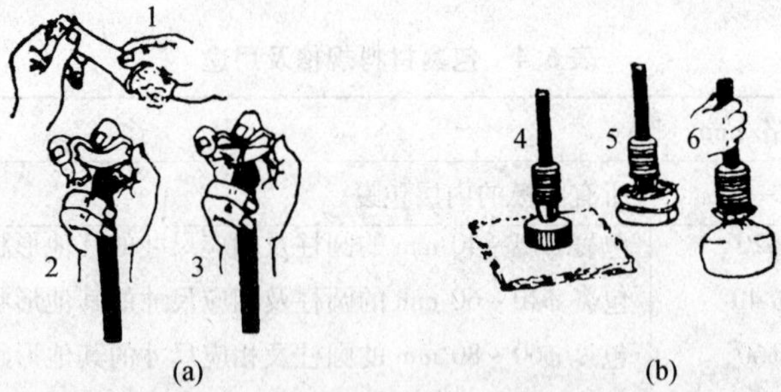


图6.7 月牙形、大圆柱形阳极包裹步骤和方法示意图

阳极的包裹层厚度要均匀、适当。太厚时,虽然储存镀液多,但电阻大,沉积速度慢,太薄时,储存镀液少,容易磨穿,造成工件局部过热,甚至发生短路,影响镀层质量。包套厚度见表6.5。

**表6.5 阳极包裹厚度**

| 阳极尺寸 | 使用电流值/A | 包套厚度/mm | 阳极尺寸 | 使用电流值/A | 包套厚度/mm |
|---|---|---|---|---|---|
| 小型 | <20 | 3~5 | 大型 | 60~100 | 10~15 |
| 中型 | 20~60 | 5~10 | 特大型 | <300 | 15~20 |

(5)镀笔的装配、使用和保管

①镀笔的安装。对于小型镀笔,阳极靠绝缘螺母正向压紧在导电手柄的散热器体上(图6.5(a)、(e))。其他型号的镀笔,是靠散热器前端的螺纹拧入阳极的底座螺母上(图6.5(b)、(c)、(d)、(f))。

②镀笔的使用和保管。在刷镀时,对于每一种溶液都必须有一支或几支专用镀笔。每支镀笔使用前都必须先在笔杆上贴上所用镀液的名称标签,不能混用。镀笔用完后要用清水冲洗干净分别存放,不能混放,更不能混用,尤其是镀铜与镀镍的镀笔不能混用,以免镀液互相污染。下一次使用镀笔前,应注意检查电缆线插孔处是否有锈蚀,若有锈蚀,要拆卸清理干净。

石墨阳极长时间使用也会被腐蚀,可用锉刀、刮刀等工具将表面腐蚀层刮除,继续使用,过度腐蚀就要报废。

阳极包套一旦磨穿就要及时更换。换下的棉花一般不能再用,较干净的棉花可用水冲洗,晒干后继续使用。

用过的镀笔长时间不再用时,应将阳极、锁紧螺帽、导电杆、散热器分别拆开,清理干净后分别保管,以备再用。

**3. 辅助器具及材料**

电刷镀辅助器具包括转胎、输液泵、挤压瓶、盛液杯、塑料盘、手提式电机及各种成型小砂轮、小油石和绝缘胶带等。

(1)转胎

转胎是用来夹持零件转动的设备。为了满足阴极和阳极之间相对运动速度的要求减小劳动强度,对于轴类零件的电刷镀,它是不可缺少的设备。在工厂中,不用专门设计制作,用一般车床代替即可。

(2)输液泵

输液泵是用来连续供送镀液,使镀液循环使用的设备。输液泵内装有过滤器,可在循环中自动滤去杂质。对大面积电刷镀,用输液泵供液是比较理想的,它能减少镀液浪费,减轻劳动强度和提高沉积速度。

(3)盛液杯、塑料盘、挤压瓶

盛液杯用来盛装镀液,塑料盘用来回收镀液或废污水,挤压瓶用来盛冲洗水或装镀液作为供送镀液的器具。

(4)手提式电机、各种小砂轮、油石、刮刀

这些是用来清理、整形工件的划痕、沟槽、凹坑等缺陷和修整镀层不可缺少的一整套工具。

(5)绝缘胶带、塑料布

绝缘胶带和塑料布用来粘贴和遮蔽工件的非镀面,防止污染和腐蚀。

(6)剪刀、橡皮筋、针和线

剪刀用于剪棉花和涤棉套,橡皮筋做捆扎包套用,针和线用来缝合包套。

### 6.2.3 电刷镀溶液

溶液是镀覆技术中必不可少的物质条件。溶液质量的好坏,直接影响着镀层的性能。随着现代表面镀覆技术的广泛应用,对溶液种类的要求也越来越广。目前,国内生产的电刷镀溶液分为表面预处理溶液、单金属镀液、合金镀溶液、退镀液和钝化液五大类,共18个系100多个品种(表6.6),已基本上达到了溶液系列化的要求。

电刷镀溶液与有槽电镀溶液相比有明显的特点。大多数金属镀液都是有机螯合物的水溶液;除了极小部分有特殊要求的镀液(金、银)外,其余的镀液都不含有氰化物;镀液中金属离子含量高,沉积速度快;部分溶液的酸性或碱性较强,多数溶液的pH值在4~10之间,其腐蚀性小。酸性镀液一般比碱性镀液的沉积速度快,但酸性溶液一般不宜直接在

组织疏松的材料上起镀；碱性镀液和中性镀液比酸性镀液的沉积速度慢些，但是它们的镀覆工艺性能和镀覆层的力学性能是比较好的。

**表 6.6 电刷镀溶液分类**

| 类别 | 系列 | 品　种 |
|---|---|---|
| 表面预处理溶液 | 电净液 | 0 号、1 号 |
| | 活化液 | 1 号 ~8 号、铬活化液、银汞活化液 |
| 单金属镀液 | 镍系列 | 特殊镍、快速镍、半光亮镍、致密快镍、酸性镍、中性镍、碱性镍、低应力镍、高温镍、高堆积镍、高平整半亮镍、轴镍、黑镍、镍“M” |
| | 铜系列 | 高速铜、酸性铜、碱铜、合金铜、高堆积碱铜、半光亮铜 |
| | 铁系列 | 半光亮中性铁、半光亮碱性碳、酸性铁 |
| | 钴系列 | 碱性钴、半光亮中性钴、酸性钴 |
| | 锡系列 | 碱性锡、中性锡、酸性锡 |
| | 铅系列 | 碱性铅、酸性铅、合金铅 |
| | 镉系列 | 低氢脆性镉、碱性镉、酸性镉、弱酸镉 |
| | 锌系列 | 碱性锌、酸性锌 |
| | 铬系列 | 中性铬、酸性铬 |
| | 金系列 | 中性金、金 518、金 529 |
| | 银系列 | 低氰银、中性银、厚银 |
| | 其他系列 | 碱性铟、砷、锑、镓、铂、铑、钯 |
| 合金镀液 | 二元合金 | 镍钴、镍钨、镍钨(D)、镍铁、镍磷、钴钨、钴钼、锡铟、锡锑、铅锡、金锑、金钴、金镍 |
| | 三元合金 | 镍铁钴、镍铁钨、镍硼磷、锡铅锑、巴氏合金 |
| 钝化液 | | 锌钝化液、镉钝化液 |
| 退镀液 | | 镍、铜、锌、镉、铬、铜镍铬、钴铁、焊锡、铅锡 |

电刷镀溶液质量的好坏直接关系工件的修复质量。一般来讲，对电刷镀所用溶液有以下要求：

①溶液长时间不用时，不应有沉淀、变色、变质发生。

②镀液中金属离子浓度较为恒定。

③镀液利用率高，用过的废镀液对环境污染少或无污染。

④镀液对人体伤害较少或是绿色环保镀液。

因此，建议到正规、技术先进的专业生产厂家购买。

下面分别介绍它们的性能、用途和操作工艺规范。

**1. 表面预处理溶液**

在正式刷镀前，基体表面进行预处理的洁净程度，是决定镀层质量优劣的关键因素之一。用于表面预处理的溶液主要有电解除油液（电净液）和对表面进行电解刻蚀的活化液。

(1)1 号电净液的性能、配制与工艺规范

该溶液为无色透明的碱性水溶液,pH=13,电导率为 $21.9\times10^3$ L/(μΩ·cm),冻点为 −10 ℃。可以长期存放,腐蚀性小。其配方如下:

| | |
|---|---|
| 氢氧化钠(NaOH) | 25.0 g/L |
| 碳酸钠($Na_2CO_3$) | 21.7 g/L |
| 磷酸三钠($Na_3PO_4$) | 50.0 g/L |
| 氯化钠(NaCl) | 2.4 g/L |

其配制工艺为:按各化学试剂的数量用天平分别精确称出,倒入 1 000 mL 烧杯中,先加入 500 mL 水搅拌溶解,然后倒入 1 000 mL 量筒内,加水稀释至 1 000 mL 刻度。

1 号电净液具有较强的去油污能力,并且有轻微的去锈蚀作用。适用于所有金属表面的电解除油。其操作工艺规范为:

| | |
|---|---|
| 工作电压 | 8~15 V |
| 相对运动速度 | 4~8 m/min |
| 电源极性 | 正接(高强度钢除外) |

(2)0 号电净液的性能、配制与工艺规范

这是一种与 1 号电净液性能相似的除油溶液。无色透明,pH=13,电导率为 $21.9\times10^3$ L/(μΩ·cm),冻点为−10 ℃,可长期存放。其配方如下:

| | |
|---|---|
| 氢氧化钠(NaOH) | 25.0 g/L |
| 碳酸钠($Na_2CO_3$) | 21.7 g/L |
| 磷酸三钠($Na_3PO_4$) | 50.0 g/L |
| 氯化钠(NaCl) | 2.4 g/L |
| 水剂清洗剂 | 5~10 mL |

其配制工艺为:按与 1 号电净液相同的方法配好溶液后,再往里加入 5~10 mL 水剂清洗剂搅拌均匀即可使用。

0 号电净液的除油效果比 1 号电净液要好,尤其适用于铸铁等组织疏松材料。其操作工艺规范为:

| | |
|---|---|
| 工作电压 | 8~15 V |
| 相对运动速度 | 4~8 m/min |
| 电源极性 | 正接 |

(3)1 号活化液的性能、配制与工艺规范

该溶液无色透明,呈酸性,pH= 0.4,电导率为 $23.6\times10^3$ L/(μΩ·cm),冻点为 −15 ℃,可长期存放。其配方和配制工艺如下:

| | |
|---|---|
| 硫酸($H_2SO_4$) | 80.6 g/L |
| 硫酸铵$(NH_4)_2SO_4$ | 110. 9 g/L |

按量精确称出$(NH)_2SO_4$110. 9 g,放入 1 000 mL 烧杯中,加蒸馏水 500 mL 搅拌溶

解，慢慢加入 $H_2SO_4$80.6 g，然后倒入 1 000 mL 量筒内，用蒸馏水稀释至 1 000 mL 刻度。

1 号活化液有去除金属表面氧化膜和疲劳层的能力，对基体腐蚀较慢，适用于低碳钢、低碳合金钢以及白口铸铁等材料的表面活化处理。活化时，按以下工艺规范操作：

| | |
|---|---|
| 工作电压 | 8 ~ 15 V |
| 相对运动速度 | 6 ~ 10 m/min |
| 电源极性 | 正接或反接 |

(4) 2 号活化液的性质、配制与工艺规范

溶液的 pH = 0.3，无色透明，电导率为 $23\times10^3$ L/(μΩ · cm)，冻点为 -17 ℃，可长期存放。其配方和配制工艺如下：

| | |
|---|---|
| 盐酸(HCl) | 25 g/L |
| 氯化钠(NaCl) | 140.1 g/L |

精确称出 NaCl 140.1 g 和 HCl 25 g 放入 1 000 mL 烧杯中，加入蒸馏水 500 mL，搅拌溶解后，倒入 1 000 mL 量筒中，用蒸馏水稀释到 1 000 mL 刻度。

该溶液具有较强的去除金属表面氧化膜和疲劳层的能力，对基体腐蚀快，适用于中碳钢、中碳合金钢、高碳钢、高碳合金钢、铝和铝合金、灰口铸铁、镍层以及难熔金属的活化处理，也可用于去除金属毛刺和剥蚀镀层。其操作工艺规范为：

| | |
|---|---|
| 工作电压 | 6 ~ 14 V |
| 相对运动速度 | 6 ~ 10 m/min |
| 电源极性 | 反接 |

**2. 单金属镀液**

(1) 镀镍溶液

①镍的性质及用途。在表面镀覆技术中，镍是应用最广泛的镀层。尤其在机械零件修复和强化零件表面用得最多。这是因为镍镀层具有优良的物理、化学和力学性能。

镍是具有银白色光泽的金属，密度为 8.9 g/cm$^3$，相对原子质量 58.69，熔点 1 457 ℃，电化当量为 1. 095 g/(A · h)，标准电极电位 -0.25 V。

镍镀层在真空中有很好的化学稳定性，不易变色。在电化学中镍虽然位于氢之上，但由于镍有很强的钝化能力，能够迅速地生成一层很薄的钝化膜，所以在常温下能很好地抵抗大气、碱和某些酸的腐蚀。例如，镍在有机酸中很稳定，在浓硝酸中处于钝化状态，在硫酸积盐酸中溶解缓慢，但易溶于稀硝酸中。

电刷镀镍镀层具有较高的硬度，并有较好的塑性。因此，被广泛应用于要求硬度高、耐磨性好的零件表面。镍还有较好的抗高温氧化性能，在温度高于 600 ℃时，表面才被氧化。

镍的标准电极电位比铁的标准电位正，在铁制品上镀覆的镍镀层属阴极性镀层，如果镀层太薄或有缺陷(孔隙太多或被划伤)时，就不能起到保护作用。因此，一般不单独用镍镀层做防护性镀层，而常常与铜、铬镀复合镀层来做保护层。

电刷镀的镍镀层晶粒很细小，具有良好的抛光性能，经抛光的镀镍层可以得到很光亮的外表，在大气中可长时间保持光泽性。有些镀镍溶液中使用光亮添加剂，能直接镀覆出镜面光亮的镀层。所以，镀镍还常用于汽车、自行车、仪器仪表零件的装饰表面。

②镍溶液的成分及作用。

ⅰ.主盐。主盐是溶液中的主要成分，起着供给镍离子的作用。绝大多数镍溶液采用硫酸镍作为主盐。极少数镀液，如在镁及镁合金上镀镍，则采用柠檬酸镍或碳酸镍作为主盐。硫酸镍之所以被广泛采用，是因为它的溶解度很大，纯度高，价廉而实用。镍镀液使用的硫酸镍有 $NiSO_4 \cdot 7H_2O$ 和 $NiSO_4 \cdot 6H_2O$ 两种，其含镍量分别为 20.9% 和 22.3%。

在溶液中，镍盐的含量可以在很大范围内变动，一般在 100～400 g/L 之间。含量低的溶液分散能力好，镀层组织细致，易于抛光，但沉积速度慢，阴极电流效率低，适用于镀薄镀层或装饰层。含量高的溶液允许使用高电流密度，沉积速度快，适用于镀厚层和快速镀镍。

ⅱ.辅助盐。除主盐外，还要加入某些碱性金属或碱土金属的盐类，例如硫酸钠、硫酸镁、氯化钠、氯化铵、氯化镍等。这些附加盐的作用主要是提高镀液的导电性能，增大溶液允许使用的电流密度，改善溶液的分散能力，提高阴极极化作用。其中氯化镍还补充溶液中镍离子的消耗；加入硫酸镁能使镀层白而柔软，改善镀层的脆性。

ⅲ.添加剂。在溶液中常常加入某些能明显地改善镀覆层组织和性能的少量物质，习惯上称这些物质为添加剂。

根据添加剂的作用，可分为络合剂、润湿剂、缓冲剂、增光剂、整平剂等类型。这些物质在镀覆过程中能起到下列作用：

改变溶液与阴极的界面性质，提高阴极极化作用；

提高镀液均镀能力，细化镀层晶粒；

调节溶液 pH 值，使其在一定范围内变化；

改善镀件表面性质，促使氢气泡脱离阴极表面，消除或减少镀覆层针孔；

提高镀覆层表面的平整度和光亮度。

a.络合剂。几乎所有的镍镀液都是有机螯合物的水溶液、溶液中的氢氧化铵、乙二胺、柠檬酸铵、草酸铵，乙酸铵、三乙醇胺等都能起到络合镍离子的作用，从而提高了溶液的阴极极化作用，增大允许使用的阴极电流密度。同时，还能起到缓冲溶液的作用，并能整平镀层和增光。

b.缓冲剂。镀覆时，溶液的 pH 值会不断地发生变化，而 pH 值的变化对镀覆工艺规范和镀覆层性能的影响是十分显著的。当 pH 值过低时，由于金属镍的阴极极化作用大，而氢在镍上析出的过电位又较小，故将使阴极电流效率降低，当 pH 值过高时，在阴极表面附近将生成镍的氢氧化物及碱式盐，使镀覆层变脆和孔隙率增加。因此，当溶液的组成和工艺条件确定之后，只有维持 pH 值基本上保持不变，才能使镀覆过程顺利地进行。加入缓冲剂的作用就是为了缓冲溶液的 pH 值，使其不发生较大的波动。

c. 润湿剂(防针孔剂)。由于沉积镍时的阴极极化值较大,而氢在阴极上析出时的过电位值又较小,氢气泡易滞留在阴极表面上,使镀覆层产生许多针孔。为了防止针孔产生,大部分镍镀液中都加入十二烷基硫酸钠作为防针孔剂。十二烷基硫酸钠是一种阴离子型的表面活性物质,它的分子中有两个相互矛盾的基团:一个是与水有良好亲和力的亲水基团——硫酸根;另一个是与疏水物质的油、固体和气体等有良好亲和力的疏水基团——长链的烷基。见结构式

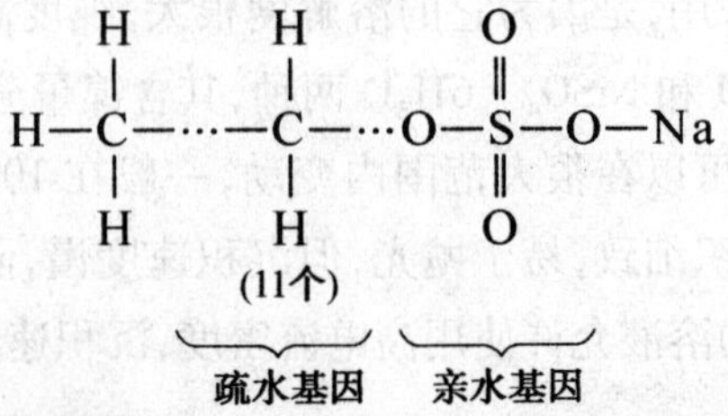


这种活性剂的疏水基团吸附在阴极表面,降低了阴极与溶液的表面张力,溶液能很好地润湿阴极表面,使氢气泡在阴极上的润湿接触角减小,在很小尺寸时就脱离开阴极表面,从而防止或减少了镀层针孔的产生。

d. 光亮剂。在光亮镀镍的溶液中,常加入硫酸联氨、甲醛等作为光亮剂。这些物质同时还有整平镀覆层的作用。加入光亮剂的数量不能太多,一般为0.1 ~0.3 g/L,太多时会使镀覆层发脆。

③镀镍溶液及工艺条件。根据不同的工艺和使用要求,镍镀液可分为镀底层镍(特殊镍)、快速镍、半光亮镍、低应力镍、高堆积酸镍、高温镍、碱性镍及各种专用镍等十几种。

ⅰ. 特殊镍的性能、用途及工艺规范。这是一种强酸性镀液,pH=1,颜色呈深绿色,有较强的醋酸味。溶液中镍离子质量浓度为 85 g/L,密度为 1.23 g/cm$^3$,耗电系数为 0.744(A·h)/(dm$^2$·μm),电导率为$20.5\times10^3$ L/(μΩ·cm),镀层硬度 HB 550。

特殊镍镀层与绝大多数金属基体(铸铁等疏松材料除外)都有很高的结合力,镀层致密,耐磨性好。主要用在钢、铝、铜、不锈钢、铬、镍等材料上镀底层或中间夹心层,也可用作镀覆耐磨镀层。用在不锈钢、铬、镍上镀底层时,为使其与基体结合良好,通常在酸性活化后,不用水漂洗而直接镀特殊镍。操作时先不通电,用镀笔蘸上溶液将被镀表面擦拭一遍,通电后,先用 18 V 电压冲击镀一遍被镀表面,然后降至 12 V,相对运动速度为6 ~10 m/min,工件接电源正极。

ⅱ. 快速镍的性能、用途与工艺规范。该溶液略呈碱性,pH=7.5 ~7.8,蓝绿色,可嗅到氨水气味,镍离子质量浓度为53 g/L,密度为 1.15 g/cm$^3$,耗电系数为 0.104 (A·h)/(dm$^2$·μm),电导率为$20.5\times10^3$ L/(μΩ·cm),镀层硬度 HRC 45 ~48。

溶液的特点是沉积速度快,镀覆层硬度高,抗磨损,并且耐腐蚀性也较好。可在各种材料上镀覆工作层、恢复尺寸层或镀复合层,更适用于铸铁上镀底层。

工作电压 8 ~14 V

相对运动速度　6~12 m/min

电源极性　正接

沉积速度　12 μm/min

镀覆面积　560 $dm^2$/(L·μm)

ⅲ.碱性镍的性能、用途与工艺规范。溶液 pH=8.5,呈蓝绿色,镍离子质量浓度为 54.4 g/L,耗电系数为0.119 (A·h)/($dm^2$·μm),电导率为65×$10^3$ L/(μΩ·cm),镀层硬度 HB 500。

镀液沉积速度快,有良好的工艺性。镀层组织细密,颜色均匀,应力低,可镀厚层。适用于各种材料上镀尺寸层或工作层,可代替中性镍使用。工艺规范如下:

工作电压　8~14 V

相对运动速度　8~12 m/min

电源极性　正接

沉积速度　2.5 Vm /min

镀覆面积　560 $dm^2$/(L·μm)

ⅳ.中性镍的性能、用途与工艺规范。溶液呈深绿色,pH=7,镍离子质量浓度28 g/L,耗电系数为0.119 (A·h)/($dm^2$·μm),电导率为46×$10^3$ L/(μΩ·cm),镀层硬度 HB 500。

镀覆层组织细密,颜色呈银白色,耐腐蚀性较好。可用于修补薄镀层,作铸铁的底层,也可作为铜与酸性镉的交替层。工艺规范如下:

工作电压　10~14 V

相对运动速度　6~10 m/min

电源极性　正接

沉积速度　2.5 μm/min

镀覆面积　270 $dm^2$/(L·μm)

ⅴ.低应力镍的性能、用途与工艺规范。这是一种专为沉积厚镀层时提供夹心层而研制的溶液。溶液 pH=3.5,呈绿色,镍离子质量浓度为75 g/L,密度为1.20 g/$cm^3$,耗电系数为0.24 (A·h)/($dm^2$·μm),电导率为20.5×$10^3$ L/(μΩ·cm),镀层硬度 HB 350。

使用时先将镀液预热到50 ℃,可以得到组织细密、具有压应力或较小拉应力的镀覆层。主要用于复合镀层中的夹心层,也可作为保护镀层。工艺规范为:

工作电压　8~14 V

相对运动速度　6~10 m/min

电源极性　正接

沉积速度　2.5 μm/min

镀覆面积　1 000 $dm^2$/(L·μm)

(2)镀铜溶液

铜是玫瑰红色的金属,相对原子质量为63.54,密度为8.92 g/cm$^3$,熔点为1 083 ℃。铜的标准电极电位比较正(一价铜0.52 V,二价铜0.34 V),对铁、锌等金属来讲,其上的铜层属阴极性镀层。

铜溶液有沉积速度较快、镀覆层硬度适中的特点,所以,被广泛用作快速恢复尺寸层或镀厚层。也可用来改善导电性、钎焊性或在钢件上镀防渗碳、防渗氮层。

①镀液的主要成分及作用。

ⅰ.主盐。在镀铜溶液中用以供给铜离子的主盐有硫酸铜、硝酸铜、碳酸铜和甲基磺酸铜。在碱性铜和光亮铜溶液中,是采用碳酸铜或硫酸铜为主盐,质量浓度在150~250 g/L范围内,低于此值时,电流密度减少,沉积速度减慢;含量过高时,会使镀层粗糙并产生毛刺。在高速酸性铜和高堆积铜溶液中,则采用甲基磺酸铜或硝酸铜作为主盐,质量浓度达350~460 g/L,可使用高电流,沉积速度很快。

ⅱ.乙二胺。乙二胺是铜的主要络合剂,质量浓度一般在80~150 mL/L范围内。提高乙二胺的含量可使镀层结晶细致,但过量时会降低阴极的电流效率。乙二胺含量也不宜太低,太低时将使镀层变得粗糙。

ⅲ.硫酸。在以硫酸铜为主盐的溶液中加入硫酸,可提高溶液的导电能力。同时,还可降低铜离子浓度(等离子效应),因而提高了阴极极化作用,改善了溶液的分解能力,细化了镀层组织。

ⅳ.柠檬酸、甲酸、甲磺酸。这些物质加到溶液中既能对铜起到二次络合作用,又能缓冲溶液的pH值的变化。

ⅴ.硫脲。在光亮镀层溶液中,加入硫脲作为光亮剂及镀覆层整平剂。硫脲不宜加得太多,否则,会严重阻滞铜离子的放电析出。一般加入量小于0.2 g/L即可。

②镀铜溶液及工艺条件。铜镀液种类较多,有碱性铜、酸性铜、光亮铜、高堆积铜和合金铜等。

ⅰ.碱性铜的性能、用途与工艺规范。碱铜溶液呈蓝紫色,pH=9.2~9.8,金属铜质量浓度为62 g/L,密度为1.14 g/cm$^3$,耗电系数为0.07 (A·h)/(dm$^2$·μm),镀层硬度HB 250。

镀液沉积速度快,腐蚀性小,最常用作快速恢复尺寸层积填补沟槽;特别适用于铝、铸铁或锌等难镀材料上镀覆;在钢件上镀覆时,最好先用特殊镍打底,以便获得更高的结合力。镀层组织细密,厚度为0.01 mm时,会有良好的防渗碳、防渗氮能力。其工艺规范如下:

| | |
|---|---|
| 工作电压 | 10~14 V |
| 相对运动速度 | 6~12 m/min |
| 电源极性 | 正接 |
| 沉积速度 | 7.6 μm/min |

镀覆面积　　710 $dm^2/(L \cdot \mu m)$

ⅱ.酸性铜的性能、用途与工艺规范。溶液呈蓝色,pH = 0.2,金属铜质量浓度为58.2 g/L,耗电系数为0.135 $(A \cdot h)/(dm^2 \cdot \mu m)$,镀覆层硬度 HB 200。

酸性铜溶液中铜离子含量低,一般在低电压下操作。原来用于修补方面,现在基本上被高速酸铜代替。但它明显比高速酸铜软,故有时也用于要求镀铜且较软的场合。工艺规范如下:

| | |
|---|---|
| 工作电压 | 5 ~ 10 V |
| 相对运动速度 | 8 ~ 12 m/min |
| 电源极性 | 正接 |
| 沉积速度 | 2.5 μm/min |
| 镀覆面积 | 700 $dm^2/(L \cdot \mu m)$ |

ⅲ.高速酸性铜的性能、用途与工艺规范。溶液呈深蓝色,pH = 1.5,金属铜质量浓度为116 g/L,密度为1.28 $g/cm^3$,耗电系数为0.073 $(A \cdot h)/(dm^2 \cdot \mu m)$,镀层硬度 HB 300。

该镀液有较高的沉积速度,主要用于大厚度快速恢复尺寸,填补凹槽。镀液腐蚀性大,镀前应将邻近的非镀表面保护好。镀层平滑致密,比酸性铜镀层硬,容易机械加工。高速铜在大电流密度下镀覆时晶粒易变粗,应保证镀液的连续供给。该溶液不能直接在钢(某些不锈钢除外)及少数贵金属上镀覆,镀前要用镍打底层。在铜基体上镀覆高速酸铜时,应在通电前先用该溶液润湿被镀表面。工艺规范如下:

| | |
|---|---|
| 工作电压 | 8 ~ 14 V |
| 相对运动速度 | 10 ~ 15 m/min |
| 电源极性 | 正接 |
| 沉积速度 | 15 .7 μm/min |
| 镀覆面积 | 1 140 $dm^2/(L \cdot \mu m)$ |

ⅳ.高堆积碱铜的性能、用途与工艺规范。镀液呈紫色,pH = 8.5 ~ 9.5,金属铜质量浓度为82 g/L,耗电系数为0.079 $(A \cdot h)/(dm^2 \cdot \mu m)$,镀覆层硬度 HB 250。

镀液有较高的沉积速度,能获得厚镀层,镀层应力小。该镀液无腐蚀性,用途很广泛,主要用于镀覆尺寸层。特别推荐在镉或锡零件上填补凹坑,也可用于印制电路板的修理。工艺规范如下:

| | |
|---|---|
| 工作电压 | 8 ~ 14 V |
| 相对运动速度 | 8 ~ 12 m/min |
| 电源极性 | 正接 |
| 沉积速度 | 9.8 μm/min |
| 镀覆面积 | 950 $dm^2/(L \cdot \mu m)$ |

ⅴ.半光亮铜的性能、用途与工艺规范。半光亮铜溶液呈蓝色,pH = 1 ~ 2,金属铜质量浓度为62 g/L,耗电系数为0.152 $(A \cdot h)/(dm^2 \cdot \mu m)$,镀层硬度 HB 250。

半光亮铜溶液性能稳定，镀层晶粒细密，有较好的耐蚀性。主要用作装饰镀层或工作层。工艺规范如下：

| | |
|---|---|
| 工作电压 | 6 ~ 8 V |
| 相对运动速度 | 10 ~ 14 m/min |
| 电源极性 | 正接 |
| 沉积速度 | 3.8 μm/min |
| 镀覆面积 | 700 $dm^2$/(L · μm) |

(3)镀锌溶液

①镀锌层的性能与用途。锌是两性金属，易溶于酸，也易溶于碱。其氧化和氢氧化物也都是两性化合物。锌在干燥的空气中较稳定，在潮湿空气与含有二氧化碳和氧的水中，表面上会生成一层致密的以碱式碳酸锌为主的覆盖膜，起到保护内部金属不再受腐蚀的作用。

锌的电极电位较负(-0.76 V)，对铁而言，它属阳极性镀层。在钢铁件上镀覆锌镀层时，二者能形成原电池，锌镀层作为原电池的阳极受到腐蚀，可使钢铁基体受到电化学保护。所以，镀锌主要用于做阳极防护层。

②镀锌溶液及工艺条件。

ⅰ.碱性锌的性能、用途与工艺规范。该溶液呈微黄色，pH = 10.8，锌质量浓度为65.4 g/L，耗电系数为0.02 (A · h)/($dm^2$ · μm)，镀层硬度 HB 70。

溶液沉积速度快，腐蚀性小，但镀层有氢脆性，抗疲劳强度有所下降。主要用作阳极防护层，加强和修补旧镀层。注意镀后应彻底冲洗。镀完锌后，若再在上面镀其他任何金属层(铬除外)，都要先用湿磨料轻擦镀覆层，用 6 ~ 8 V 电净，冲洗后，再镀上一薄层碱铜。工艺规范如下：

| | |
|---|---|
| 工作电压 | 10 ~ 17 V |
| 相对运动速度 | 8 ~ 16 m/min |
| 电源极性 | 正接 |
| 沉积速度 | 10 μm/min |
| 镀覆面积 | 1 200 $dm^2$/(L · μm) |

ⅱ.酸性锌的性能、用途与工艺规范。酸性锌无色透明，pH = 1.5 ~ 2.0，锌质量浓度为73 g/L，耗电系数为0.01 (A · h)/($dm^2$ · μm)，镀层硬度 HB 70。

酸性锌溶液沉积速度快，工艺性能好，镀覆层光亮细密，其用法与碱性锌相同。工艺规范如下：

| | |
|---|---|
| 工作电压 | 10 ~ 17 V |
| 相对运动速度 | 8 ~ 16 m/min |
| 电源极性 | 正接 |
| 沉积速度 | 12 μm /min |

| | |
|---|---|
| 镀覆面积 | 1 400 $dm^2/(L \cdot \mu m)$ |

**3. 合金镀溶液**

(1)概述

合金镀覆层是指含两种或两种以上金属的镀层。合金分为机械混合物、固溶体和金属化合物三种结构形式。机械混合物中各种金属仍保持原来的性质和特点;固溶体是一种金属均匀溶解于另一种金属之中所形成的合金,其某些性质已不同于组成固溶体中任何一种金属的性质;金属化合物是由两种以上金属按一定比例组成的化合物,具有某些独特的性质。合金镀覆层具有单一金属镀层所不能达到的性能,它比单一金属镀层更能满足对金属制品表面提出的更高要求。

合金镀覆层都具有一些优异的理化性能和力学性能,如抗腐蚀、耐高温,较高的硬度和耐磨性,优美的外观和较好的钎焊性等,因此,它们被广泛地用作防护、装饰、耐磨和其他功能性镀层。例如,镍-钨、镍-钴合金镀层,不仅硬度高、耐磨损,而且耐高温,可作轴承活塞、气缸等零件的防护工作层;铅-锡合金镀层耐腐蚀并有良好的减摩性,可用于抗蚀的重载轴承;锡-锌合金镀层外表美观,耐腐蚀,适于用作防护、装饰性镀层。

目前,应用较多的合金镀层有镍-钨、镍-钴、镍-铁、铅-锡、铟-锡、锡-锌、钴-钨、钴-钼和巴氏合金等。

(2)各种合金溶液的性质、用途与工艺规范

①镍-钨合金。该溶液呈绿色,pH=2~3,溶液中含镍85 g/L,含钨15 g/L,耗电系数为0.214 $(A \cdot h)/(dm^2 \cdot \mu m)$,电导率为$20.6 \times 10^3$ L/(μΩ·cm)。镀覆层硬度HB750。溶液性能很稳定。镀层硬度高,抗磨损,主要用作耐磨件镀覆工作层,镀覆层厚度限制在0.03~0.07 mm范围内。因此,可作为其他镀层的覆盖层,对较厚的镀层可先镀一层酸性镍或低应力镍。也可以与特殊镍交替镀覆,操作时,每层镍-钨合金都要用油石或砂纸打磨光滑,经电净与1号活化液处理后,再镀特殊镍。工艺规范如下:

| | |
|---|---|
| 工作电压 | 10~15 V |
| 相对运动速度 | 4~10 m/min |
| 电源极性 | 正接 |
| 沉积速度 | 1.5 μm/min |
| 镀覆面积 | 800 $dm^2/(L \cdot \mu m)$ |

②镍-钨(D)合金。溶液呈深绿色,pH=1.4~2.4,含镍80 g/L,耗电系数为0.214 $(A \cdot h)/(dm^2 \cdot \mu m)$。镀层硬度HRC 65。

该溶液有比镍-钨合金更优良的性能,硬度和耐磨性更高;可获得较厚的镀覆层,残余应力小。在高强度钢上镀覆氢脆性很小,在某些难镀金属上镀覆都能得到较好的结合力,主要用于各种零件上镀覆工作层。工艺规范与镍-钨合金相同。

③镍-铁合金。镍-铁合金溶液呈墨绿色,pH=7.3,含镍14 g/L,含铁10 g/L,耗电系数为0.146 $(A \cdot h)/(dm^2 \cdot \mu m)$。镀层呈灰白色,有很好的抗蚀能力,主要用于镀覆工作

层和防护性镀层。工艺规范如下：

| | |
|---|---|
| 工作电压 | 10～14 V |
| 相对运动速度 | 6～12 m/min |
| 电源极性 | 正接 |

④镍-钴合金。这是一种按钴20%体积加到酸性镍中的溶液。溶液呈墨绿色，pH＝3～3.5，含镍74.9 g/L，耗电系数为0.132 (A·h)/($dm^2$·μm)。镀覆层硬度为HB 550。

由于钴镀层应力大大低于镍镀层的应力，因而镍-钴合金镀覆层具有应力低的特性。可以沉积厚镀层，镀层呈青白色，硬度高，耐磨性好。主要镀覆防护镀层和工作层，特别适用于镀覆机械加工超差的零件，工艺规范如下：

| | |
|---|---|
| 工作电压 | 10～14 V |
| 相对运动速度 | 10～14 m/min |
| 电源极性 | 正接 |
| 沉积速度 | 0.2 μm/min |

⑤镍-磷合金。该溶液呈绿色，pH＝1.5～2.5。溶液使用时最好先预热到30～50 ℃，所得镀层硬度高，减摩性好。主要用作镀覆工作层，如发动机连杆。工艺规范如下：

| | |
|---|---|
| 工作电压 | 10～14 V |
| 相对运动速度 | 6～12 m/min |
| 电源极性 | 正接 |

⑥铅-锡合金。这是一种将碱性铅与碱性锡按一定容积比配制而成的钎焊合金溶液。pH＝6.9，呈黄色，含铅38 g/L，含锡45.6 g/L，耗电系数为0.43(A·h)/($dm^2$·μm)。镀层耐腐蚀，有良好的减摩和钎焊性能，主要用作钎焊合金镀层，也可作抗蚀的轴承表面。铅和锡还可按不同比例混合配制其他用途的合金溶液，如轴承合金(91%铅，9%锡)。

| | |
|---|---|
| 工作电压 | 10～12 V |
| 相对运动速度 | 6～14 m/min |
| 电源极性 | 正接 |
| 沉积速度 | 1.5 μm/min |

## 6.3 电刷镀工艺

### 6.3.1 概述

在电刷镀电源设备、镀液已选定的情况下，正确制定电刷镀工艺规范是获得高质量镀层的关键，而不同类型的电源设备、不同的镀液品种，以及不同的环境条件，工艺规范亦不尽相同。目前国产电刷镀电源，以其控制和输出形式划分，大体有恒压式、恒流式、脉冲式三种类型。电刷镀溶液根据其所含金属和用途划分有一百多种。而环境条件又有季节、气候、室内室外等情况之分。因此,电刷镀工艺规范的制定是一件涉及内容广泛、条件复杂,而又灵活多变的事情。根据十多年来的工艺研究和实践经验,现就电刷镀工艺规范的制定及影响电刷镀工艺的主要因素进行讨论分析。

### 6.3.2 电刷镀的一般工艺过程

电刷镀的一般工艺过程见表6.7。

**表6.7 电刷镀的一般工艺过程**

| 工序号 | 操作内容 | 主要设备及材料 |
|---|---|---|
| 1 | 镀前准备:①被镀部位机加工;②机械法或化学法除油污和锈蚀 | 机床、砂轮、砂纸等 |
| 2 | 零件表面电化学除油(电净) | 电源、镀笔、电净液 |
| 3 | 水冲洗工件表面 | 清水 |
| 4 | 保护非镀表面 | 绝缘胶带、塑料布 |
| 5 | 零件表面电解刻蚀(活化) | 电源、镀笔、活化液 |
| 6 | 水冲洗 | 清水 |
| 7 | 镀底层 | 电源、镀笔、打底层溶液 |
| 8 | 水冲洗 | 清水 |
| 9 | 镀尺寸层 | 电源、镀笔、镀尺寸层溶液 |
| 10 | 水冲洗 | 清水 |
| 11 | 镀工作层 | 电源、镀笔、镀工作层溶液 |
| 12 | 温水冲洗 | 温水(50 ℃左右) |
| 13 | 镀后处理(打磨或抛光、擦干后涂防锈油) | 油石、抛光轮、砂布、防锈油 |

## 6.4 常见问题分析和解决措施

**1. 刷镀中的一般问题**

(1)工艺过程

刷镀工艺过程包括工件表面的准备阶段和刷镀两个阶段。准备阶段的主要目的是提高镀层的结合强度;刷镀阶段的主要目的是获得质量符合要求的镀层。

(2)水冲洗问题

在电净、活化工序之间均采用自来水冲洗;在最后一道活化工序和刷镀过渡层工序之间以及刷镀过渡层与工作层工序之间,一般采用蒸馏水冲洗。

(3)刷镀前无电擦拭工件表面

开始刷镀前,在未接通电源前用刷镀笔蘸上要刷的溶液,在工件上擦拭几秒钟再通电,会提高镀层的结合强度。这是因为无电擦拭可在表面上预先使溶液充分润湿,达到pH值一致、金属离子均布的目的。

(4)过渡层

过渡层是位于基体金属和工作镀层之间的特殊层。过渡层不仅与基体之间要有良好的结合性,也要与工作层之间有良好的结合性。过渡层既增大了工作层与基体的结合力,又可提高工作层的稳定性,防止工作层原子向基体中的扩散等。

(5)工作镀层

位于过渡层之上的工作镀层要保证与过渡层之间有良好的结合强度,保证自身有良好的强度,满足工件的要求并有尽可能高的沉积生产率。

**2. 电源的常见问题**

电源的常见故障、原因和排除方法见表6.8。

**表6.8 电源的常见故障、原因和排除方法**

| 故障现象 | 故障原因 | 排除方法 |
|---|---|---|
| 电源不工作 | 1. 保险丝烧断<br>2. $JZ_1$ 接触器接触不良 | 1. 更换保险丝<br>2. 检查 $JZ_1$ 的接线和触点 |
| 数码管亮,调压时电压表无指示 | 1. $J_2$ 继电器烧坏或接触不良<br>2. 整流二极管开路<br>3. 电压表损坏 | 1. 检查 $J_2$ 继电器<br>2. 检查控制电源,更换二极管<br>3. 更换电压表 |
| 电源一工作就产生过载 | 1. 直流输出回路有短路<br>2. 镀笔的石墨与工件有短路 | 1. 检查并排除短路<br>2. 检查石墨包套是否被磨破并重新包好 |
| 安培小时计显示不正常 | 计数器的集成电路损坏 | 更换集成电路元件 |
| 安培小时计自动走字 | 1. 控制板的运算放大器的零点偏移<br>2. 从分流器至第一级运算放大器之间的线断或保险丝断 | 1. 校对零点<br>2. 检查断电器的触点或转换开关的接触点接触是否良好 |
| 安培小时计不计数 | 控制板元件或计数器门电路损坏 | 检查并更换元件 |
| 过载时保护电路不动作 | 1. 过流值不准<br>2. 保护元件损坏 | 1. 调整 $RW_5$<br>2. 更换元件 |

# 6.5 典型的电刷镀技术实践训练

## 实训 电刷镀铜实践训练

**一、实训目的**

专业技能训练是在学习专业基础课程和部分专业课程之后进行的,是理论和实践相结合的重要环节,目的是锻炼学生实际动手能力和理论分析能力。电刷镀技术是在电镀技术基础上发展起来的一种新技术,它具有设备简单、操作方便、镀层沉积速率快、结合强度高、节省材料、节省能源、应用广泛、经济效益大等优点。对于大型机械的不解体现场修理或野外抢修,更具有突出的实用价值。电刷镀技术训练的首要目的是使学生了解电刷镀技术基本原理,掌握基本操作和规程,了解电刷镀工艺对表面性能的影响;其次是培养和提高学生在实际的生产过程中发现问题、分析问题、解决问题的能力,从而巩固和深化所学的专业理论知识;再次是让学生接触生产实践,了解一种工艺的整个生产过程,培养工程实践能力。

**二、实训内容**

1. 电刷镀设备及其原理的介绍。

2. 学生实际操作,包括电刷镀镀笔,进行电刷镀训练。

3. 测量镀层厚度和进行镀层质量检验。

**三、实训要点**

电刷镀技术训练的基本任务包括:

①掌握所用设备及辅助设备的结构组成、性能特点和设备的使用、操作情况。

②学生能够独立地进行电刷镀操作,镀制出合格镀层。

③掌握测量工件的镀层深度的方法。

④掌握检验镀层质量的方法。

**四、实训主要装置**

| | |
|---|---|
| 1. 电刷镀设备 | 一台 |
| 2. 恒温水浴锅 | 一台 |
| 3. 天平 | 一台 |
| 4. 塑料容器 | 若干个 |
| 5. 量杯、量筒 、烧杯 | 若干个 |
| 6. pH 计 | 一台 |

**五、实训步骤**

实训流程如下:

1. 打开电源。

2. 电净。电压为 12 V,正接。相对运动速度为 4 ~ 6 m/min,时间为 20 s。

3. 水冲洗。使工件表面不挂水珠。

4. 第一次活化。采用 2 号活化液,除去被镀表面的氧化层和疲劳层。电压为 12 V,反接,相对运动速度为 6 ~ 8 m/min,时间为 20 s。

5. 水冲洗。冲洗后工件表面呈现黑灰色。

6. 第二次活化。采用 3 号活化液,去除被镀表面的碳化物。电压为 18 V 反接,相对运动速度为 6 ~ 8 m/min,时间为 20 s。活化后表面显现银灰色。

7. 水冲洗。

8. 刷镀起镀层。采用特殊镍镀液刷镀起镀层,先用镀笔蘸上镀液在工件表面上无电擦拭 3 ~ 5 s,正接相对运动速度为 6 ~ 8 m/min,然后在 18 V 电压下闪镀 3 ~ 5 s,然后降至 12 V,镀 2 ~ 3 μm 即可。

9. 水冲洗。

10. 镀铜。电压为 10 V,正接,相对运动速度为 6 ~ 8 m/min,时间为 10 ~ 20 min。

11. 水冲洗。

## 六、实训原理

电刷镀是依靠一个与阳极接触的垫或刷提供电镀需要的电解液,电镀时,垫或刷在被镀的阴极上移动的一种电镀方法。电刷镀使用专门研制的系列电刷镀溶液、各种形式的镀笔和阳极,以及专用的直流电源。工作时,工件接电源的负极,镀笔接电源的正极,靠包裹着的浸满溶液的阳极在工件表面擦拭,溶液中的金属离子在零件表面与阳极相接触的各点上发生放电结晶,并随时间增长镀层逐渐加厚。由于工件与镀笔有一定的相对运动速度,因而对镀层上的各点来说,是一个断续结晶过程。

## 七、实训数据及处理

实训数据及处理见表 6.9。

**表 6.9　实训数据及处理表**

| 序号 | 电刷镀铜配方 | 工艺条件 | | | | 外观 | 镀层形貌 | 镀层硬度 | 备注 |
|---|---|---|---|---|---|---|---|---|---|
| | | pH 值 | 温度/℃ | 时间/min | 沉积速度/($\mu m \cdot h^{-1}$) | | | | |
| 1 | | | | | | | | | |
| 2 | | | | | | | | | |

## 八、镀层组织和性能表征

1. 镀层外观检测和显微组织分析。

2. 选取合适的方法对镀层的结合力、硬度等进行测试。

3. 选取合适的方法对镀层的孔隙率进行测试。

九、思考题

1. 电刷镀酸性和碱性工艺有什么不同?

2. 哪些因素影响电刷镀的镀速?

## 习题与思考题

1. 电刷镀的基本原理是什么?

2. 电刷镀能否在不导电的材料上施镀?

3. 影响电刷镀镀层质量的因素都有哪些?

4. 如何根据需要选择合适的镀层材料及电刷镀工艺?

# 第7章　常用材料热处理工艺综合设计实践

## 7.1　概　　述

### 7.1.1　热处理工艺概述

热处理工艺是指热处理作业的全过程，包括热处理规程的制订、工艺过程控制与质量保证、工艺管理、工艺工装（设备）以及工艺试验等，通常所说的热处理工艺就是指工艺规程的制订。热处理工艺规程的编制是工艺工作中最主要、最基本的工作内容，确切地说工艺规程的编制属于工程设计的范畴。以热处理工作的人员素质、管理水平、生产条件等为基础，依据相关的技术标准和资料以及质量保证和检验能力，设计编制出完善、合理的热处理工艺。完善合理的热处理工艺不但能优质高效地生产出合格的产品，而且能降低生产成本，提高企业的经济效益。

**1.热处理工艺制订**

热处理工艺制订应遵守以下原则：工艺的先进性，工艺的合理性，工艺的可行性，工艺的经济性，工艺的可检查性，工艺的安全性，工艺的标准化。

（1）工艺的先进性

先进的热处理工艺是企业参与市场竞争的实力和财富，具备领先于其他企业的热处理工艺技术，能以少的投入获得最佳的热处理质量。工艺先进性包括：采用新工艺、新技术，热处理设备的更新改造，采用新型工艺材料。

（2）工艺的合理性

热处理工艺制订应最大限度地避免产生热处理缺陷，实现工艺流程短，工人易掌握，操作简单，产品质量优并稳定。工艺合理应考虑的内容：工艺安排的合理性，热处理要求的合理性，工艺方法及工艺参数合理性，热处理前零件的形状和尺寸的合理性，热处理前零件状态的合理性。

（3）工艺的可行性

根据企业的热处理条件、人员结构素质、管理水平制订的热处理工艺才能保证在生产中正常运行。可行性的要素有：企业热处理现状，操作人员专业技术水平，工艺技术的合法性。

（4）工艺的经济性

工艺应充分利用企业现有条件，力求流程简单，操作方便，以最少的消耗获取最佳的工艺效果。经济习惯包括的内容有：能源利用，设备工装的使用，工艺方法应简便，利用现有设备,设计辅助工装。

(5)工艺的可检查性

现代质量管理要求,热处理属特种工艺范畴,工艺过程的主要工艺参数必须具备追索性,对产品处理质量追索查找,因此工艺应具备可检查性,可检查性内容有:工艺参数的追索,检验结论的追索,工艺参数选用的可检查性。

(6)工艺的安全性

工艺要有充分的安全可靠性,遵守安全规则,不成熟的工艺要经试验验证鉴定后方可编入工艺,安全性内容有:工艺本身的安全性,控制有毒作业,环境保护。

(7)工艺的标准化

标准化工作是企业的基础,标准化工作在热处理中也是必不可少的,是工艺质量的保证。标准化内容有:文件的标准化,制订工艺参数标准化,文件配套一致性。

**2. 热处理工艺制定依据**

制订热处理工艺的依据包括:产品图样及技术要求,毛坯图或毛坯技术条件、工艺标准、机加工对热处理的要求以及企业热处理条件等。

(1)产品图样及技术要求

产品图样应是经工艺审查的有效版本。图样上应标明以下内容:材料——标明材料牌号及材料标准;热处理——零件最终热处理后的力学性能及硬度等;化学热处理零件在图样上应标明化学热处理部位及尺寸,化学热处理渗层深度、硬度及渗层组织要求和标准。对零件有热处理检验类别要求时,还应标明热处理检验类别。

(2)毛坯图或技术条件

零件常采用毛坯(锻、铸件)热处理,因此毛坯图可视作零件图样,所以毛坯图上应标明材料牌号和标准,以及热处理要求性能及硬度。毛坯技术条件(毛坯验收标准)应给出毛坯热处理后的性能指标。

(3)工艺标准

工艺技术标准(工艺说明书)分为上级标准(国家标准、国家军用标准、行业标准)和企业标准,它是编制工艺规程的主要依据。质量控制标准也分为上级标准和企业标准,它是工艺过程中质量控制的主要依据。

(4)企业条件

企业条件包括热处理生产条件、热处理设备状况、热处理工种具备程度、人员结构、专业素质及管理水平等。

**3. 工艺规程的基本内容**

工艺规程应包括工艺的基本要素、热处理工序流程及审批栏、更改栏等。

工艺规程基本要素及内容包括:零件概况,零件简图,装炉示意图,热处理技术要求,热处理工艺,辅助工序,检验工序,工艺规程审批。

工艺规程类型:当前国内外常用的热处理工艺规程类型有以下几种:单列式工艺规

程,工艺说明书(总工艺规程)加工艺卡,工艺说明书加指令卡,电脑的热处理工艺自动控制。

**4. 零件热处理工艺性**

零件热处理工艺性是指在满足使用要求的前提下,采用热处理生产的可行性和经济性。零件热处理工艺性既涉及零件的材料和结构,又与零件生产流程和热处理工艺过程各环节密切相关。所以,设计师在设计零件时应充分注意热处理工艺性,合理地选择材料,正确提出技术要求;工艺师在制订生产流程时应合理安排热处理在整个工艺路线中的位置,处理好热处理工艺与前后工序的关系;热处理工艺人员应正确地制订热处理工艺,以确保零件和产品的质量,提高生产效率,降低成本。

钢的热处理工艺性主要包括淬透性、淬硬性、回火脆性、过热敏感性、耐回火性、氧化脱碳趋向及超高强度钢表面状态敏感性等,这些工艺性均与材料的化学成分和组织有关,是选材和制订生产工艺的重要依据。

(1)淬透性

钢的淬透性是指在一定条件下钢件淬火后能够获得淬硬层的能力。钢的淬透性一般可用淬火临界直径、截面硬度分布曲线和端淬硬度分布曲线等表示。淬火临界直径是指淬火试件中形成一定量马氏体,即心部达到一定临界硬度的最大直径。一般机械制造行业大多以心部获得90%马氏体(体积分数)为淬火临界直径标准,以保证零件整个截面都获得较高力学性能。对于同一个钢种,由于选用淬火临界直径标准不同,其临界直径尺寸也不同,以50%马氏体(体积分数)为标准的临界直径大于以90%马氏体(体积分数)为标准的临界直径。钢的淬透性使钢产生了尺寸效应(亦称质量效应),由于零件截面尺寸大小不同而造成淬硬层深度不同,同时也影响淬火件表面硬度,因此设计师必须充分注意材料的淬透性,合理选择材料,设计大截面或性状复杂的重要零件时应选用淬透性好的合金钢,可以保证沿整个截面都具有高强度和高韧性的良好配合,同时减少热处理变形和开裂。设计师还要根据零件的服役条件合理确定淬透性要求,对于重要零件(如连杆、高强度螺栓、拉杆等),要求淬火后保证心部获得90%以上马氏体(体积分数);对于一般单向受拉、受压的零件,则要求淬火后心部获得50%马氏体(体积分数)即可;因考虑刚度而尺寸较大的曲轴,淬火后只要求离表面$\frac{1}{4}R$处保证获得50%以上马氏体(体积分数);弹簧零件一般要求淬透;对于滚动轴承、小轴承要全部淬透,但受冲击载荷大的大轴承则不宜淬透。此外,设计师还应注意,各种材料手册中的数据都有尺寸限制,不能根据小尺寸试样的性能来进行大尺寸零件的强度计算。工艺师应根据钢的淬透性合理安排加工工序。当零件尺寸较大,又受到淬透性限制时,为了保证淬硬层深度,可采用先粗加工后热处理,热处理后再精加工。截面差别较大的零件,如大直径台阶轴,从淬透性考虑,可先粗车成形,然后调质,增加淬硬层深度。钢的脆透性是制订热处理工艺的重要依据。淬透性好的钢淬火时,可以选用较缓和的淬火介质和较慢冷却的淬火工艺,以减少零件的变形和开裂趋向。

(2)淬硬性

淬硬性是指钢在理想淬火条件下,以超过临界冷却速度冷却,使形成的马氏体能够达到最高硬度。钢的淬硬性主要取决于钢的含碳量,碳含量越高,淬火后硬度也越高,淬火后硬度也越高,其他合金元素的影响较小。碳含量(质量分数)达0.6%时,淬火钢的硬度接近最大值。碳含量进一步增加,虽然马氏体硬度会有所提高,但由于残留奥氏体量增加,碳素钢的硬度提高不多,合金钢的硬度反而会下降。设计师在零件设计时要考虑钢的淬硬性,合理确定钢的碳含量。在要求表面硬度较高时,应选择中碳或高碳钢;对表面硬度要求不高时,一般选择中碳或低碳钢。应根据钢的强度、硬度与最小含碳量关系或淬火硬度与回火硬度的关系,确定零件的最小含碳量,并选择相应钢号。

(3)回火脆性

钢制零件的使用性能主要通过回火获得,回火温度等参数主要根据设计强度要求来选择。但很多钢种随回火温度升高会出现两次冲击韧度明显降低现象,称之为回火脆性。

钢在300 ℃左右温度范围回火时产生的回火脆性称为第一类回火脆性,也称低温回火脆性;在400~550 ℃温度范围内回火时产生的回火脆性称为第二类回火脆性,也称高温回火脆性。

在设计和生产中应尽量避免选用需要在回火脆性区回火所达到的强度水平。采用快速冷却可以消除第二类回火脆性,选用含钼、钨的合金钢、细晶粒钢及高纯净钢可降低回火脆性。

(4)过热敏感性

钢在加热时,由于温度过高,晶粒会长大,引起性能显著降低的现象,称之为过热。加热温度接近固相线附近时,晶界会被氧化和部分熔化,称之为过烧。

过热的重要特征是晶粒粗大,将使钢的屈服强度、塑性、冲击韧性和疲劳性能降低,同时提高钢的脆性转变温度;过热还会使淬火马氏体粗大,降低其耐磨性能,增加淬火变形和开裂倾向,因此工业上总是通过各种途径细化晶粒,从而达到细化组织提高性能的目的。在各种钢种中,含锰钢的过热敏感性较大。

在设计和生产中应注意钢的过热敏感性,选用合适的钢种,合理选择淬火加热温度和保温时间,按工艺要求准确控制工艺参数。由于渗碳钢在渗碳时温度较高,时间较长,容易造成晶粒粗大,所以对于含锰钢等过热敏感性较大钢种一般不直接淬火,应采用二次淬火。

对于一般过热组织,可以通过多次正火或退火消除,对于较严重的过热组织,如石状断口,不能用热处理消除,必须采用高温变形和退火联合作用才能消除。过烧组织不能挽救,是不允许的缺陷。

(5)耐回火性

耐回火性是指钢在回火时抵抗软化的能力也称回火抗力、抗回火性和回火稳定性。

回火性好的钢，在回火时组织性能变化缓慢，可以在较高温度下回火后使用。合金钢的回火性比碳钢好，所以对于相同碳含量的钢种要得到相同回火硬度时，合金钢的回火温度要比碳钢高，回火时间较长，回火后应力比碳钢小，塑性和韧性也高。

在工业生产中，对于要求内应力消除较完全、强度与韧性配合好的零件，设计时应选用耐回火性好的合金钢。对于使用温度较高的零件，要选择耐回火性好的钢种，一般使用温度最高限度在回火温度以下 50 ℃。

(6)氧化脱碳趋向

钢在加热过程中，由于周围氧化气氛的作用，表面形成金属氧化物，使钢表面失去原来的光泽，称之为氧化；同时钢材表面的碳全部或部分丧失掉，使表面碳含量降低，称之为脱碳。在还原气氛中加热，一般不会产生氧化，但控制不好还会产生脱碳。氧化使钢表面失去金属光泽，表面粗糙度值增加，精度下降，这对精密零件来讲是不允许的。同时，氧化使钢的强度降低，其他力学性能也下降，增加了淬火开裂和淬火软点可能性。脱碳明显降低钢的淬火硬度、耐磨性及疲劳性能，高速钢的脱碳会严重影响热硬性。各种钢种中，含硅钢的氧化脱碳倾向较大。

在工业生产中应尽量避免氧化脱碳，重要受力件不允许在最终零件上有氧化脱碳层存在。为此，设计必须根据生产过程和现场条件，合理留足加工余量，工艺师应适当安排好加工流程，热处理工作者应积极采用各种少无氧化脱碳的热处理工艺，控制氧化脱碳，保证零件热处理质量，获得稳定可靠的使用性能。

(7)超高强度钢表面状态敏感性

超高强度钢具有比强度高的特点，可以减轻零件重量，提高产品性能，应用范围不断扩大。但超高强度钢的缺口敏感性较大，对表面状态比较敏感，表面不完整，将使其疲劳性能、耐腐蚀性能、塑性和韧性等大幅度下降，甚至造成灾难性破坏，因此，应注意改善缺口敏感性，保持表面完整性，防止氢脆和表面氧化脱碳。

### 7.1.2 常规热处理工艺方法

常规的热处理工艺方法有淬火、回火、正火和退火。其中退火和正火通常作为预备热处理，淬火和回火通常作为最终热处理。

**1. 退火**

将钢材或钢件加热到适当温度，保温一定时间后缓慢冷却，以获得接近平衡状态组织的热处理工艺，称为钢的退火。退火的工艺方法有很多种，其中包括完全退火、不完全退火、球化退火和去应力退火等。在实际生产过程中，经常采用退火作为预备热处理工序，安排在铸造、锻造等热加工之后，切削加工之前，为下一道工序作组织和性能上的准备。

(1)完全退火

完全退火是将亚共析钢件加热到 $Ac_3$ 以上适当温度，保温后在炉内缓慢冷却的工艺方法。主要用于各种亚共析钢的铸件、锻件、焊接件及热轧型材，主要为了消除毛坯件中的魏氏组织、带状组织等组织缺陷、调整硬度,改善切削加工性能。也可以作为一些不重要结构件的最终热处理。

但是在实际生产中,为了缩短生产周期,一般采取随炉缓慢冷却至600 ℃左右出炉空冷。采用缓慢冷却的目的是为了保证奥氏体在珠光体转变区的上部完成转变,因此完全退火的组织是接近 $Fe-Fe_3C$ 相图的平衡组织,即铁素体+珠光体组织。

(2)不完全退火

不完全退火是将亚共析钢加热到 $Ac_1 \sim Ac_3$,过共析钢加热到 $Ac_1 \sim Ac_{cm}$,保温后缓慢冷却的方法。应用于晶粒并未粗化的中、高碳钢和低合金钢锻轧件等,主要目的是降低硬度,改善切削加工性,消除内应力。它的优点是加热温度低,消耗热能少,降低工艺成本。

(3)球化退火

球化退火是将过共析钢件加热到 $Ac_1$+20 ℃左右,保温一定时间后以适当的方式冷却使钢中的碳化物球状化的工艺方法。它主要应用于高碳工具钢和轴承合金钢。其目的在于降低硬度,改善切削加工性,改善组织,提高塑性等。

过共析钢经热轧、锻造后,珠光体呈片状,而且还有二次渗碳体,不仅钢的硬度增加,切削性变坏,而且淬火时易产生变形和开裂。如果把片状渗碳体变成球体,则其切削性能大大改善。

(4)去应力退火

去应力退火是将钢件加热到相变点以下的某一温度,保温一定时间后缓慢冷却的工艺方法。其目的是为了消除由于冷热加工所产生的残余应力。对于碳钢和低合金钢,一般碳钢和低合金钢加热温度为550~650 ℃,而高合金钢一般为600~700 ℃,保温一定时间(一般按3 min/mm 计算),然后随炉缓慢冷却(≤100 ℃/h)至200 ℃出炉。对于铸铁件一般加热到500~550 ℃,不能超过550 ℃,因为超过550 ℃以后铸铁中的珠光体要发生石墨化。

去应力退火时组织不发生变化,残余应力的消除,主要是在500~650 ℃保温后的缓冷过程中通过塑性变形或蠕变变形产生的应力松弛来实现的。若采用更高温度退火(如完全退火),应力消除得更彻底,但会造成氧化、脱碳,甚至产生变形。所以只是为了消除工件在加工过程中产生的应力,一般采用低温退火。对大型工件为了避免在冷却时产生新的应力,一般采用随炉冷却到300 ℃以下出炉空冷。

(5)扩散退火

扩散退火又称均匀化退火,主要用于合金钢锭和铸件,以消除技晶偏析,使成分均匀化。扩散退火是把铸锭或铸件加热到略低于固相线以下某一温度,通常为 $Ac_3$ 或 $Ac_m$+(150~300) ℃,长时间保温后随炉缓慢冷却的一种热处理工艺方法。一般碳钢采用1 100~1 200 ℃,合金钢采用1 200~1 300 ℃,保温时间为10~15 h。

由于扩散退火时间很长,零件氧化严重,能量耗费很大,因此主要用于质量要求高的优质合金铸锭和铸件的退火。因为温度高、时间长,扩散退火后晶粒剧烈长大,所以还要经过一次完全退火或正火来细化晶粒。

**2. 正火**

正火是将钢材加热到临界点 $Ac_3$ 或 $Ac_m$+(30~50) ℃,保持一定时间后在空气中冷却得到珠光体类组织的热处理工艺。

正火与退火相比,由于正火冷却速度较快,过冷度较大,因而发生伪共析组织转变,使组织中珠光体量增多,且珠光体的层片厚度减小,通常获得索氏体组织。力学性能高于退火组织,而且操作简便,生产周期短,能量耗费少,所以从经济的角度考虑,在能满足性能要求的前提下应尽量采用正火代替退火处理。根据正火的工艺特点主要用于以下几个方面:

(1)提高硬度改善低碳钢和低碳合金钢的切削加工性

当硬度过低时,切削容易产生"黏刀"现象,也使刀具发热和磨损,且加工零件表面粗糙。如果低碳钢和低碳合金钢采用退火,退火后的硬度一般在160HBS以下,因而切削加工性不好。而正火可以提高其硬度,改善切削加工性。

(2)作为中碳钢或中碳合金钢的普通结构零件的最终热处理

因为正火可细化晶粒,力学性能较高,可以满足一些性能要求不高的普通结构零件。

(3)作为中碳和低合金结构钢重要零件的预备热处理

通过正火处理可以降低其硬度,改善切削加工性能,改善因为热加工带来的组织缺陷,如魏氏组织、带状组织和粗大组织等。

(4)消除过共析钢中的网状二次渗碳体

正火时,由于冷却速度较快,二次渗碳体来不及沿奥氏体晶界呈网状析出,从而消除网状碳化物,为进一步的球化退火作好组织准备。

**3. 退火与正火保温时间的确定**

在装炉量不太大时,可用下式计算保温时间

$$\tau = KD \tag{7.1}$$

式中 $K$——加热系数,一般 $K$=1.5~2.0 min/mm;

$D$——工件有效尺寸。

在装炉量很大时,可以根据手册中提供的数据参考确定。

**4. 淬火**

将钢奥氏体化后以大于临界冷却速度的速度进行冷却,获得马氏体或下贝氏体组织的热处理工艺,称为淬火。

钢淬火的主要目的是为了获得马氏体,提高它的硬度和强度。例如,各种高碳钢和轴承合金钢的淬火,就是为了获得马氏体组织,以提高工件的硬度和耐磨性。

(1)淬火温度的选择

根据钢的相变临界点选择淬火加热温度,主要以获得细小均匀的奥氏体为主,一般原则是:亚共析钢为 $Ac_3$+(30~50) ℃,共析钢和过共析钢为 $Ac_1$+(30~50) ℃。

选择淬火温度时,还应考虑淬火工件的性能要求、原始组织状态、形状及尺寸等因素。如果淬火温度选择不当,淬火后得到的组织也不能达到要求。对于亚共析钢淬火温度过高将得到粗大马氏体组织,工件的性能变脆;若淬火温度过低,在淬火组织中会出现大块状铁素体,使淬火组织出现软点,降低钢的强度和硬度。

共析钢和过共析钢淬火温度在 $Ac_1$ 以上(30~50) ℃淬火后,获得的组织是均匀细小马氏体和粒状渗碳体。超过此温度得到的是粗针状马氏体,同时引起严重变形,增大开裂倾向。此外,由于渗碳体溶解过多,增加残余奥氏体量,降低钢的硬度和耐磨性。若温度过低,则获得非马氏体组织,达不到对性能的要求。

(2)保温时间的确定

保温的目的是使钢件透热,使奥氏体充分转变并均匀化。保温时间的长短主要根据钢的成分、加热介质和零件尺寸来决定。一般按下式计算

$$\tau = \alpha K D \qquad (7.2)$$

式中 $\alpha$——加热系数;

$K$——装炉系数;

$D$——有效尺寸,mm。

(3)淬火冷却介质的选择

钢在加热获得奥氏体后需要选用适当的冷却介质进行冷却,获得马氏体组织。常用的冷却介质有油、水、盐水和碱水等,其冷却能力依次增加,但是这些冷却介质都存在不同的缺点。目前又发展了一些新型的冷却介质,克服了以前常用介质的弱点,尽量接近于理想的淬火介质。

**5. 回火**

回火是将经过淬火的零件加热到临界点 $Ac_1$ 以下的适当温度,保持一定时间后,采用适当冷却方式进行冷却,以获得所需的组织和性能的热处理工艺。回火主要是消除内应力,获得所要求的力学性能、提高尺寸稳定性等。根据回火温度的不同,回火可以分为低温回火、中温回火和高温回火三种。并且淬火钢经不同温度回火后所得到的组织也不相同,低温回火得到回火马氏体,中温回火得到回火屈氏体,高温回火得到回火索氏体。

## 7.2 常用热处理炉概述

本节主要介绍热处理电阻炉的类型及结构。热处理炉是指具有炉膛的热处理加热设备。为满足生产需要,热处理炉有很多类型和规格,如按热源可分为电阻炉、燃料炉、煤气炉、油炉和煤炉等;热处理电阻炉是以电作为热源,将电流通入电热元件,借助于电热元件的电阻热效应来实现对工件加热的炉子。

热处理电阻炉具有工作温度范围宽、温度容易控制、炉子的结构简单、操作方便、安全,炉膛温度分布较均匀、便于使用控制气氛、容易实现机械化和自动化操作、结构紧凑、

占地面积小、便于车间布置安装等很多优点。因此电阻炉在热处理车间应用极为广泛。

热处理电阻炉种类较多,按作业规程和机械化程度可分为周期作业炉和连续作业炉两大类。本节主要介绍最常用的周期作业电阻炉的结构、性能及应用。目前常用电阻炉已有系列化标准产品,非标准热处理电阻炉主要是根据用户需求设计生产的。

周期作业式电阻炉的主要特点是指工件整批入炉,在炉内完成加热、保温等工序后出炉,再将另一批工件入炉的热处理炉,如箱式炉、井式炉、台车式炉和罩式炉等。它们的优点是结构简单、便于建造、购置费低,可以完成多种工艺,适用于多品种、小批量生产;缺点是劳动条件较差,工艺过程不易控制,产品质量不如连续作业炉稳定。

**1. 箱式电阻炉**

箱式电阻炉在热处理车间应用最为广泛,按其工作温度可分为高温(>1 000 ℃)、中温(650~1 000 ℃)及低温炉(<650 ℃),其中以中温箱式炉应用最广。

(1)中温箱式电阻炉

这种炉子可用于碳钢、合金钢件的退火、淬火、正火、回火或固体渗碳。中温箱式炉的构造如图 7.1 所示,由炉体和电器控制柜组成,其中炉体由炉架、炉壳、炉门、电热元件及炉门提升机构等组成。炉壳以角钢或槽钢做框架,其上覆有钢板,采用焊接结构。炉膛用轻质黏土砖砌成,炉顶和炉墙的耐火层和炉壳之间是保温层,用保温砖砌筑或直接填充保温散料。炉底由炉底板、炉底搁砖、炉底板支撑砖、一层或两层耐火砖和保温砖(或是保温砖加填充散料)构成。炉门框、炉门及工作台用铸铁制成,炉门内砌有轻质耐火砖及保温砖,为了便于观察炉内的加热情况在炉门上设有观察孔。通过脚踏传动机构或手摇链轮机构升降炉门。为了操作安全,在炉门上面有一安全装置行程开关,该装置是与轮轴连锁的,当炉门打开时,电炉的电源自动切断,以保证操作者的安全。螺旋状金属电热元件放在炉膛两侧内壁搁砖和炉底板之下的炉底搁砖上。电热元件多布置在炉膛两侧内壁和炉底上,也有布置在炉顶、后壁或门内侧。电热元件的引出端均穿过后墙,集中在后墙的接线盒上。为了防止触电,炉子外壳必须很好地接地。测量炉温的热电偶从炉顶的热偶孔插入炉膛内。

(2)高温箱式电阻炉

这类炉子主要用于高速钢刀具、高铬钢模具和高合金钢的淬火加热,以及一般机器零件的快速加热和高温固体渗碳。我国生产的高温箱式炉,按照工作温度可分为 1 200 ℃、1 300 ℃和 1 350 ℃三种。

1 200 ℃和 1 300 ℃高温箱式电阻炉电热元件采用高温铁铬铝电热材料,炉底板用碳化硅板制成。炉子其他部分的结构与中温箱式电阻炉相近,由于炉温更高,所以要增加炉衬厚度,炉口壁厚也要增加,以减少散热损失。

1 350 ℃高温箱式电阻炉由于使用温度更高,金属构件在炉内很容易氧化,所以炉内不设金属构件,砌筑材料的质量要求也比较高,常采用高铝砖或碳化硅制品。高温箱式电阻炉的结构如图 7.2 所示。1 350 ℃高温箱式电阻炉的电热元件一般均采用硅碳棒。硅

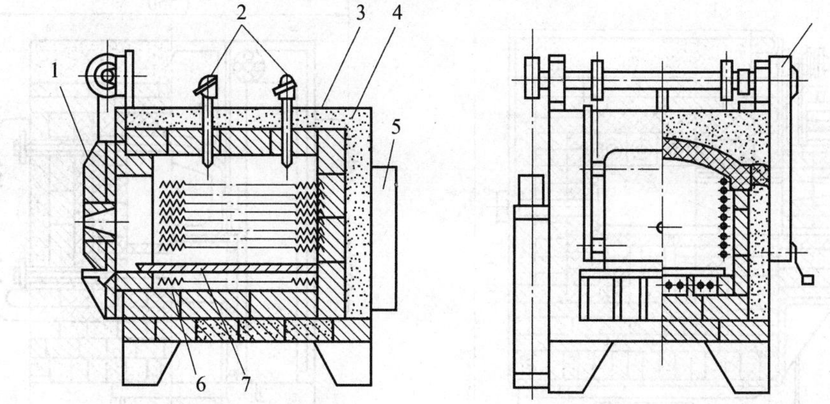


图 7.1　中温箱式电阻炉

1—炉门;2—热电偶;3—炉壳;4—炉衬;5—罩壳;6—加热元件;7—炉底板;8—炉门升降机构

碳棒可垂直布置在炉膛的两侧,也可以水平布置在炉顶和炉底。炉底板常用碳化硅板或重质高铝砖制品制成。

由于炉温较高,高温电阻炉的炉墙比较厚,通常有三层,耐火层即内层一般为高铝砖或重质黏土砖,外层采用硅藻土或蛭石粉等绝热填料,中间层为轻质黏土砖,也可以用硅酸铝耐火纤维。炉底由炉底板、炉底板支撑砖、重质耐火砖、轻质耐火砖和保温层组成。

由于碳化硅棒具有较大的电阻温度系数,所以在加热过程中电阻值变化很大,在升温的阶段,电阻随温度升高而减少,在 800 ~ 850 ℃以上,随温度升高电阻反而增加,因此,在 850 ℃以下电压不能过高,升温不能太快,否则会影响电热体与炉子砌体寿命。硅碳棒在使用过程中会因电阻值逐渐增加而产生"老化"现象。当供电电压一定时,硅碳棒"老化"后电阻增加,电流减少,炉子功率下降。为了保持炉子功率稳定,应采用调压变压器供电,以便随时调节电炉的输入电压。硅碳棒耐急冷热性差,高温强度低,脆性大,这就限制了它的长度和炉膛尺寸,并且也影响了炉子的使用范围。

(3)低温箱式电阻炉

低温炉多用于淬火钢件的回火加热,也可以用于有色金属的热处理,如铝合金的固溶和时效处理。由于低温炉内温度较低,炉内的传热方式主要靠对流进行,为了提高传热效果,缩短加热时间和提高加热均匀性,在加热炉内要安放风扇装置,强迫气体流动,增加对流传热系数,从而增加对流传热量。

此外,低温回火还可采用电热通风烘干箱,电热烘干箱的最高工作温度为 300 ℃,工作室尺寸为 1 200 mm×1 200 mm×1 500 mm。

**2. 井式电阻炉**

井式电阻炉外形为圆形,一般置于地坑中,常用来加热细长工件,因为在吊挂状态下加热可以防止工件产生弯曲。小型零件可放在料筐中再送入炉内加热,采用车间的起重设备进行装炉与出炉,操作方便。井式电阻炉炉膛较深,上下散热条件不一样,为使炉膛

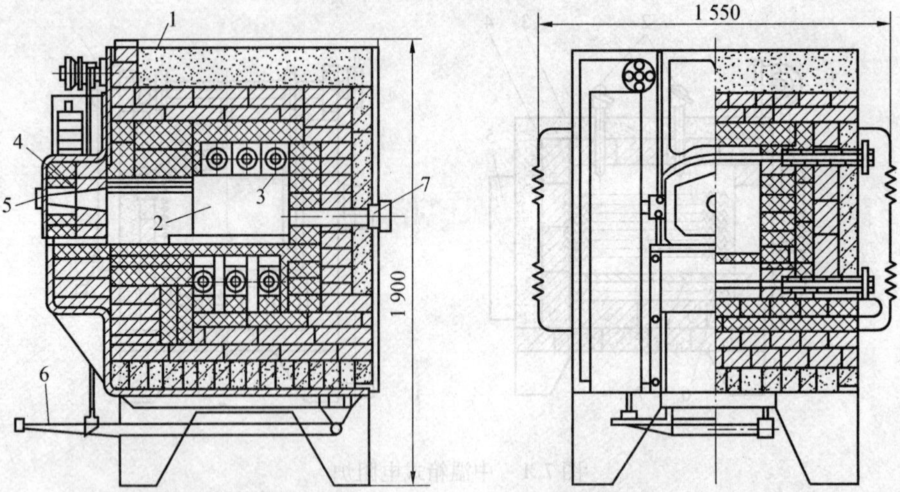


图 7.2　高温箱式电阻炉

1—炉体;2—炉膛;3—棒状碳化硅电热体;4—炉门;5—观察孔;6—开启炉门踏板;7—热电偶

温度均匀,常采用分段(区)控制温度。各段的电热体是独立供电,各段均有一热电偶控制该段温度。当该段温度超过规定值时,由热电偶发出信息,使该段电热体断电;反之,若该段温度低于规定值时,则电热体通电,炉子升温。常用的井式炉有低温井式电阻炉、中温井式电阻炉、高温井式电阻炉和井式气体渗碳炉等。专业技能训练所采用的井式炉主要是井式气体渗碳炉。下面介绍一下井式气体渗碳炉的结构及性能特点。

井式气体渗碳炉的结构特征是在井式炉膛上再加上一个密封马弗罐。炉罐的作用是保持炉内气氛的成分和防止炉气对电热元件和炉衬等的侵蚀。炉罐上端开口,外缘有沙封槽,炉盖下降时将马弗罐口盖住,在两者连接处有石棉盘根衬垫,以保证密封良好。炉罐内还设有风扇,驱动炉气沿料筐由内向外循环流动,以提高炉气和炉温的均匀性,炉盖上还装有可以同时分别滴入三种有机液体的滴量器。有机液体直接滴入马弗罐内经过高温裂解制备成渗碳气氛,废气经排气管引出并点燃。在炉盖上还有试样孔用于投放试样,工件可放在料筐或专用夹具上吊入马弗罐内。

这种炉子适用于中、小尺寸零件的气体渗碳,可实现碳势控制,特别适用于工件渗碳后在炉内冷却的工艺。其缺点是:直接淬火的渗碳件在出炉淬火的过程中,表面会轻微脱碳和氧化。此外炉罐起隔热屏作用,使炉子加热速度慢,热效率降低。炉罐高温强度不足,渗碳温度受到限制,常在 950 ℃以下。

这类炉子密封十分重要,炉气不但会从缝隙外溢,有时在风扇驱动下,炉内局部区域会出现负压,可能从缝隙吸入空气。炉盖与炉罐周边和风扇轴处要采取密封措施。RQ 系列井式气体渗碳电阻炉的结构如图 7.3 所示。

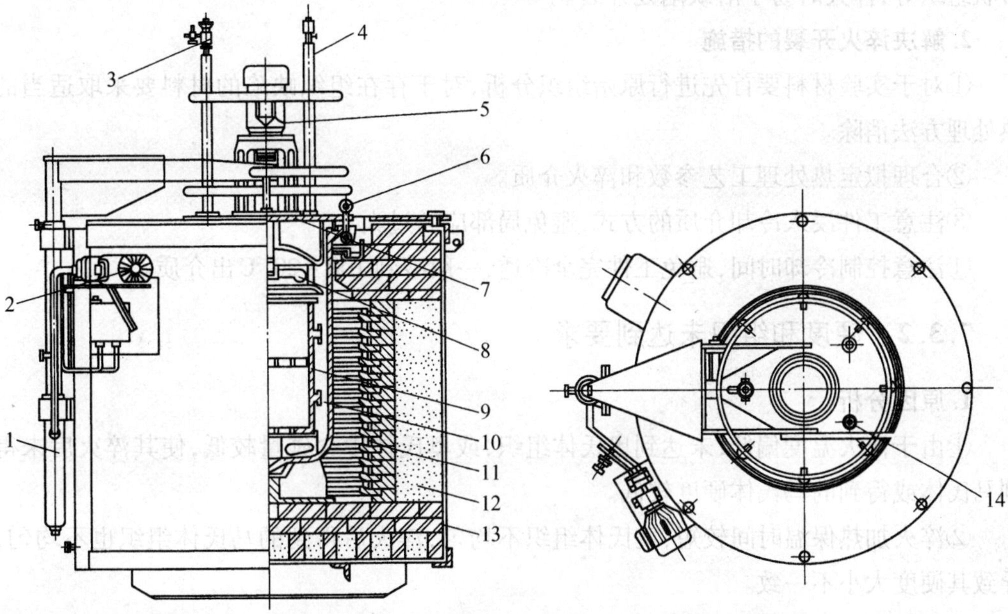


图 7.3　井式气体渗碳炉的结构示意图

1—油缸;2—电动机油泵;3—滴管;4—取气管;5—电动机;6—吊环螺钉;7—炉盖;8—风叶;9—料筐;10—炉罐;11—电热元件;12—炉衬;13—炉壳;14—试样管

# 7.3　热处理常见问题分析和解决措施

## 7.3.1　淬火开裂现象

**1. 淬火开裂产生的原因分析**

对于高碳钢或高合金钢在淬火过程中经常产生开裂的现象,根据实际情况分析其产生的原因主要有以下几点:

(1)热处理工艺参数选择不当

淬火温度偏高或保温时间太长,在加热阶段奥氏体晶粒粗大,淬火时形成的马氏体组织晶粒也就粗大,使其脆性增大,同时又由于马氏体原本就存在着显微裂纹,因此使其更容易开裂。

(2)淬火介质选择不当

选择的淬火介质冷却能力过强,工件淬入后冷速过大,产生很大的应力,而且应力分布很不均匀,也容易使其产生淬火开裂。

(3)原材料存在缺陷

当原材料内存在组成缺陷,如成分偏析、粗大的夹杂物及组织、网状组织、魏氏组织、带状组织等,淬火时易于沿缺陷处开裂。

**2. 解决淬火开裂的措施**

①对于实验材料要首先进行原始组织分析,对于存在组织缺陷的材料要采取适当的热处理方法消除。

②合理拟定热处理工艺参数和淬火介质。

③注意工件浸入冷却介质的方式,避免局部应力过大。

④注意控制冷却时间,避免工件完全冷透,一般冷到 100 ~ 20 ℃出介质。

### 7.3.2 硬度和组织未达到要求

**1. 原因分析**

①由于淬火温度偏低,未达到奥氏体组织,或奥氏体中含碳量较低,使其淬火后未得到马氏体或得到的马氏体硬度较低。

②淬火加热保温时间较短,奥氏体组织不均匀,淬火后得到的马氏体组织也不均匀,导致其硬度大小不一致。

③原始组织不均匀,导致淬火后组织不均匀,硬度不均匀。

**2. 解决措施**

采取合适的预备热处理保证得到合适的原始组织,为淬火作好组织准备。同时制定合理的热处理工艺方法和选定合适的工艺参数。

## 7.4 典型热处理技术实践训练

### 实训一 碳钢热处理工艺设计实践训练

**一、实训目的**

材料热处理工艺设计实践主要目的是让学生掌握热处理设备及辅助设备的结构组成、性能特点和设备的使用、操作情况;掌握根据给定碳钢工件确定工艺方法及相应工艺参数的方法,并对自己设计的试样组织进行显微观察、性能测试,能够运用所学的理论基础知识对其测定结果进行理论分析。要求学生对于在实践过程中出现的问题能够自主进行分析解决,从而提高学生分析、解决热处理工程实践问题的能力,巩固和深化所学的专业理论知识。

**二、实训内容**

根据给定的碳钢(45、T8、T10 钢)和组织性能的要求进行热处理工艺的拟定,然后按照拟定的热处理工艺选择相应的热处理设备进行热处理,对热处理后的工件进行金相试样的制备,并利用金相显微镜进行观察和分析。

## 三、实训装置

热处理箱式电阻炉和井式电阻炉；抛光剂，抛光机，金相砂纸和腐蚀剂，玻璃板；金相显微镜等。

## 四、实训基本原理

1. 退火和正火加热温度的选择

完全退火是将亚共钢件加热到 $Ac_3$+(30～50) ℃，保温后在炉内缓慢冷却的工艺方法。不完全退火是将亚共析钢加热到 $Ac_1$～$Ac_3$，过共析钢加热到 $Ac_1$～$Ac_m$，保温后缓慢冷却的方法。球化退火是将过共析钢件加热到 $Ac_1$+20 ℃左右，保温一定时间后以适当的方式冷却使钢中的碳化物球状化的工艺方法。

正火是将钢材加热到临界点 $Ac_3$ 或 $Ac_m$+(30～50) ℃，保持一定时间后在空气中冷却得到珠光体类组织的热处理工艺。

2. 退火与正火保温时间的确定

在装炉量不太大时，可用下式计算保温时间

$$\tau = KD$$

式中　$K$——加热系数，一般 $K=1.5\sim2.0$ min/mm；

$D$——工件有效尺寸。

在装炉量很大时，可以根据手册中提供的数据参考确定。

3. 碳钢淬火温度的选择

根据钢的相变临界点选择淬火加热温度，主要以获得细小均匀的奥氏体为主，一般原则是：亚共析钢为 $Ac_3$+(30～50) ℃，共析钢和过共析钢为 $Ac_1$+(30～50) ℃。

4. 保温时间的确定

保温的目的是使钢件透热，使奥氏体充分转变并均匀化。保温时间的长短主要根据钢的成分、加热介质和零件尺寸来决定。一般按下式计算

$$\tau = \alpha KD \tag{7.3}$$

式中　$\alpha$——加热系数；

$K$——装炉系数；

$D$——有效尺寸，mm。

5. 淬火冷却介质的选择

钢在加热获得奥氏体后需要选用适当的冷却介质进行冷却，获得马氏体组织。常用的冷却介质有油、水、盐水、碱水等，其冷却能力依次增加，但是这些冷却介质都存在不同的缺点。目前又发展了一些新型的冷却介质，克服了以前常用介质的弱点，尽量接近于理想的淬火介质。

6. 回火加热温度的选择

回火是将经过淬火的零件加热到临界点 $Ac_1$ 以下的适当温度，保持一定时间后，采用适当冷却方式进行冷却，以获得所需的组织和性能的热处理工艺。回火后一般空冷。

7. 金相试样的制备

试样首先要在砂纸上进行磨光，金相试样的磨光除了要使表面光滑平整外，更重要的是尽可能减少表面损伤。每一道磨光工序必须除去前一道工序造成的变形层，而不是仅仅把前一道工序产生的磨痕除去；同时，该道工序本身应做到尽可能减少损伤，以便于进行下一道工序。最后一道磨光工序产生的变形层深度应非常浅，保证能在下一道抛光工序中除去。手工磨光时，本道工序的磨痕应与上一道工序的磨痕方向垂直，这样可以使试样磨面保持平整并平行于原来的磨面。抛光的目的是要尽快把磨光工序留下的变形层除去，并使抛光产生的变形层不影响显微组织的观察。抛光操作的关键是要设法得到最大的抛光速率，以便尽快除去磨光时产生的损伤层，同时要使抛光产生的变形层不致影响最终观察到的组织。试样抛光后，在显微镜下，只能看到光亮的磨面及夹杂物等。要对试样的组织进行显微分析，还需让试样经过腐蚀。腐蚀的操作方法是：将已抛光好的试样用水冲洗干净或用酒精擦掉表面残留的脏物，然后在试样表面滴上腐蚀剂，抛光的表面即逐渐失去光泽。待试样腐蚀合适后马上用水冲洗干净，用吹风机吹干试样磨面，即可放在显微镜下观察。

8. 碳钢退火、正火后的组织

亚共析碳钢一般采用完全退火，经退火后可得接近于平衡状态的组织。具体组织图片如图 7.4(a)所示。碳钢正火后的组织比退火的细，并且亚共析钢的组织中细珠光体(索氏体)的质量分数比退火组织中的多，并随着碳质量分数的增加而增加。45 钢正火组织为 F+S，如图 3.4(b)所示。其中白色条状为 F，沿晶界析出；黑色块状为 S。正火冷速快，F 得不到充分析出，质量分数少，进行共析反应的 A 增多，析出的 P 多而细。

过共析碳素工具钢则采用球化退火，T10 钢经球化退火后组织为球状 P。二次渗碳体和珠光体中的渗碳体都呈球状(或粒状)，如图 7.4(c)所示。球状 P 是 F 基体上分布颗粒状 $Fe_3C$，白色为 F 基体，白色小颗粒为 $Fe_3C$。

9. 碳钢淬火、回火后的组织

(1)T8 钢等温淬火后组织

共析钢 T8 钢等温淬火后得到下贝氏体组织，如图 7.5(a)所示。下贝氏体是在片状铁素体内部沉淀有碳化物的组织；由于易受浸蚀，所以在显微镜下呈黑色针状特征。

共析钢和过共析 T8 在淬火后除得到针状马氏体外，还有较多的残余奥氏体。高碳呈片状，片间互成一定角度。在一个 A 晶内，第一片形成的马氏体较粗大，往往贯穿整个 A 晶粒，将 A 加以分割，以后形成的 M 针则受其限制逐渐变小而成片状，并且有长短粗细之分，如图 7.5(b)所示。

(2)45 钢淬火后经不同回火的组织

回火是将经过淬火的零件加热到临界点 $Ac_1$ 以下的适当温度，保持一定时间后，采用适当的冷却方式进行冷却，以获得所需的组织和性能的热处理工艺。回火主要是消除内应力，获得所要求的力学性能、提高尺寸稳定性等。根据回火温度的不同回火可以分为低

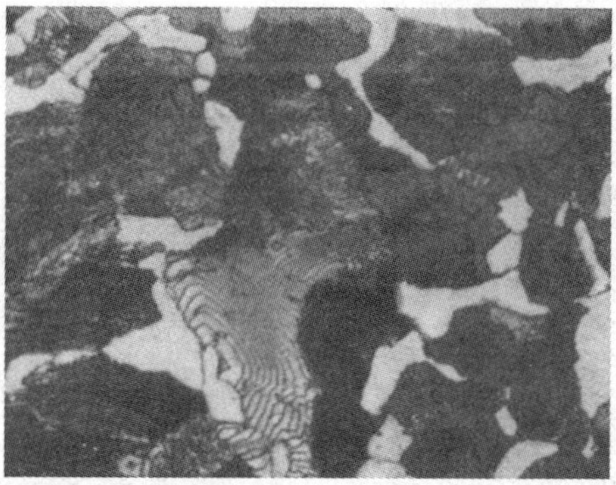

(a) 45 钢退火组织

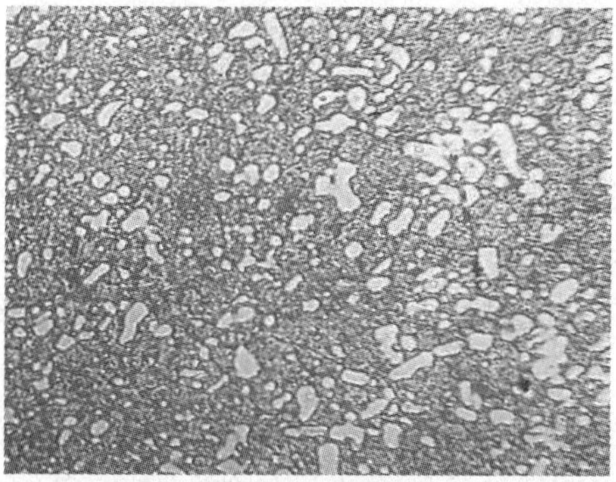

(b) 45 钢正火组织

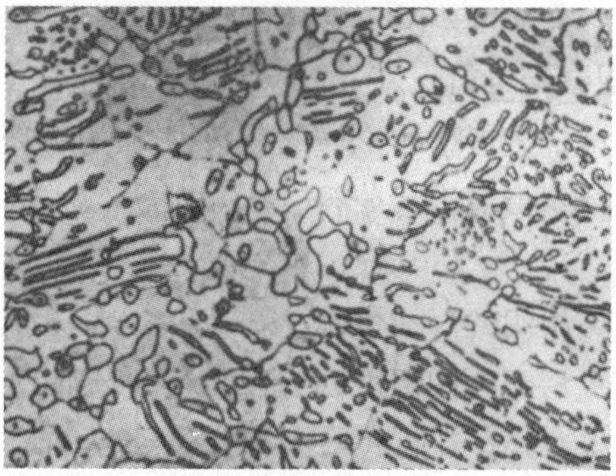

(c) T10 钢球化退火组织

图 7.4　碳钢热处理后的金相组织 450×

温回火、中温回火和高温回火三种。并且淬火钢经不同温度回火后所得到的组织也不相同，低温回火得到回火马氏体，中温回火得到回火屈氏体，高温回火得到回火索氏体。具体组织形态如下：

①回火马氏体。回火马氏体是从淬火马氏体内脱溶沉淀析出高度弥散的碳化物质点的组织。

回火马氏体仍保持针状特征，但容易受浸蚀，呈暗黑色的针状组织。并且回火马氏体具有高的强度和硬度，同时韧性和塑性也较好。45 钢经淬火+低温回火后的组织如图

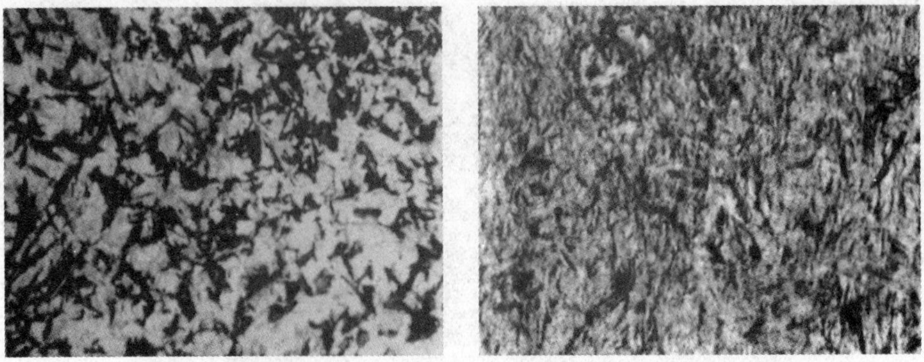

(a) 下贝氏体+马氏体　　(b) 马氏体

图 7.5　T8 钢的淬火组织 450×

7.6(a)所示。

②回火屈氏体。回火屈氏体是在铁素体基体上弥散分布着微小渗碳体的组织。回火屈氏体中的铁素体仍然保持原来针状马氏体的形态,渗碳体则呈细小的颗粒状。这种组织具有较好的强度和硬度,尤其具有非常高的弹性性能。45 钢经淬火+中温回火后的组织如图 7.6(b)所示。

③回火索氏体。回火索氏体是由颗粒状渗碳体和多边形的铁素体组成的组织。回火索氏体具有强度、韧性和塑性较好的综合机械性能。45 钢经淬火+高温回火后的组织如图 7.6(c)所示。

**五、热处理后的组织观察与分析**

1. 对不同热处理后的试样进行金相试样的制备,并在显微镜下进行组织观察。
2. 对不同热处理后的组织形成进行分析。

**六、思考题**

1. 试分析亚共析钢正火组织的形成过程。
2. 试分析过共析钢淬火后经不同温度回火后组织的区别。

## 实训二　高速钢的淬火、回火的处理工艺设计实践训练

**一、实训目的**

1. 掌握高速钢热处理加热温度范围。
2. 掌握高速钢与碳钢热处理的区别。
3. 掌握高速钢淬火组织与淬火+回火组织的差别。

**二、实训内容**

根据给定的高速钢及组织要求进行相应的热处理工艺参数的拟定,然后按照拟定的热处理工艺选择合适的热处理设备进行热处理工艺过程,并对热处理后的试样制备成金相试样,利用金相显微镜进行组织观察分析。

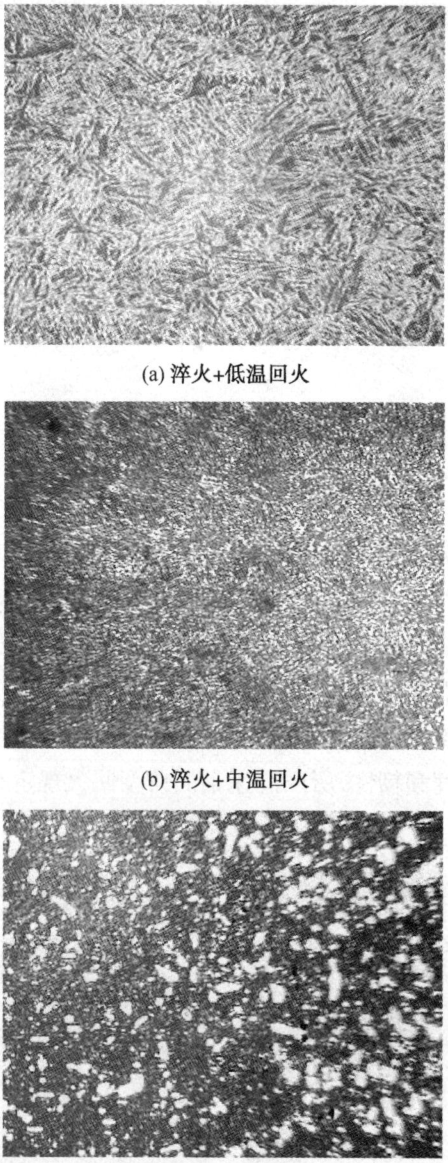

(a) 淬火+低温回火

(b) 淬火+中温回火

(c) 淬火+高温回火

图 7.6 45 钢淬火后不同回火的显微组织 450×

**三、实训装置**

热处理箱式电阻炉和井式电阻炉；抛光剂，抛光机，金相砂纸和腐蚀剂(4% 硝酸酒精溶液)，玻璃板；金相显微镜等。

**四、实训的基本原理**

1. 高速钢淬火及回火加热温度的选择

高速钢属于高碳高合金钢，其淬火加热温度为 $Ac_3$+(100～150) ℃，才能使碳和合金元素充分溶入奥氏体中。淬火后有大量的参与奥氏体存在，再经过高温回火(500 ℃以上)使其进一步向马氏体转变,增加组织中马氏体的量,从而获得较高的硬度。

2. 加热保温时间的选择

高速钢加热保温时间的计算方法与碳钢相同。

3. 高速钢 W18Cr4V 钢淬火、回火后的组织

(1)高速钢 W18Cr4V 钢淬火后的组织

高速钢 W18Cr4V 钢经分级淬火之后得到少量马氏体+大量残余奥氏体和一定量的碳化物组成,如图 7.7(a)所示。由于高速钢含有较高的碳和合金元素,加热温度较高时,碳和合金元素大量溶入奥氏体中,增加了奥氏体的稳定性,使得淬火后含有大量的残余奥氏体。

(2)高速钢 W18Cr4V 钢回火后的组织

W18Cr4V 钢回火后的硬度比淬火后略高,在 HRC63 ~66,得到的组织是回火马氏体和未溶碳化物和 1% ~2% 的残余奥氏体,其组织如图 7.7(b)所示。回火后硬度提高的原因是:由马氏体析出弥散的 W 和 V 碳化物以及残余奥氏体在回火冷却过程中转变为马氏体产生的"二次硬化"。由于淬火高速钢中残余奥氏体数量较多,经一次回火后仍有10%的未转变,硬度 HRC64 ~65。要再经两次回火,才能基本转变完成。第一次回火对淬火马氏体起回火作用,而在回火冷却中残余奥氏体转变成马氏体时又产生了新的应力,所以需要第二次回火;而第二次回火后由于产生新的应力,还需要第三次回火进一步消除应力,有利于提高钢的强度和韧性,所以高速钢的典型回火规定是 560 ℃,回火三次,每次 1 h 。

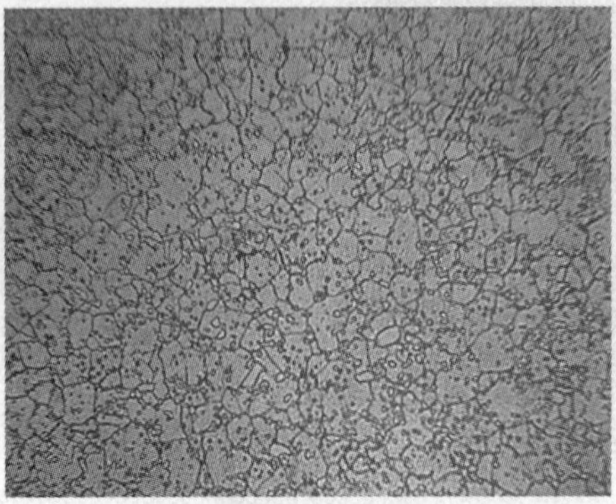

(a) W18Cr4V 钢淬火组织

(b) W18Cr4V 钢淬火+回火后组织

图 7.7 W18Cr4V 钢淬火、淬火+回火后的组织 450×

## 五、热处理后的组织观察与分析

1. 对不同热处理后的试样进行金相试样的制备,并在显微镜下进行组织观察。

2. 对不同热处理后的组织形成进行分析。

## 六、思考题

试分析高速钢淬火组织与淬火+回火后组织的区别。

# 习题与思考题

1. 退火主要有哪几种？简要介绍一下其应用领域。

2. 要想消除钢种的网状组织应采用何种热处理工艺方法？

3. 什么是调质处理？其组织是什么？

4. 如果采用 45 钢制作齿轮，应采取何种预备热处理和最终热处理？

5. 要获得 20 钢锻件硬度为 160 ~ 190 HB，且组织均匀，应采取何种热处理工艺方法？为什么？

# 附　录

**相关标准：**

1. 热喷涂技术相关国家标准目录

[1] GB 11375—1999《金属和其他无机覆盖物 热喷涂 操作安全》

[2] GB/T 11373—1989《热喷涂金属件表面预处理通则》

[3] GB/T 18719—2002《热喷涂 术语 分类》

[4] GB/T 862—42002《热喷涂 抗拉结合强度的测定》

[5] GB/T 8641—1988《热喷涂 涂层抗拉强度的测定》

[6] GB/T 19352.1—2003《热喷涂 热喷涂结构的质量要求 第1部分：选择和使用指南》

[7] GB/T 19352.2—2003《热喷涂 热喷涂结构的质量要求 第2部分：全面的质量要求》

[8] GB/T 19352.3—2003《热喷涂 热喷涂结构的质量要求 第3部分：标准的质量要求》

[9] GB/T 19352.4—2003《热喷涂 热喷涂结构的质量要求 第4部分：基体的质量要求》

[10] GB/T 9793—1997《金属和其他无机覆盖层 热喷涂 锌、铝及其合金》

[11] GB/T 16744—2002《热喷涂 自熔合金喷涂与重熔》

[12] GB/T 11374—1989《热喷涂涂层厚度的无损测量方法》

[13] GB/T 8640—1988《金属热喷涂涂层表面洛氏硬度试验方法》

[14] GB/T 12607—1990《热喷涂涂层设计命名方法》

[15] GB/T 12608—1990《热喷涂 火焰和电弧喷涂用丝材、棒材和芯材分类和供货技术条件》

2. 化学转化膜技术相关国家标准目录

[1] JB /T6978—1993《涂装前表面标准——酸洗》

[2] GB/T 6807—2001《钢铁工件涂装前处理技术条件》

[3] GB/T 11376—1997《金属的磷酸盐转化膜》

[4] GB/T 17460—1998《化学转化膜 铝及铝合金上漂洗和不漂洗铬酸盐转化膜》

[5] GB/T 9792—2003《金属材料上的转化膜 单位面积质量的测定 重量法》

[6] GB/T 13312—1991《钢铁件涂装前除油程度检验方法(验油试纸法)》
[7] GB/T 8923—1998《涂装前钢铁材料表面锈蚀等级和除锈等级》
[8] GB/T 12612—2005《多功能钢铁表面处理液通用技术条件》
[9] GB/T 13288—1991《涂装前钢材表面粗糙度等级的评定(比较样块法)》
[10] GB/T 15519—2002《化学转化膜 钢铁黑色氧化膜规范和实验方法》
[11] GB/T 15519—1995《钢铁化学氧化膜》

3. 化学镀技术相关国家标准目录

[1] GB/T 13911—2008《金属镀覆和化学处理标识方法》
[2] GB/T 3138—1995《金属镀覆和化学处理与有关过程术语》
[3] GB/T 13913—2008《金属覆盖层 化学镀(自催化)镍磷合金镀层规范和试验方法》

4. 感应淬火技术相关国家标准

[1] GB/T 5617—1985《钢的感应淬火或火焰淬火后有效硬化层深度的测定》

5. 热处理技术相关国家标准目录

[1] GB/T 12603—1990《金属热处理工艺分类及代号》
[2] GB/T 13321—1991《钢铁硬度锉刀检验方法》
[3] GB/T 13324—1991《热处理设备术语》
[4] GB/T 15735—1995《金属热处理生产过程安全卫生要求》
[5] GB/T 16923—1997《钢的正火与退火处理》
[6] GB/T 16924—1997《钢的淬火与回火处理》
[7] GB/T 7232—1999《金属热处理工艺术语》

6. 渗碳技术相关国家标准目录

[1] GB/T 9450—1988《钢铁渗碳淬火有效硬化层深度的测定和校核》
[2] GB/T 9451—1988《钢铁薄表面总硬化层深度或有效硬化层深度的测定》

# 参考文献

[1] 徐滨士,刘世参. 表面工程新技术[M]. 北京:国防工业出版社,2002.
[2] 徐滨士. 纳米表面工程[M]. 北京:化学工业出版社,2004.
[3] 王海军. 热喷涂实用技术[M]. 北京:国防工业出版社,2006.
[4] 王海军. 热喷涂材料及应用[M]. 北京:国防工业出版社,2008.
[5] 吴子健. 热喷涂技术与应用[M]. 北京:机械工业出版社,2007.
[6] 宣天鹏. 表面工程技术的设计与选择[M]. 北京:机械工业出版社,2011.
[7] ZHOU CHANGHAI, ZHANG QIUMING, LI YAO. Thermal shock behavior of nanostructured and microstructured thermal barrier coatings on a Fe-based alloy[J]. Surface and Coatings Technology, 2013, 217:70-75.
[8] 周长海,张一,张秋明,等. 热障涂层寿命预测研究现状[J]. 材料保护,2013,3:44-48.
[9] 曹学强. 热障涂层材料[M]. 北京:科学出版社,2007.
[10] 美国焊接学会. 热喷涂原理与应用技术[M]. 麻毓璜,等,译. 成都:四川科学技术出版社,1987.
[11] 徐滨士. 表面工程与维修[M]. 北京:机械工业出版社,1996.
[12] 周红霞,彭飞,王振强,等. 纳米稀土改性热喷涂 WC-12Co 涂层的摩擦磨损性能研究[J]. 热处理技术与设备,2009,30:8-12.
[13] 周红霞,王亮,彭飞,等. 纳米稀土对热喷涂 WC-12Co 涂层的改性作用[J]. 材料热处理学报,2009,30:162-166.
[14] PAN Z Y, WANG Y, LI X W, et al. Fabrication and characterization of heat and plasma treated SiC/$Al_2O_3^-$YSZ feedstocks used for plasma spraying[J]. Vacuum, 2012,03:027.
[15] 姜士林,赵长汉. 感应加热原理与应用[M]. 天津:天津科技翻译出版公司,1993.
[16] 付正博. 感应加热与节能:感应加热器(炉)的设计与应用[M]. 北京:机械工业出版社,2008.
[17] 华尔布顿-勃伦 D. 感应加热实践[M]. 北京:国防工业出版社,1966.
[18] 沈庆通,梁文林. 现代感应热处理技术[M]. 北京: 机械工业出版社,2008.

[19] 姜江,彭其凤.表面淬火技术[M].北京:化学工业出版社,2006.
[20] 弗里曼 D B.磷化与金属预处理[M].侯钧达,译.北京:国防工业出版社,1986.
[21] 郑顺兴.漆前表面预处理技术的发展[J].表面技术,2004,33(1):15-22.
[22] 姚寿山,李戈扬,胡文彬.表面科学与技术[M].北京:机械工业出版社,2005.
[23] 王成,于宝兴,江峰,等.酸度及 $NaNO_3$ 对钢铁常温磷化的影响[J].腐蚀科学与防护技术,2001,15(8):156-178.
[24] 洪祥乐,王孝荣.钢铁表面常温黑化剂的研究[J].佛山大学学报,2002,35(7):22-29.
[25] 张金涛,胡吉明,张鉴清.金属涂装预处理新技术与涂层性能研究方法进展[J].表面技术,2005,40 (9):41-49.
[26] 张圣麟,陈华辉,李红玲.常温磷化处理技术的现状及展望[J].材料保护,2006,39(7):42-47.
[27] 郑振.表面精饰用化学品[M].北京:中国物质出版社,2001.
[28] 王春明.金属磷化处理(一)[M].天津:天津大学出版社,2003.
[29] 吕戊辰,傅文章.表面加工技术[M].沈阳:辽宁科学技术出版社,1984.
[30] 徐滨士,朱少华.表面工程的理论与技术[M].北京:国防工业出版社,1999.
[31] 曲敬信,汪泓宏.表面工程手册[M].北京:化学工业出版社,1998.
[32] 上海市机械工程学会表面处理学组.表面处理新工艺[M].上海:上海科学技术文献出版社,1980.
[33] 王树成.一种简便实用的钢铁防锈擦涂磷化液的研制[J].表面技术,2007,36(5):94-95.
[34] 王树成.水泥熟料在铝系常温磷化中的应用[J].表面技术,2009,38(2):83-84.
[35] 王树成,王英兰.我国钢铁发黑技术的应用和发展[J].表面技术,2012,41(3):112-114.
[36] 李宁,袁国伟,黎德育.化学镀镍基合金理论与技术[M].哈尔滨:哈尔滨工业大学出版社,2000.
[37] 钱苗根.材料表面技术及其应用手册[M].北京:机械工业出版社,1998.
[38] 马永平,王国荣.高磷高速化学镀 Ni-P 合金工艺研究[J].表面技术.1999,28(3):12-14.
[39] 高镰,孙静,刘阳桥.纳米粉体的分散及表面改性[M].北京:化学工业出版社,2003.
[40] 李学伟,赵国刚.Ni-P 化学镀高稳定性镀液及优化工艺研究[J].黑龙江科技学院学报,2004,14(11):236-239.
[41] 李学伟,周月波,孙俭峰,等.化学镀 Ni-P-CNTs-SiC 纳米复合镀层的形貌及摩

擦学性能研究[J]. 稀有金属材料与工程,2007,36(增刊2):712-714.
[42] 吴光英. 热处理炉进展[M]. 北京:国防工业出版社,1995.
[43] 臧尔寿. 热处理车间设备与设计[M]. 北京:冶金工业出版社,1995.
[44] 曾祥模. 热处理炉[M]. 西安:西北工业大学出版社,1989.
[45] 吴光治. 热处理炉进展[M]. 北京:国防工业出版社,1998.
[46] 吉泽升. 热处理炉[M]. 哈尔滨:哈尔滨工程大学出版社,2006.
[47] 卢兴. 热处理工程基础[M]. 北京:机械工业出版社,2007.
[48] 中国机械工程学会热处理专业学会《热处理手册》编委会. 热处理手册(第3卷)[M]. 北京:机械工业出版社,1994.
[49] 于泳泗,齐民. 机械工程材料[M]. 大连:大连理工大学出版社,2007.